哈尔滨理工大学制造科学与技术系列专著

轴承钢球表面缺陷检测技术

赵彦玲　著

科学出版社

北京

内 容 简 介

本书从轴承钢球表面缺陷检测技术的角度出发，分别对钢球全表面的展开原理及方法，钢球展开机构驱动面接触分析及摩擦特性，钢球检测系统中的光源设计，以及钢球表面缺陷图像采集、处理与识别等进行了系统的探讨，较为全面地反映了钢球检测技术领域的相关进展以及作者的研究思路和方法。全书共8章：第1章介绍了钢球表面缺陷检测意义及现状，阐述了钢球表面展开技术及钢球表面缺陷自动检测控制技术；第2、3章阐述了钢球全表面展开原理、钢球展开机构及其运动分析；第4、5章阐述了钢球与展开轮的接触分析以及展开机构驱动面微结构摩擦磨损性能；第6～8章依次对基于图像的盘式钢球缺陷检测机构、钢球表面反射特性分析与光源优选、图像处理方法及缺陷分类识别进行了阐述。

本书可作为机械工程学科本科生和研究生的参考用书，对钢球技术相关领域的研究人员和工程检测人员也具有一定的参考价值。

图书在版编目（CIP）数据

轴承钢球表面缺陷检测技术 / 赵彦玲著. —北京：科学出版社，2016
（哈尔滨理工大学制造科学与技术系列专著）
ISBN 978-7-03-050140-0
Ⅰ. ①轴… Ⅱ. ①赵… Ⅲ. ①轴承 - 表面缺陷 - 缺陷检测
Ⅳ. ① TH133.3
中国版本图书馆 CIP 数据核字（2016）第 244381 号

责任编辑：裴 育 纪四稳 / 责任校对：桂伟利
责任印制：张 伟 / 封面设计：蓝 正

科学出版社出版
北京东黄城根北街16号
邮政编码：100717
http://www.sciencep.com
北京凌奇印刷有限责任公司 印刷
科学出版社发行 各地新华书店经销
*
2016年10月第 一 版 开本：720×1000 1/16
2021年 4 月第五次印刷 印张：15
字数：289 000

定价：98.00 元

（如有印装质量问题，我社负责调换）

前　言

轴承是回转机械系统中不可缺少的、最重要的机械基础件，而钢球是决定轴承精度和质量的最关键零件，其表面质量直接影响轴承的性能和使用寿命。钢球生产过程中因材料或加工工艺等经常在其表面产生缺陷，所以高精密轴承用钢球在出厂之前要求 100% 进行表面缺陷筛检。目前我国检测手段主要靠人工在强光照射下反复翻转推动钢球滚动，通过人眼观察表面是否有缺陷，并依据标准图片进行比对来判断缺陷类型。人工检测存在以下问题：①受人的检测技术和经验影响大，很难保证钢球球面全部被检查到；②人眼长时间观察高光亮度的钢球表面，很容易造成疲劳及损害；③受人的责任心和情绪的影响较大，检测过程会产生漏检和误判；④每年我国大约生产几千亿粒钢球，无法实现全部检测，只能抽检，对于国防、航空航天、高铁和高级轿车传动设备中的高精密轴承等用钢球已无法满足需求而依赖进口。

目前随着钢球制造工艺水平不断提升，虽然钢球表面缺陷的种类和数量在一定程度上得到了有效控制，但并不能保证生产出的所有钢球都满足质量需求。因此，为保证高精度轴承等对钢球表面的质量要求，钢球表面缺陷检测技术将成为其重要的支撑手段之一，钢球检测设备的开发研究也将具有十分重要的经济价值和社会意义。

本书针对不同规格钢球，通过轮式和盘式两种结构设计，全面介绍钢球表面缺陷检测技术，包括钢球全表面的展开原理及方法，钢球展开机构驱动面接触性能，钢球检测系统中的光源设计，以及钢球表面缺陷图像采集、处理与识别等。

本书是在国家自然科学基金项目（51275140）和哈尔滨市科技攻关项目（2005AA1CG039）的资助下，作者及研究团队十余年来在钢球检测技术研究方面取得的成果，其中部分成果获 2015 年黑龙江省科技进步奖二等奖。在撰写过程中，非常感谢刘献礼教授、王义文教授、王鹏教授、严复钢高工、岳彩旭博士、向敬忠教授、鲍玉冬博士在此研究方向给予的大力支持，感谢研究生刘德利、蒋新苗、马振峰、郝换瑞、藺勇智、王洪运、铉佳平、车春雨、王弘博、云子艳、夏成涛、李积才、孔泳力等十届同学在结构设计、运动仿真、试验研究等方面所做的大量工作。赵彦玲教授负责全书的撰写和统稿工作，鲍玉冬参与了第 3 章和第 4 章部分内容的撰写及全书的编排工作，夏成涛参与了全书的编排及校核工作，此外，研究生赵志强、孙蒙蒙、赵成岩、徐宁宁、张士横、耿伟、李威、杨闯、李海龙、胡冬冬等参与了本书的插图绘制等工作，在此表示感谢。

本书撰写过程中参考了国内外许多专家、学者的论著，在此表示感谢，相关引用在每章的参考文献中都进行了标注，如有遗漏在此表示歉意。

由于作者水平有限，书中难免有不当之处，恳请读者批评指正。

赵彦玲
2016年1月
于哈尔滨理工大学

目　　录

第1章 绪　　论

滚动轴承是一种精密的机械元件，也是军、民用品和科学研究都离不开的基础件，它对于装配主机质量和性能的重要作用众所周知。钢球在球轴承中作为滚动体是点状承载，故其表面缺陷对轴承精度、动态性能及使用寿命都有很大影响[1]。在国家轴承质量监督检验中心寿命历次抽查试验中，钢球表面缺陷占轴承失效套数的比例最高时达80%。高精密轴承（航空航天、高铁、精密机床等高速精密设备用）对钢球表面的质量要求更高，不能有任何缺陷，在出厂之前必须对钢球表面质量进行检测，以确保轴承的性能。因此，钢球表面质量检测至关重要。

1.1　钢球表面缺陷检测意义及现状

钢球表面缺陷主要是指在正常工艺下可能产生的缺陷，包括在钢球的加工过程中，因设备精度、原材料质量、工装调整等方面而产生的表面上局部的细微的材料缺损，如点子、群点、擦伤、划痕（又称划条）及凹坑缺陷。点子是指钢球表面形状不规则并且底部黑暗的小穴；群点是指钢球表面存在比较密集的点子，并且最大的点子应小于同级点子缺陷的大小；划痕是指当钢球表面与硬物发生较严重的摩擦时所产生的外形呈长条形的表面损伤；擦伤是指因钢球相互间摩擦或与硬物摩擦而造成的表面损伤，特点是外形呈较细且相互平行的划痕形式；凹坑是指钢球表面局部的材料缺损，其形状无规则，并且底部光亮，缺陷面积远大于同级钢球的点子面积。五种典型缺陷如图1.1所示。

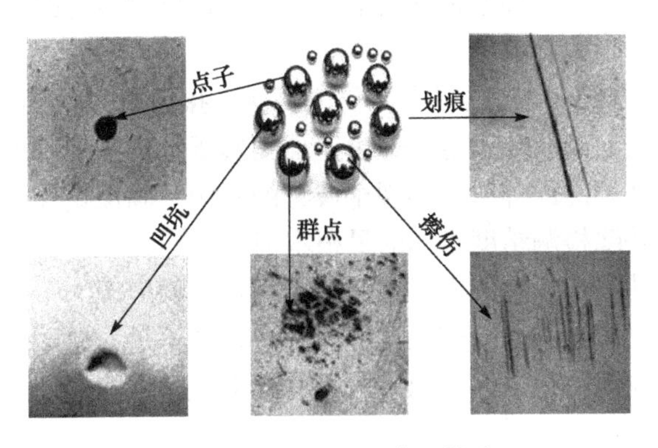

图1.1　钢球表面的典型缺陷

钢球属于大批量生产产品，擦伤和轻微碰伤难以避免，在生产中完全杜绝是很难实现的，国家标准《轧制钢球》（GB 8649—1988）中规定，作为成品钢球（滚动体）表面质量的验收程序，最后必须进行表面缺陷检验，筛选出不合格产品。

目前对钢球的表面质量检测主要还是人工按比例抽检，即在灯光下用推板在小簸箕里推动钢球进行表面检查的方式，然后在显微镜下放大，与钢球表面质量标准照片图册中的照片对照检查。这种人工检验方法缺点有四个方面：①检测现场中，大量的人工检测不仅影响生产效率，而且由于工人的技术水平、情绪、视觉疲劳、个人判断标准、劳累程度等都给检测结果带来不可靠的因素，所以误检率很高，导致检测的稳定性很差；②由于钢球表面强烈反光，给检测工人的眼睛带来伤害，导致工作不超过三年即换工种；③自动化程度低，给工厂增加了人工成本与管理成本，且针对小钢球和高精度钢球，人工检查难以胜任；④许多检测的工序不仅要求外观的检测，同时需要准确获取检测的统计资料，如钢球表面缺陷类型、检测数量等，这些很难依靠人工检测快速完成，从而严重影响了企业产品质量和生产效益。国内有几十家轴承生产厂家和百家钢球生产厂家，每年大约有几千亿粒钢球需要检测，但仍处于人工检测阶段，如图 1.2 所示。

图 1.2　人工检测钢球

钢球表面缺陷检测是一项具有高度重复性和智能性的工作，钢球缺陷控制与自动化检测已成为轴承钢球生产中十分关注的技术问题，迫切需要一种钢球自动检测设备，能够准确高效地进行钢球表面缺陷检测。基于图像技术的轴承钢球表面缺陷自动化检测装置的实现存在以下技术难点。

（1）钢球表面缺陷检测过程中，首先要保证摄像机采集到钢球全表面图像，才不会遗漏钢球表面的缺陷信息，但由于球面属于特殊的不可展曲面，所以需要找到使钢球表面展开的原理以及实现全展开的机构。确保钢球全表面展开是关键环节，也是影响缺陷检测精度指标的最根本因素[2]。

（2）所采集的高速运转的钢球图像由于受各种噪声源的干扰，均会导致图像退化变质、产生噪声，图像的信噪比降低，清晰度不足，使图像质量下降。为了避免影响后续的缺陷特征提取和识别效果，应事先将钢球图像进行处理，使图像尽量恢复到原始图像状态[3, 4]。

（3）钢球缺陷是一类特殊图像，图像中所反映的对象往往是细小的区域，人们感兴趣的部分又常常是这些区域的大小、面积、周长等参量，要获取这些参量，前提是精确地进行边缘检测，这就不仅仅要求处理后得到的图像有着比较细的边界，而且要求边界总是闭合的，这样才能保障后续图像缺陷的识别[5, 6]。

（4）钢球属于表面光滑物体，不是漫反射物体，它的镜面反射光极其强烈，在拍摄钢球图片的过程中，被测钢球的表面就会起到类似反射镜的作用，使发光的物体成像到钢球上，拍摄出的图片就很难得到理想的结果，对后续的处理影响很大。一般的照明方法很难完成任务，如何消除反射光对拍摄的影响是一个重要问题[7, 8]。

本书针对钢球表面缺陷自动化检测技术进行系统的分析和介绍。

1.2　钢球全表面展开技术

对于钢球表面缺陷检测，钢球表面展开是否完全是钢球检测中的关键环节，也是影响漏检率指标的最根本因素。球面是一种特殊的曲面，其表面不可能完全展开成平面，而在钢球检测的过程中，要保证钢球被全表面检测，需要找到一种在理论上能够保证将钢球完全展开且适合图像检测技术的展开方法，保证钢球表面全部通过检测探头，从而获取钢球全部表面图像信息。钢球全表面展开技术主要涉及以下几项关键技术。

1.2.1　钢球全表面展开原理

根据检测探头对钢球图像信息的获取要求，钢球需要被驱动使其全表面通过探头下，完成整个钢球的全部区域扫描。钢球被展开的过程可以看做在驱动面摩擦的作用下发生运动，展开过程需要研究钢球展开的动力学模型，获取钢球展开运动的动力学特性以及轨迹信息[9]。根据钢球的尺寸，尝试用点扫描展开原理和面扫描展开原理分别实现不同尺寸钢球的全表面展开检测。

1. *点扫描展开*

检测探头对钢球表面某一点进行检测，钢球在驱动面作用下发生旋滚运动，即钢球自身旋转一周，球面点形成一个圆弧，点运动在形成圆弧结束时钢球发生翻转运动，钢球继续旋转，钢球每旋转一周，翻转产生一个新偏角，以此运动球面点形成一段螺旋弧。改变螺旋弧参数，使钢球产生全表面展开，即探头点扫描覆盖整个球面，实现点扫描展开检测。

2. *面扫描展开*

检测探头对钢球表面某一球冠面进行拍摄，钢球在驱动面作用下发生旋滚运动，检测探头继续对钢球表面球冠面进行拍摄，拍摄结束后钢球继续发生旋滚运动，因此需要找到一种控制驱动的方法，使所拍摄的球冠面全部覆盖整个钢球表面，并且使多次拍摄的球冠面重复覆盖表面的面积最小，从而实现面扫描展开检测。

1.2.2　钢球全表面展开机构

球面展开机构是确保钢球表面能够完全展开，使整个表面在受检过程中不产生遗漏现象的装置，因此是整个检测系统的核心[10]。根据展开原理和钢球规格可以将钢球展开机构分为轮式展开机构和盘式展开机构。

1. 轮式展开机构

轮式展开机构主要由驱动轮、展开轮以及其他辅助零件组成，如图 1.3 所示。

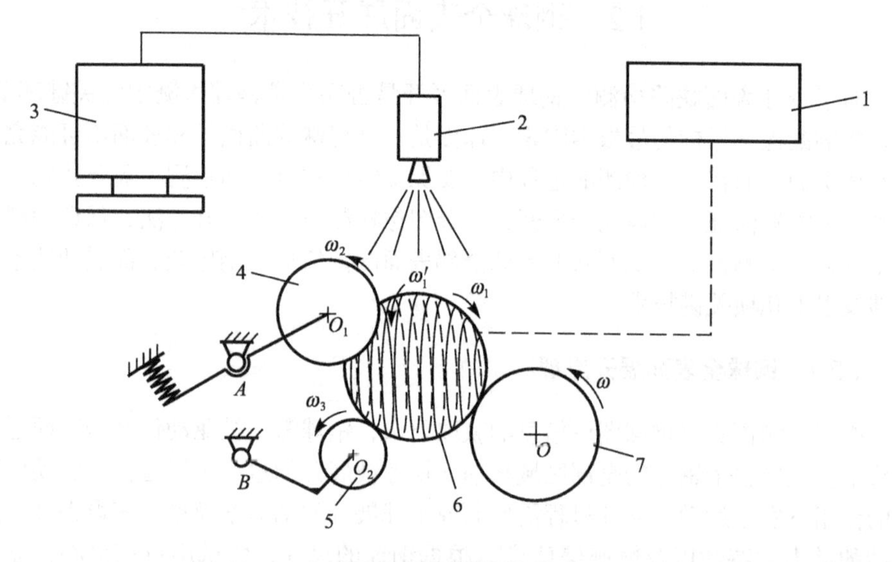

图 1.3　钢球展开机构

1. 上料机构；2. 图像采集系统；3. 图像处理系统；4. 展开轮；5. 支撑轮；6. 待检测钢球；7. 驱动轮

待检测钢球被夹持在驱动轮、展开轮和支撑轮之间，驱动轮驱动被检测钢球，并通过被检测钢球带动展开轮和支撑轮一起做高速旋转运动，钢球在展开轮作用下产生全表面点扫描展开。展开轮直接影响钢球的展开程度，是展开机构的核心，展开过程应保证球心的稳定性。

2. 盘式展开机构

针对规格较小的钢球（一般直径小于 12mm）表面缺陷检测进行研究。这类小钢球无法用前述的展开轮展开，因此设计了一种盘式钢球展开机构实现面扫描展开检测，主要由摩擦盘、展开盘以及其他辅助装置组成，如图 1.4 所示。以固定的观察点对钢球球冠面进行拍摄，摩擦盘驱动钢球运动，而且需要进行多次拍摄采集，才能使球冠将钢球的表面全部覆盖，不会遗漏钢球表面的缺陷信息，为此要解决两个关键问题：①如何将钢球表面全部展开；②采集图像的次数及获得的图像是否将钢球表面全部覆盖。

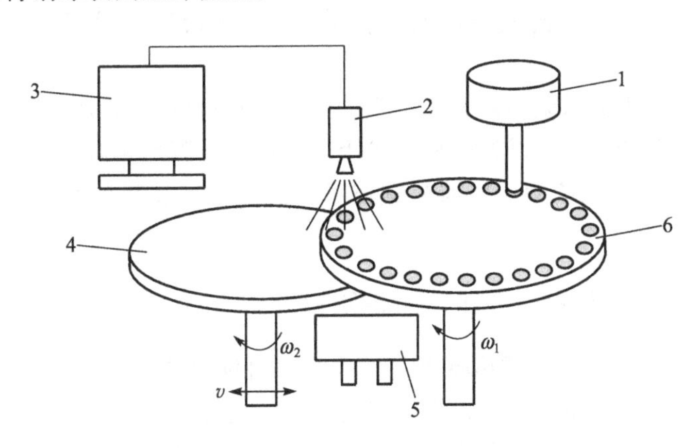

图 1.4 盘式展开机构

1. 上料机构；2. 图像采集系统；3. 图像处理系统；4. 摩擦盘；5. 分选机构；6. 展开盘

1.2.3 展开机构驱动面摩擦特性

钢球展开运动是靠摩擦驱动完成的，因此检测机构驱动面的摩擦磨损性能直接影响检测的精度。通过对检测机构驱动面摩擦力学特性和摩擦传动特性的分析，以及对驱动面磨损机理进行分析，确定出驱动面严重磨损的原因。根据驱动面的磨损原因分析，提出改善驱动面摩擦性能方法，即通过在驱动面添加微结构的方法，达到增加驱动面摩擦的同时提高抗磨损性能的效果。

如图 1.5 所示，针对钢球检测机构驱动面过度磨损导致的检测成本高、精度低的问题，依据仿生摩擦学研究成果，通过对驱动面摩擦受力特性和磨损机理的分析，利用试验方法优选出适合于驱动面的微结构参数属性，并将优选的微结构添加于驱动面进行摩擦性能分析，达到改善驱动面的摩擦性能的目的，进而降低

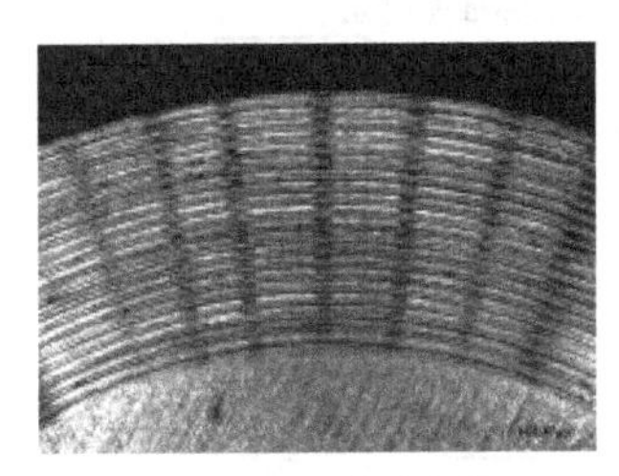

（a）周向微条纹织构

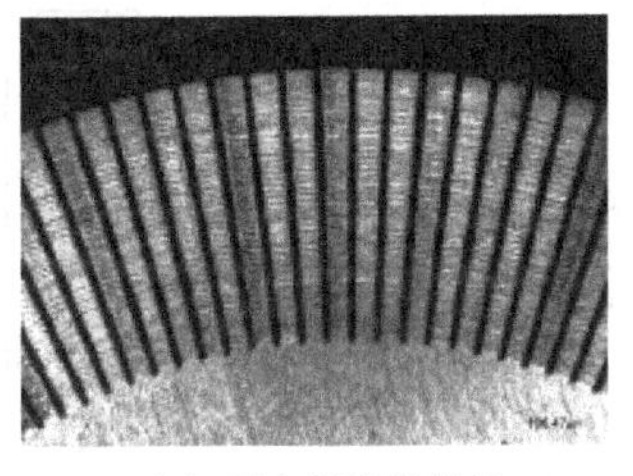

（b）径向微条纹织构

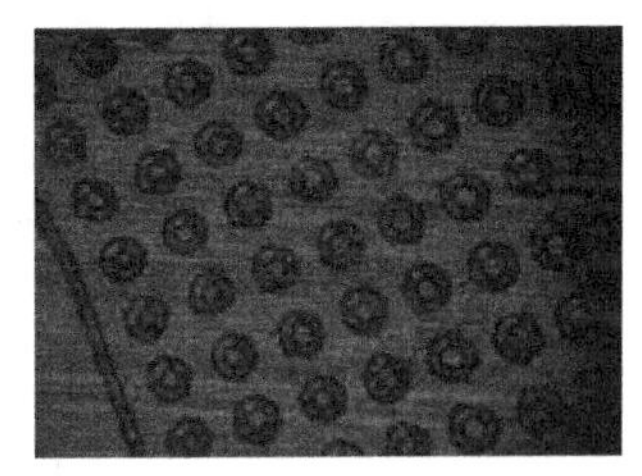

（c）凸点凹坑阵列织构

图 1.5 驱动面的微结构

钢球缺陷自动检测的成本，提高检测精度和效率，为提高钢球缺陷自动化检测水平以及检测精度提供一种有效的方法。

1.3　钢球表面缺陷自动检测控制技术

传统的钢球表面缺陷检测是人工手动调整检测对象，通过眼睛观察其表面质量，再根据相关的质量标准判断质量等级。自动化检测是相对于手动检测的，所以自动化检测的实现依赖于机器视觉技术和机械运动控制技术两个领域的技术发展[11]。

1.3.1　基于机器视觉技术的钢球缺陷检测

机器视觉是指利用图像传感器代替人眼对目标物体进行识别、判断和测量，涉及数字图像处理技术、模式识别、自动控制、光源和光学成像知识、模拟与数字视频技术、计算机软硬件和人机接口等多学科理论和技术。机器视觉主要研究利用计算机来模拟人的视觉功能，采用一个或多个摄像机抓拍被测对象的实际图像，经过数字化等一系列处理提取需要的特征信息，然后加以理解并通过逻辑运算最终实现工业生产和科学研究中的检测、测量和控制等功能[12]。

图 1.6 为钢球检测机器视觉系统，包括光源、摄像机、图像采集系统、图像处理系统、图像识别系统和控制执行机构等部件。钢球视觉检测不同于常规的平面几何量或字符测量，它是一个全球体镜面反射的检测物，涉及动态视觉检测、模式识别、机构传动、自动控制、照射光学等多个学科。因为钢球的好坏是随机

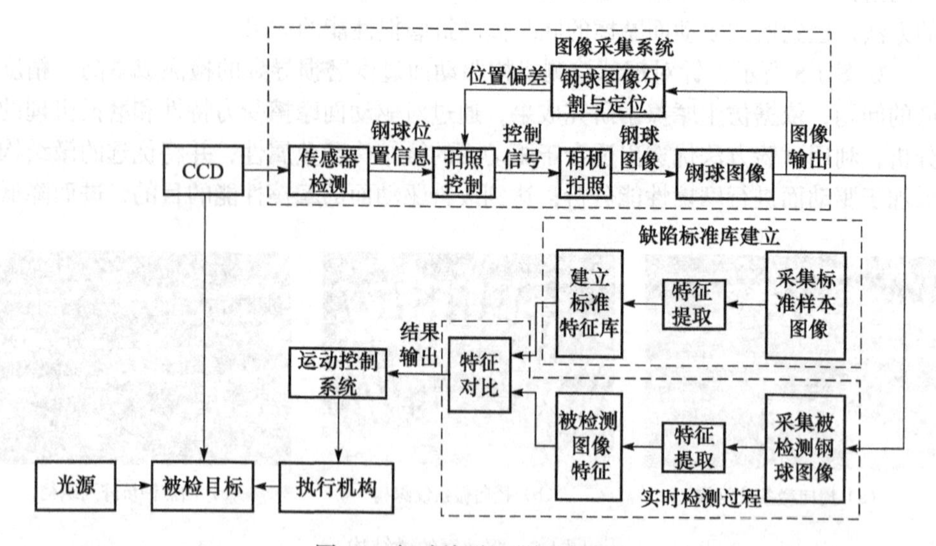

图 1.6　钢球检测机器视觉系统

的，所以必须依据每个钢球的不同运动信息，对每个钢球先进行跟踪再检测表面质量，利用轮廓自动提取技术将每个钢球从场景中提取出来，并分割出其表面缺陷区域，与标准库进行对比判断好坏并进行分类[13~18]。

1.3.2　钢球运动轨迹控制

钢球检测过程中，上料、展开、图像检测、分选等，各个环节的运动、停止、信号传输都是相互关联的，且之间的控制相互渗透，信号相互联系。图 1.7 为图像处理部分、上料部分以及分选部分的时序图。

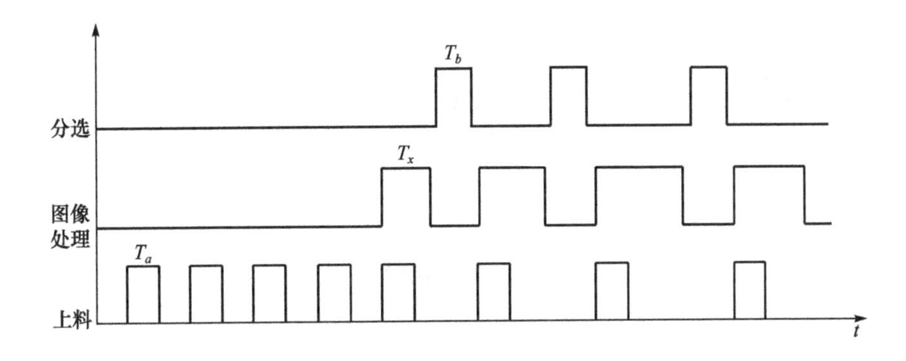

图 1.7　钢球动作时序图

钢球检测控制系统如图 1.8 所示，控制信号是由运动控制卡、通用运动卡接口进行传输的，整个系统开始运行，系统即发出指令，同时控制上料机构下球，展开机构和分选机构等待。当钢球落到展开检测区域后，控制信号传输给展开机构，命令其工作，将钢球运输到摄像机镜头下方进行检测。此时控制信号还需要控制摄像机进行图像采集存储。在得出结果后控制部分发出指令，或继续检测或检测下一个钢球。同时将球质量信息送至寄存器以备分选机构使用。钢球被传输到分选机构，读取相应的钢球信号，控制分选机构运行，将钢球导入相应位置[19]。

钢球表面缺陷自动化无损检测设备要实现从大批量钢球中分选出不同等级的优质钢球，将缺陷钢球全部筛选出来，整个检测过程包括待检测钢球的输送模块、进球控制模块、钢球全表面展开模块、图像采集模块、缺陷识别模块、钢球分选模块，实现钢球表面质量的自动化无损检测需要将各模块结合在一起，实现不同功能模块的协调统一运行。图 1.9 为钢球自动检测流程图[20]。

钢球自动化无损检测的两层含义：一是检测原理为无损检测；二是检测过程实现自动化。针对目前我国机械行业的发展要求，实现钢球检测过程自动化，以提高检测效率，并且可以消除人为的误差因素，使检测结果稳定、可信度高。实现无损检测，避免钢球在检测过程中造成二次损伤，保证了钢球质量。

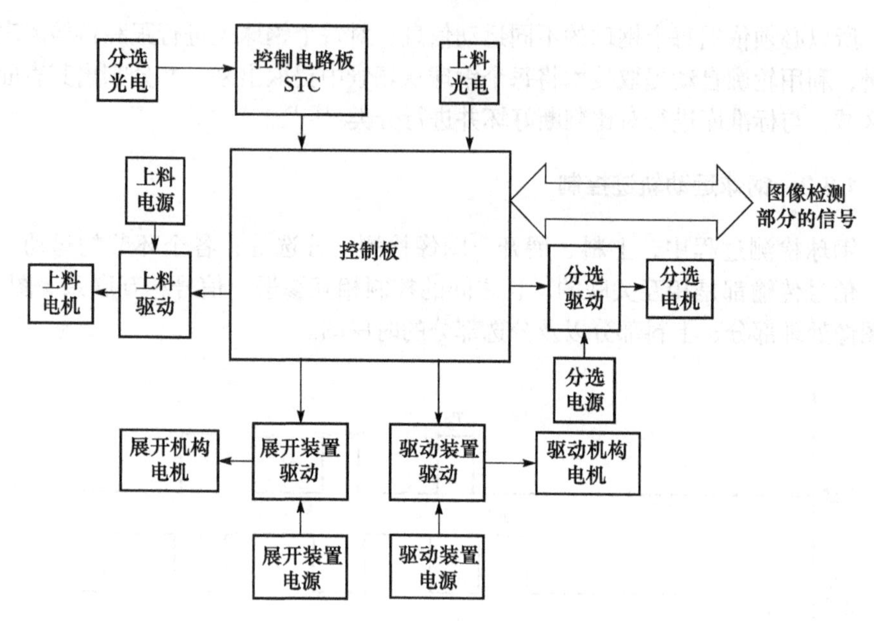

图 1.8　钢球检测控制系统示意图

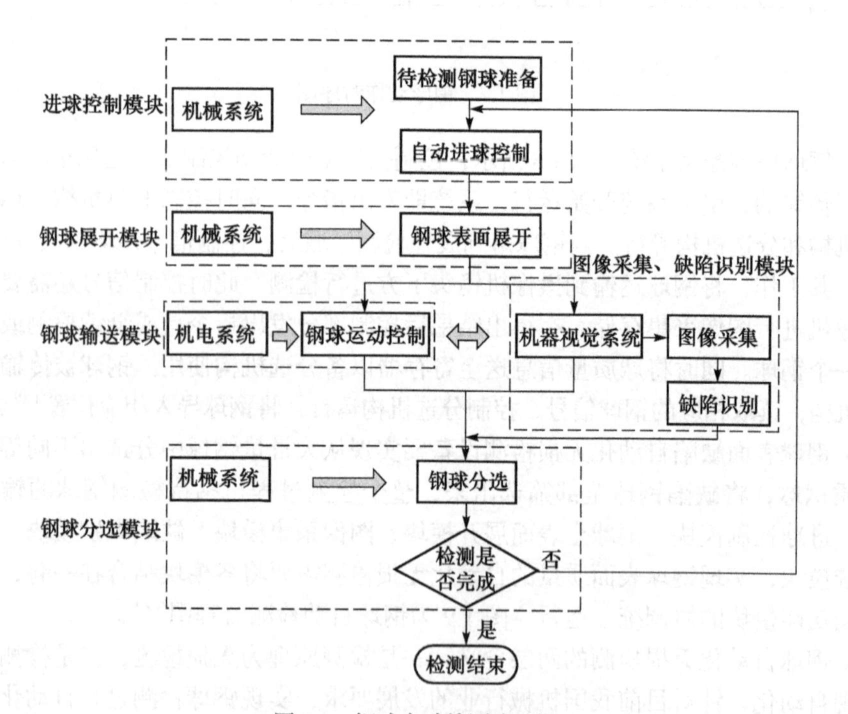

图 1.9　钢球自动检测流程图

钢球缺陷自动化检测，需要预先设计钢球的运动轨迹，包括检测前的钢球进球轨迹、检测过程中钢球的旋转形式、检测完成后的钢球出球轨迹，根据钢球运动轨迹进行运动控制的设置，确保钢球能够按预定的运动轨迹进行运动。合理的运动不但可以保证检测精度，避免出现漏检区域，同时可以提高检测效率，减少重复检测面积[21, 22]。

1.4 本书的内容编排

本书包含作者对轴承钢球表面缺陷检测技术的研究成果，针对不同规格钢球，通过轮式和盘式两种结构设计，分别对钢球全表面的展开原理及方法，钢球展开机构驱动面接触分析及摩擦磨损特性，钢球检测系统中的光源设计，以及钢球表面缺陷图像采集、处理与识别等进行系统探讨，全面介绍钢球检测的各个技术环节。后续章节内容安排如下：

第 2 章阐述钢球全表面展开原理，对于球面不可展曲面采用运动展开法实现近似展开，根据展开过程中的运动形式和展开原理，提出螺旋线展开和子午线展开两种方法，并对展开过程中等距螺旋线和不等距螺旋线轨迹以及检测探头在钢球表面扫描轨迹进行详细分析。

第 3 章主要研究钢球展开机构及其运动分析，根据螺旋线展开原理，提出展开轮结构方案，对钢球与展开轮表面接触轨迹进行分析和计算；建立展开机构模型，分析展开过程中钢球的运动轨迹，基于 MATLAB 分析球面点运动情况。

第 4 章主要分析钢球与展开轮接触，建立钢球与展开轮接触模型，分析钢球与展开轮材料特性及接触类型；基于 Hertz 理论对接触模型进行理论分析，计算钢球与展开轮的接触变形；建立三维滚动接触应力模型并进行数值模拟，通过对展开机构动力学分析，求解展开机构模型。

第 5 章主要研究展开机构中展开轮驱动面微结构摩擦磨损性能，分析展开机构摩擦动力学特性和传动特性；提出在驱动面上添加微结构以改善驱动面摩擦磨损性能的方法，达到提高驱动面抗磨损性能和摩擦系数的目的；基于 Archard 模型，结合驱动面受力特性及运动特性，建立驱动面的磨损模型；通过几何分析计算确定驱动面的磨损阈值，提出一种驱动面寿命预测的方法。

第 6 章主要介绍基于图像的盘式钢球缺陷检测机构，对盘式展开机构进行设计，分析钢球球冠中心点运动轨迹、最佳覆盖及观察点位置，对观察点轨迹和钢球全表面覆盖进行仿真；对盘式钢球缺陷检测系统进行设计，确定检测机构组成、工作原理及设计的基本要求，对控制系统总体程序和检测系统总体结构进行设计。

第 7 章主要分析钢球表面反射特性及光源优选，分析钢球图形的采集，论述钢球表面光学反射特性及表面检测有效范围；分析并选择光源，对光源系统进行优化，对光照系统进行选择及设计。

第 8 章主要介绍钢球图像处理方法及分割算法，包括钢球图像平滑滤波方法、图像局部增强方法以及基于遗传转基因 OTSU 研究钢球图像分割算法；对运动图像模糊进行分析，基于参数估计的维纳滤波方法对图形复原；利用小波变换模极大值和多尺度边缘检测算法提取特征图像，再对特征图像及特征参数计算实现缺陷分类识别。

参考文献

[1] 中国轴协职工教育委员会．轴承检测技术．北京：机械工业出版社，2003.

[2] 侯志强．视觉跟踪技术综述．自动化学报，2006，32（4）：603-617.

[3] 平静艳．球轴承振动产生的原因及改进措施．哈尔滨轴承，2008，29（1）：47-49.

[4] 夏振良．数字图像处理技术．北京：科学出版社，1999.

[5] 孟昕，张燕平．运动模糊图像恢复的算法研究与分析．计算机技术与发展，2007，17（8）：73-76.

[6] 杨莉．图像特征检测与运动目标分割算法的研究和实现．西安：西安电子科技大学博士学位论文，2004.

[7] 付忠良．图像阈值选取方法——OTSU 方法的推广．计算机应用，2000，20（5）：37-39.

[8] Jorge B, Jose M S, Filiberto P. Motion-based segmentation and region tracking in image sequence. Pattern Recognition, 2001, 34(3): 661-670.

[9] Liu X L. The measuration of raster wear of cutting tools based on image. Proceedings of the 5th International Conference on Electronic Measurement & Instruments, Guilin, 2001, 18: 622-625.

[10] 王宏，徐长英．钢球检测中表面经纬展开系统的研究．电脑知识与技术，2009，5（13）：3505-3507.

[11] 赵彦玲，车春雨，铉佳平，等．钢球全表面螺旋线展开机构运动特性分析．哈尔滨理工大学学报，2013，18（1）：37-40.

[12] Derganc J, Pernus F. A machine vision system for inspecting bearings. Patten Recognition Proceedings IEEE 15th International Conference, Barcelona, 2000, 4: 752-755.

[13] 高文，陈熙霖．计算机视觉——算法与系统原理．北京：清华大学出版社，2000.

[14] 赵彦玲．基于图像技术的钢球表面缺陷分析与识别．哈尔滨：哈尔滨理工大学博士学位论文，2008.

[15] 王鹏，刘献礼，赵彦玲．基于机器视觉的钢球表面缺陷识别检测系统．第十二届全国图像图形学学术会议，北京，2005：268-272.

[16] 王鹏，刘献礼，赵彦玲，等．钢球表面缺陷视觉检测仪：中国，ZL200920099075.4.

2010.8.18.

[17] 马云艳．CCD 钢球外观检测技术研究．哈尔滨：哈尔滨工业大学硕士学位论文，2005.

[18] Wang P, Zhao Y L, Liu X L. The key technology research for vision inspecting instrument of steel ball surface defect. Key Engineering Materials, 2009, 760(392): 816-820.

[19] 潘洪平，董申，梁迎春．一种基于图像纹理特征的钢球振动值检测新方法．中国机械工程，2001，12（5）：174-176.

[20] 王鹏．基于运动视觉技术的钢球表面缺陷检测．哈尔滨：哈尔滨理工大学博士学位论文，2008.

[21] Yang Q M, Xie J Y, Wu Q Q, et al. Analysis of unfolded mechanism of the micro-steel ball and simulation of unfolded movement parameters' selection. Proceedings of International Conference on Management Science and Intelligent Control, Hefei, 2011: 394-397.

[22] 武倩倩，杨前明，张华宇，等．微型钢球表面展开和缺陷检测装置控制系统的设计．应用科技，2012，39（4）：47-50.

第2章　钢球全表面展开原理

对于任意形式的钢球缺陷检测设备，钢球表面能否完整、有效地展开，是实现钢球表面缺陷自动检测的前提。但由于球面属于特殊的不可展曲面，需要采用运动展开法对球体表面进行展开。运动展开法的关键是设计控制被检钢球的运动轨迹，以此实现钢球表面的高效率展开。根据点扫描和面扫描两种检测方法，本章相应地设计了螺旋线式展开和子午线式展开两种运动轨迹，通过分析展开原理，确定两种展开方法的适用范围[1]。

2.1　钢球球面运动展开原理

2.1.1　球面的展开

曲面展开是一个将三维空间中的曲面映射到平面的过程，可以分为可展曲面和不可展曲面。可展曲面是高斯曲率处处为零的曲面，包括柱面、锥面和切平面等，展开前后存在等距对应关系，其展开是准确无误的。不可展曲面通常是贝塞尔曲面或非均匀有理B样条曲面等，不可展曲面的展开往往先用可展曲面整体或部分替代。作为不可展曲面的展开图，其展开曲面和原始曲面存在一定误差，球面作为特殊曲面，属于不可展曲面。在工程表面质量中，对于可展曲面的检测，可以按照曲面的展开形式，通过分步采集检测对象各个表面图像，再组合出完整的表面图像进行质量检测。而不可展曲面是无法精确展开的，所以针对不可展曲面的检测，需设计一种运动展开法。运动展开法原理是通过控制待检对象的运动轨迹，使其表面可以全部通过检测设备所能覆盖的指定区域，从而获取检测对象表面的全部图像信息，间接地实现全表面的展开与检测[2]。

运动展开法需要设计合理的运动轨迹，通过一定的机械结构和机电控制实现确定的运动。钢球球面作为特殊的曲面，属于不可展曲面，所以采用运动展开法对钢球表面进行质量检测。检测时钢球表面上存在一扫描点（扫描点是检测设备在球体表面所能检测的范围区域），只要扫描点在球面上运动轨迹可以覆盖球体全表面即可，而空间螺旋线和子午线是扫描点运动轨迹连续且效率较高的运动形式。为使球面上的点可以连续、无重复地通过检测区域，钢球表面上的点可以以螺旋线和子午线两种轨迹进行展开运动。

2.1.2　螺旋线与子午线展开原理

1. 空间螺旋线展开原理

假设钢球半径为 R，选取球面坐标系，球面上一点 P 如图 2.1 所示，则球面的坐标方程为

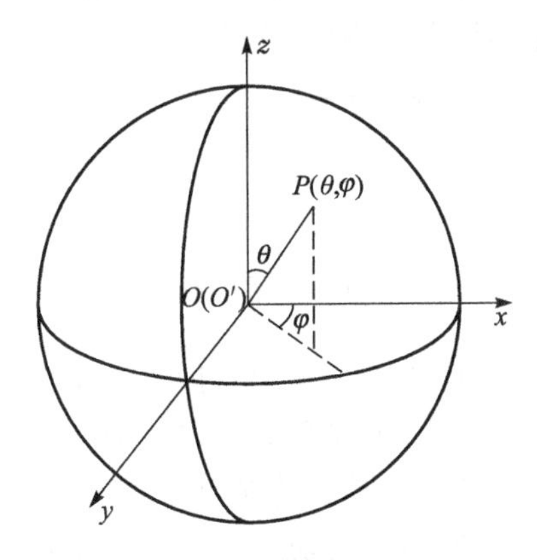

图 2.1　球面坐标系

$$\begin{cases} x = R\sin\theta\cos\varphi \\ y = R\sin\theta\sin\varphi \\ z = R\cos\theta \end{cases} \tag{2.1}$$

式中，θ 为指定半径与 z 轴的夹角；φ 为指定半径在水平面 Oxy 上的投影与 x 轴的夹角。图 2.2 为螺旋线式扫描轨迹，其参数方程为

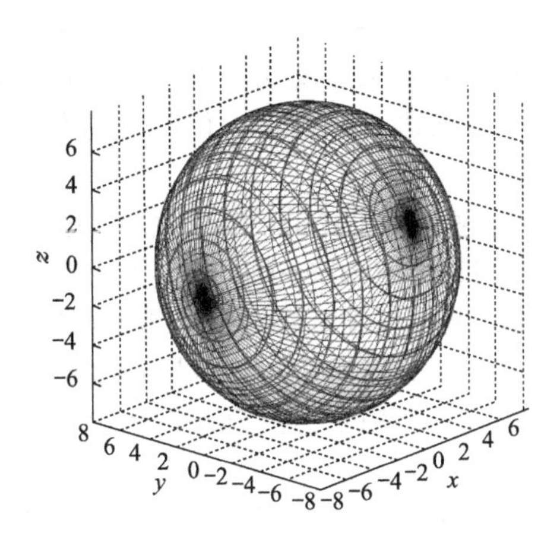

图 2.2　球面空间螺旋线

$$\begin{cases} x = f(t) \\ y = \sqrt{R^2 - x^2}\sin\varphi, \quad 0 \leqslant \varphi \leqslant 2\pi \\ z = \sqrt{R^2 - x^2}\cos\varphi \end{cases} \tag{2.2}$$

式中，φ 是关于时间 t 的函数，通常规定 $\varphi = \omega t$，即点绕 x 轴匀速转动；$f(t)$ 是递增函数，螺旋线的形状根据 $f(t)$ 取不同的函数会存在差别[3]。

根据式（2.2）得到螺旋线的切线方程为

$$\begin{cases} x' = f'(t) \\ y' = \sqrt{R^2 - x^2}\cos\varphi \dfrac{\mathrm{d}\varphi}{\mathrm{d}t} \\ z' = \sqrt{R^2 - x^2}\sin\varphi \dfrac{\mathrm{d}\varphi}{\mathrm{d}t} \end{cases} \tag{2.3}$$

式中，x' 是大于 0 的函数；$\mathrm{d}\varphi/\mathrm{d}t$ 表示可以看做绕 x 轴的旋转速度。

式（2.3）表示螺旋线上任一点的旋转方向，结合图 2.2 可以看出，一点在钢球表面的螺旋线运动轨迹图，其形成过程如图 2.3 所示。A 点为螺旋线左极点，即运动的起始点，当 A 点从左极点运动到右极点，即完成了钢球全表面螺旋线展开[4]。在展开过程中，螺旋线上每一点的速度方向为该点的切线方向，A_0、A_2、A_4 分别为同一点在螺旋线上不同位置的点，其中 A_0、A_2 分别为接触处的两个位置，A_1、A_3 为 A_0 位置到 A_4 位置运动过程中的过渡点；A_0 位置的瞬时切线速度为 V_1，可以分解为垂直于 y 轴的速度 v_1 和平行于 y 轴的速度 v_2，v_1 可使钢球做绕 y 轴的翻转运动，v_2 可使钢球完成绕 z 轴的交替侧偏运动，同时，A_0 位置的加速度为 a_1，可以分解为法向加速度 a_{11} 和切向加速度 a_{12}，a_{11} 的方向指向该点瞬时圆周的圆心，a_{12} 为螺旋线上该点的切向方向；同样，A_2 位置的瞬时切线速度为 V_2，可以分解为垂直于 y 轴的速度 v_3 和平行于 y 轴的速度 v_4，瞬时加速度 a_2 可以分解为法向加速度 a_{21} 和切向加速度 a_{22}。在 V_1、V_2 的交替作用下，完成钢球表面螺旋线上一点从 A_0 位置到 A_2 位置、A_2 位置到 A_4 位置的运动，进而完成钢球表面全表面螺旋线展开。

钢球展开过程中，接触点的位置是不断变化的，球面上一点由接触点 A_0 位置运动到接触点 A_2 位置可以分解为绕 y 轴的翻转运动和绕 z 轴的交替侧偏运动，以上两个运动是在接触处 A_0 位置和接触处 A_2 位置所产生的驱动 ω_1 和 ω_2 作用下同时完成的，如图 2.3 所示，直线 OA_0 和 OA_2 与 z 轴的夹角均为 α，当球面上一点运动至 A_0 位置时，在 v_2 的作用下，在 Oyz 平面内转过的角度为 θ，绕 z 轴侧翻到 A_1 位置，即旋转轴由 z 轴转过 θ 角度逐渐变换到 z_1 轴；在 v_1 的作用下，绕 y 轴旋转到 A_2 位置，完成球面上一点从接触点 A_0 位置运动到接触点 A_2 位置的运动，即完成半个周期的运动。同样，直线 OA_3 和 OA_4 与 z 轴的夹角均为 β，球面

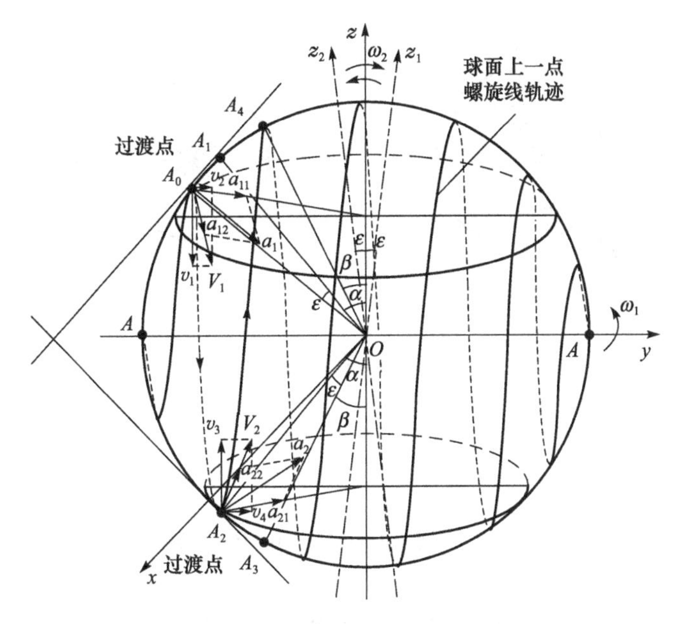

图 2.3　钢球表面螺旋线轨迹

上一点在 A_2 位置时经过绕 z 轴侧翻到 A_3 位置和绕 y 轴翻转到 A_4 位置，旋转轴由 z 轴转过 θ 角度逐渐变换到 z_2 轴，完成从 A_2 位置运动到 A_4 位置的运动，进而完成一个整周期运动。

螺旋线展开法中，钢球的运动形式较为复杂，需要准确实现钢球周期性的侧向翻转，对钢球的运动准确控制是机械结构设计上的难点，但空间螺旋线是一条连续曲线，其切向速度不存在突变情况，易于实现高速运转，所以螺旋线展开法适用于高效率、高精度的点扫描检测[5~7]，适合于钢球表面缺陷检测。

2. 空间子午线展开原理

子午线是相对于螺旋线的另外一种轨迹形式，与螺旋线不同，子午线轨迹不是一条连续的空间曲线，它是由若干封闭的圆组成的，这些圆有两个公共交点，如图 2.4 所示[8~10]。由于子午线轨迹不是一条连续的空间曲线，钢球表面上一点的轨迹形成：首先钢球绕 z 轴旋转一周，同时再绕 x 轴偏转一定角度（角度取值需要根据检测探头覆盖范围选取），相较于螺旋线的复杂运动，子午线运动形式较为简单。

钢球上点的轨迹为子午线运动时，虽然钢球运动形式相对简单，易于实现运动控制，但由于运动不连续，两个运动过程中间可能出现运动误差，可能导致缺陷漏检，不利于高效地完成高精度检测，所以子午线式检测机构多用于面扫描，对检测精度要求不高的场合，而螺旋线轨迹点的运动连续变化，可以保证缺

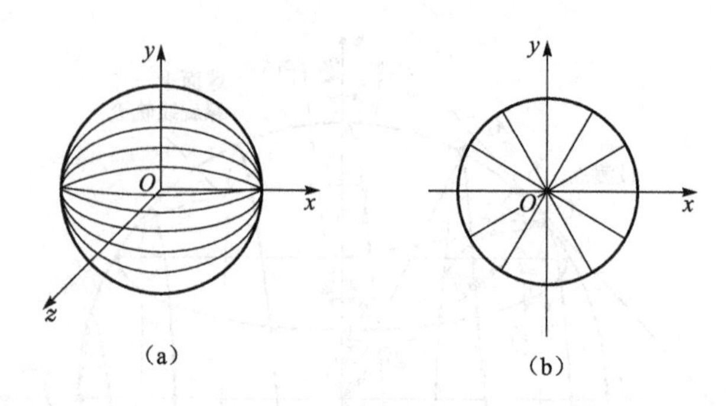

图 2.4　子午线轨迹

陷检测精度、效率及有利于实现高速自动化检测，故本章重点分析钢球的螺旋线检测形式。

2.2　钢球展开运动轨迹分析

空间螺旋曲线在工程应用领域中，最常用的大致分为两类：一类是等螺距螺旋线，另一类是等弧长螺旋线。顾名思义，等螺距螺旋线是指相邻两线圈间的距离相等；等弧长螺旋线是指相邻线圈所包含的圆弧长度相等[11]，如图 2.5 所示。

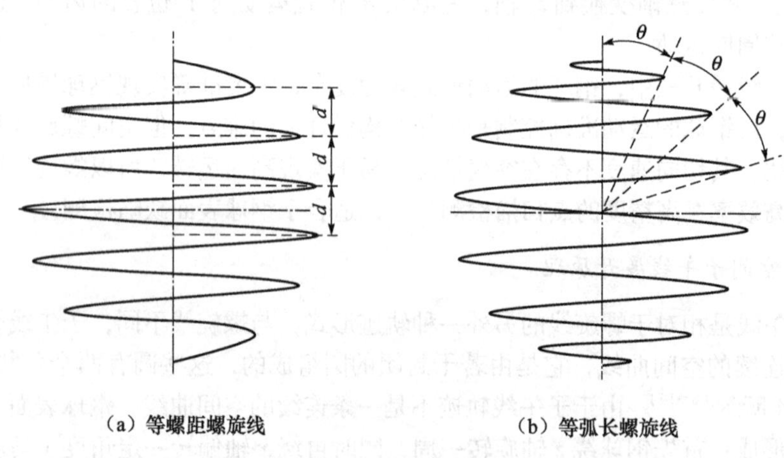

图 2.5　两类螺旋线

针对上述等螺距螺旋线和等弧长螺旋线的一些参数特点，做如下分析。假设钢球半径为 R，选取球面坐标系，如图 2.1 所示，则球面坐标方程为

$$\begin{cases} x = R\sin\theta\cos\varphi \\ y = R\sin\theta\sin\varphi \\ z = R\cos\theta \end{cases} \tag{2.4}$$

式中，θ 为指定半径与 z 轴的夹角；φ 为指定半径在水平面 Oxy 上的投影与 x 轴的夹角。由式（2.4）球面坐标方程可知，若得到 θ 和 φ 的关系，便可以确定一条空间螺旋线，即可以确定任意时刻球面一点的运动轨迹。

2.2.1　等螺距螺旋线运动轨迹

将 $\theta=\arccos[\varphi/(N\pi)-1]$ 代入式（2.4），得到球体表面螺旋线球面坐标方程为

$$\begin{cases} x=R\cos\varphi\sqrt{1-\left(\dfrac{\varphi}{N\pi}-1\right)^2} \\ y=R\sin\varphi\sqrt{1-\left(\dfrac{\varphi}{N\pi}-1\right)^2}, \quad 0\leqslant\varphi\leqslant 2N\pi \\ z=R\left(\dfrac{\varphi}{N\pi}-1\right) \end{cases} \tag{2.5}$$

式中，N 为螺旋线圈数。

下面对式（2.5）做具体分析，螺旋线相邻线圈之间的 φ 差值为

$$\Delta\varphi=2\pi \tag{2.6}$$

螺旋线相邻线圈之间的螺距为

$$\Delta z=R\frac{\Delta\varphi}{N\pi}=\frac{2R}{N}=\frac{D}{N} \tag{2.7}$$

式中，D 为球体直径。

由式（2.7）可知，球体的轴线方向的直径被螺旋线 N 等分，如图 2.6（a）和（b）所示，这种球面螺旋线称为等螺距螺旋线[12]。

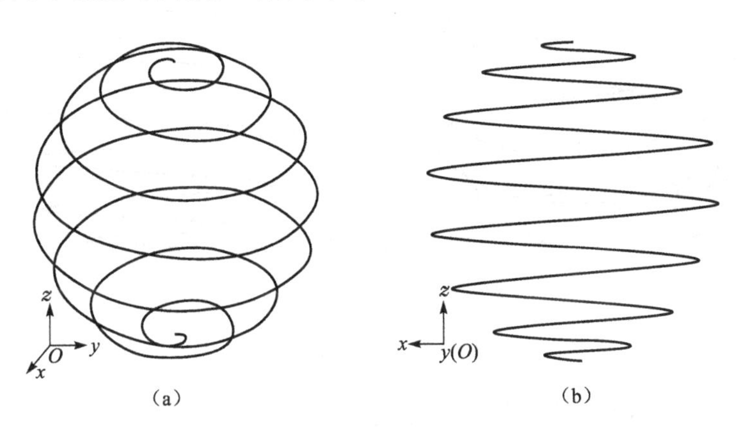

图 2.6　等螺距螺旋线

2.2.2 等弧长螺旋线运动轨迹

令 $\theta=\varphi/(2N)$，此时螺旋线圈数为 N 的球面坐标方程为

$$\begin{cases} x=R\sin\left(\dfrac{\varphi}{2N}\right)\cos\varphi \\ y=R\sin\left(\dfrac{\varphi}{2N}\right)\sin\varphi,\quad 0\leqslant\varphi\leqslant 2N\pi \\ z=R\cos\left(\dfrac{\varphi}{2N}\right) \end{cases} \tag{2.8}$$

式中，N 为螺旋线圈数。

下面对式（2.8）做具体分析，将式（2.6）代入 $\theta=\varphi/(2N)$ 中，得到螺旋线相邻线圈之间的 φ 差值为

$$\Delta\theta=\frac{\Delta\varphi}{2N}=\frac{\pi}{N} \tag{2.9}$$

故螺旋线相邻线圈之间的弧长为

$$l=R\Delta\theta=\frac{\pi R}{N}=\frac{C}{2N} \tag{2.10}$$

式中，C 为经过球心的平面与球体交线的长度。

由式（2.10）可知，球体被圈数为 N 的螺旋线 $2N$ 等分，因此这种球面螺旋线称为等弧长螺旋线，如图 2.7（a）和（b）两个视图所示。

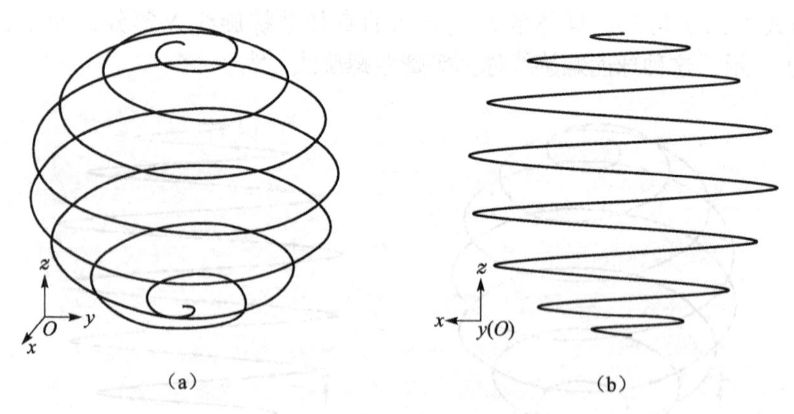

图 2.7 等弧长螺旋线

2.2.3 检测探头在钢球表面扫描轨迹

根据上面对两类螺旋线的具体分析，同时考虑钢球检测机构的检测原理可

知，检测探头在对钢球表面进行检测时，钢球表面应均匀地通过检测探头，即钢球表面是需要关注的重点。在钢球表面质量检测时，对于固定的检测探头，应满足球面上所有点全部能够通过检测区域。图 2.8 为球体表面检测示意图。钢球以角速度 ω' 绕瞬时轴（θ_1 为变量）做旋转运动，完成从位置 1 到位置 3 的运动，为保证钢球快速、高效地实现全球面检测，应控制球面上所形成的轨迹宽度满足探头检测要求，实现一次性连续运动，形成完整的空间曲线轨迹，实现球面全展开。

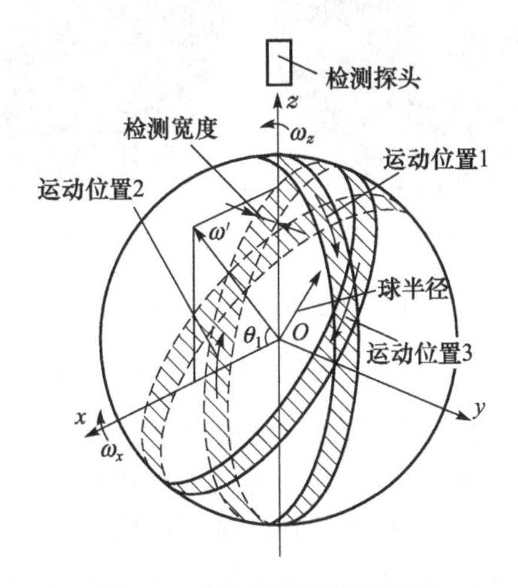

图 2.8　球体表面检测示意图

分别令钢球做等螺距螺旋线和等弧长螺旋线运动，观察钢球表面在检测探头下的展开形式[13, 14]。针对上述对两类空间螺旋线的数学分析，对于钢球空间螺旋线的运动形式做如下假设：

假设钢球以等螺距螺旋线展开，则探头对应的检测轨迹由图 2.9（a）和（b）两个视图可知。

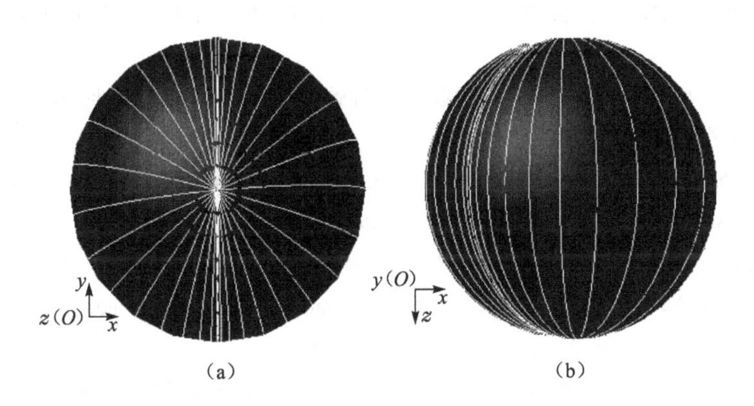

图 2.9　等螺距展开时检测线轨迹

假设钢球以等弧长螺旋线展开，则探头对应的检测轨迹由图 2.10（a）和（b）两个视图可知。

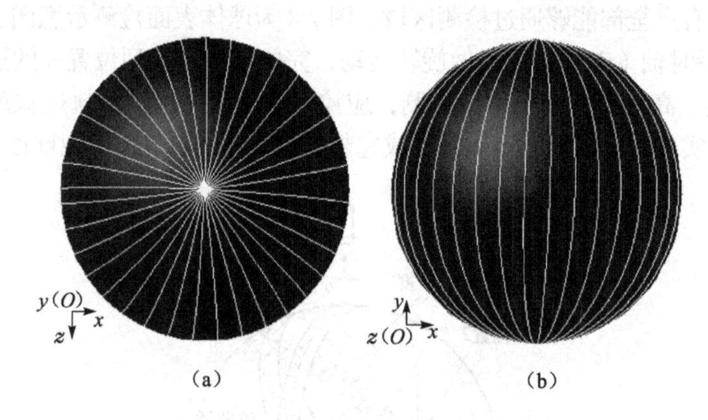

图 2.10　等弧长展开时检测线轨迹

由图 2.9 和图 2.10 对比可知，当钢球以等螺距螺旋线展开时，钢球表面在探头下呈现轨迹间距不等曲线，即轨迹线在钢球表面非均匀分布，容易导致缺陷漏检；当钢球以等弧长螺旋线展开时，钢球表面在探头下呈现轨迹间距相等曲线，保证钢球缺陷检测准确性，即轨迹线在钢球表面均匀分布[15~17]。结合钢球检测的全面均匀展开原理分析，最终确定钢球在展开轮的作用下做空间等弧长螺旋线运动[18]。

参 考 文 献

[1] 赵刚，王保义，马松轩．Aviko K 型钢球外观检验机中子午线展开机构的理论分析．四川大学学报，1997，34（5）：635-639.

[2] 杨继新，刘健，肖正扬，等．复杂曲面的可展化及其展开方法．机械科学与技术，2001，4：519-521.

[3] 赵彦玲，车春雨，铉佳平，等．钢球全表面螺旋线展开机构运动特性分析．哈尔滨理工大学学报，2013，18（1）：37-40.

[4] Tu Y N. Design of developable surface interpolating curer and lines. Journal of Fudan University (Natural Science), 1997, 36(2): 165-171.

[5] 张付祥，刘振宇．陶瓷球表面质量检测展开机构．轴承，2011，2：45-47.

[6] Zheng J F, Yang S, Shen M X, et al. Study on rotational fretting wear under a ball-on-concave contact configuration. Wear, 2011, 271(9): 1552-1562.

[7] Pagliaro P, Prime M B, Swenson H, et al. Measuring multiple residual-stress components using the contour method and multiple cuts. Experimental Mechanics, 2010, 50(2): 187-194.

[8] 赵彦玲，王洪运，向敬忠，等. 基于UG的钢球子午线展开轮参数化设计. 哈尔滨理工大学学报，2007，12（3）：141-143.

[9] Michael K, Andrew W, Demetri T. Snakes: Active contour models. International Journal of Computer Vision, 1988, 1(4): 321-331.

[10] Jens W. Ceramics—A milestone on the way to the high-performance rolling bearing. Ceramic Forum International, 2002, 79(4): 21-24.

[11] Yang Q M, Xie J Y, Wu Q Q. Analysis of parameters' unfolded mechanism of the micro-steel ball and simulation of unfolded movement selection. Proceedings of International Conference on Management Science and Intelligent Control, Bengbu, 2011: 394-397.

[12] 王宏，徐长英. 钢球检测中表面经纬展开系统的研究. 电脑知识与技术，2009，5（13）：3505-3507.

[13] 赵彦玲. 基于图像技术的钢球表面缺陷分析与识别. 哈尔滨：哈尔滨理工大学博士学位论文，2008.

[14] Zhao Y L, Liu X L, Wang P, et al. Application of artificial neural net in defect image recognizing of cutting chip. Key Engineering Materials, 2006, 315-316: 496-500.

[15] 全燕鸣，朱国强，姜长城，等. 小球表面缺陷自动检测中的表面滚翻方法. 现代制造工程，2010，9：115-117.

[16] 武倩倩，杨前明，张华宇，等. 微型钢球表面展开和缺陷检测装置控制系统的设计. 应用科技，2012，39（4）：47-50.

[17] 杨怀玉. 钢球检测中的运动分析. 中国水运（学术版），2006，6（10）：33-34.

[18] 席平. 三维曲面的几何展开. 计算机学报，1997，20（4）：315-322.

第 3 章　钢球展开机构及其运动分析

对于任意形式的钢球缺陷检测设备，表面展开情况决定着钢球能否实现全表面检测，而传动机构的运动状态直接决定钢球的展开状况，因此首先要对展开机构工作状态下的球体进行运动分析。本章建立核心件展开轮的几何模型及展开机构的接触模型，直观地对球体运动状况以及能够实现球面完整展开的必要条件进行分析，并通过球面上一点的运动来反映钢球的运动规律，验证展开轮的设计合理可行性。

3.1　展开轮结构方案

球面是一种特殊的曲面，其表面不可以完全展开成为平面，而在钢球检测的过程中，要保证钢球被完全检测，必须使钢球表面全部展开，这就需要一种特殊结构的装置作用在钢球表面，保证钢球表面全部通过检测探头[1]。

根据第 2 章得到的等弧长螺旋线展开满足钢球缺陷检测，要使钢球做等弧长螺旋线运动，钢球应当受到一个周期性的推动力，而这个推动力是由展开轮在旋转的过程中作用在钢球表面上的，这个周期性的作用力来保证钢球做周期性均匀的侧偏转动，从而使钢球以等弧长螺旋线方式运动。

据此推断，展开轮左右两圆锥体的轴线与展开轮回转轴线之间存在偏角，这个偏角通过物体间接触摩擦力产生的扭矩，在展开轮回转过程中对钢球产生使钢球绕垂直于主回转轴的偏转运动。在一个旋转周期内，左右两个圆锥体分别对钢球产生半个周期的推动力 F_1，另半个周期产生支撑力 F_2。如图 3.1（a）所示，当前半周期时，左侧轮对钢球产生侧偏推动力 F_1，右侧轮产生支撑力 F_2，此

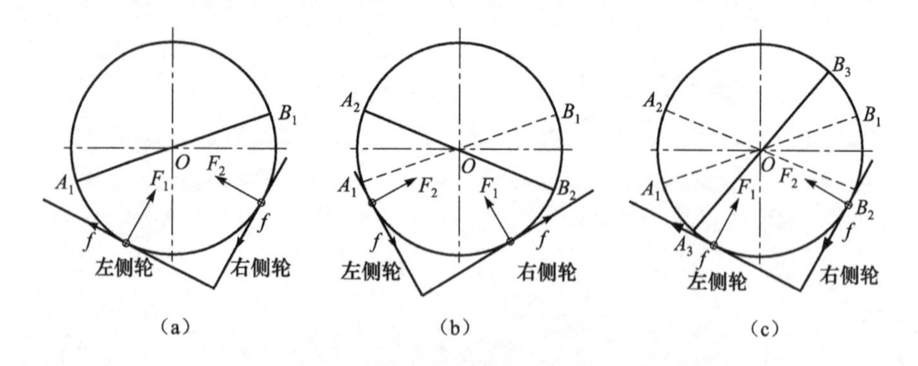

图 3.1　实现螺旋线运动的钢球作用力

时推动力 F_1 由大到小，支撑力 F_2 由小到大；当后半周期时，右侧轮对钢球产生侧偏推动力 F_1，左侧轮产生支撑力 F_2，如图 3.1（b）所示，这样就完成一次周期运动。最终钢球在一个周期内先后受到左右两个圆锥体的推动力，完成钢球的侧偏运动，如图 3.1（c）所示。

对于上述分析，展开轮的结构应该为关于原点对称的回转体结构，在满足这个机构要求的基础上，初步设定以下两类结构方案，如图 3.2 所示。

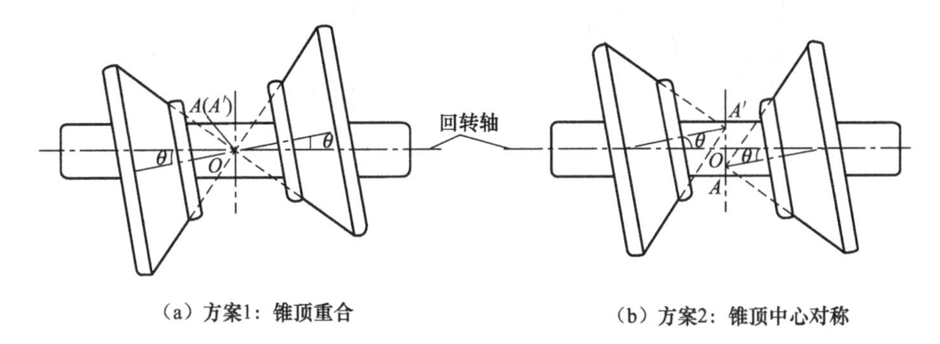

（a）方案1：锥顶重合　　（b）方案2：锥顶中心对称

图 3.2　展开轮结构的两种设计方案

对于上述两种设计方案，首先要考虑结构在工作过程中的稳定性。稳定性是任何机械设备正常工作的前提，保证钢球在展开运动过程中的稳定性是至关重要的。由于展开轮结构的特殊性，在回转过程中要保证钢球与展开轮在接触过程中的稳定性，必须保证左右两侧的圆锥面在水平面的投影边界夹角保持不变，否则转动过程中左右两侧的圆锥面在水平面的投影边界夹角时刻在改变，呈现由大到小渐变至由小到大，此时展开轮的运动周期也进行同周期的变化，变化曲线类似于正弦曲线。也就是说，只有当两个锥面在投影边界相垂直时，才能保证左右两侧的圆锥面在水平面的投影边界夹角保持不变，满足钢球与展开轮在回转过程中接触的稳定性[2~5]。

通过分析可知，两种结构设计方案最大的相同点就是在旋转过程中，每种结构的展开轮左右两个锥面在水平面的投影边界任何时刻都保持垂直状态。而两种结构的不同点在于：方案 1 结构在回转过程中水平投影边界以原点 O（即垂足）为中心做往复式摆动，如图 3.3（a）所示；方案 2 结构在回转过程中水平投影边界以竖直轴附近某一点为中心做往复式摆动，如图 3.3（b）所示。通过对展开轮与钢球接触过程的分析，方案 2 结构的摆动中心更靠近钢球球心，在高速回转检测过程中整个系统更加稳定，不会出现钢球球心摆动剧烈等情况。

使用仿真软件 ADAMS 对上述两种结构进行运动模拟仿真，通过对比钢球在两种方案结构的展开轮作用下球心的运动情况来对两种方案结构进行对比分析。根据方案分别建立展开轮的几何模型，如图 3.4 所示。

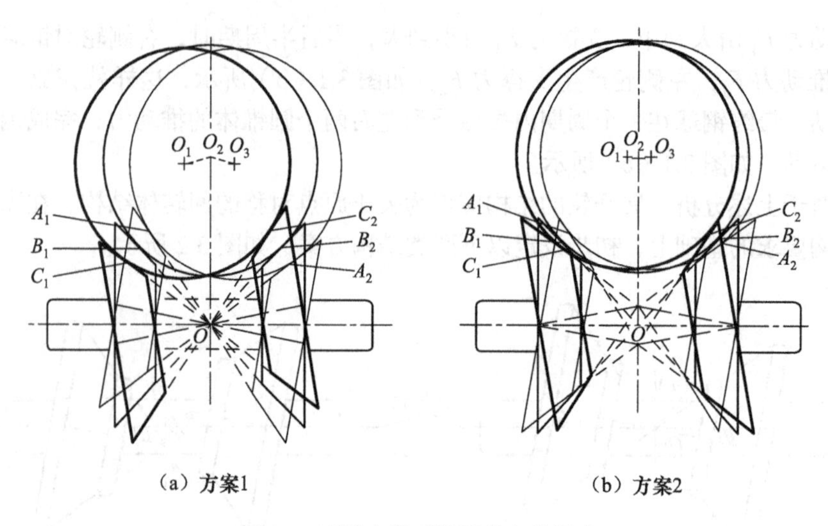

（a）方案1　（b）方案2

图 3.3　两种方案对钢球球心的影响

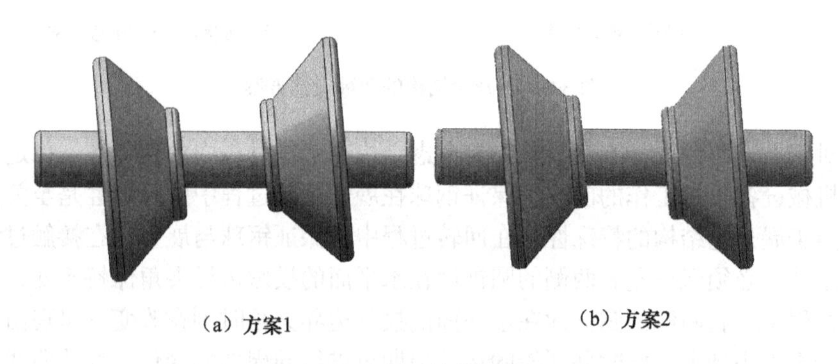

（a）方案1　（b）方案2

图 3.4　展开轮几何模型

为保证两种机构对比的准确性，将两种结构模型导入同一仿真界面，同时进行仿真分析。

在同一仿真界面中，对两组不同结构的展开轮设置相同的参数，在其他条件完全相同的情况下，观测钢球在不同结构展开轮的作用下，球心的运动情况，如图 3.5 所示。

通过球心位移仿真曲线对比可知，钢球在方案 1 结构展开轮的作用下，位移偏移量较大，稳定性较差；而钢球在方案 2 结构展开轮的作用下，位移偏移量很小，稳定性较好。对比结果也验证了最初的分析，即不同结构的展开轮对钢球球心位移偏移量大小存在影响：方案 2 展开轮结构的稳定性好于方案 1 展开轮结构。另外一个最重要的因素，就是对于方案 1 结构，由于摆动中心在原点，而检测钢球的球心一定不在原点，这说明方案 1 结构永远不可能使球心与摆动中心重合，即不可能达到绝对的稳定；而方案 2 结构恰恰相反，其摆动中心位于竖直轴，

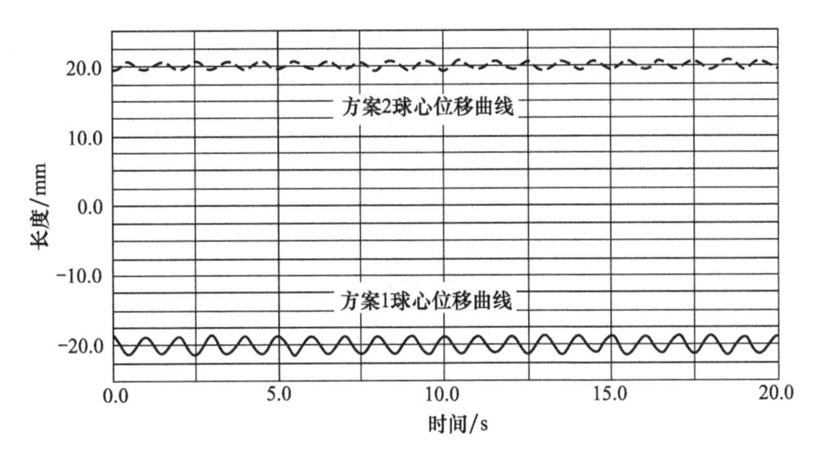

图 3.5　稳定性分析结果

可以通过调节展开轮的尺寸和钢球尺寸，找到一个最优的结构，使钢球球心与展开轮两侧面的摆动中心无限接近甚至重合，来保证钢球运动过程中的稳定性[6]。

3.2　钢球与展开轮接触轨迹

根据对展开轮结构的研究分析和试验观测，钢球在展开轮的作用下做等弧长螺旋线运动，这就要求钢球受到周期性的侧推力。由于展开轮关于原点对称的结构，在转动的过程中，左侧圆锥体对球体在前半周期形成推动作用力，后半周期形成支撑作用力，而右侧圆锥体对球体在前半周期形成支撑作用力，后半周期形成推动作用力[7]。

根据检测探头对钢球的检测机理，钢球在探头下绕主轴旋转一周，则完成一个扫描带区域，要求展开轮同样旋转一个周期，因此必须保证钢球与展开轮的回转周期相同，可以防止球体在左右两侧展开轮半周期作用力下，球体的运动形式与所受作用力发生相互干涉的可能，这就要求在同一转动周期中，展开轮表面接触线长度必须与钢球接触线长度相同。

3.2.1　展开轮表面接触轨迹分析

展开轮左右两个圆锥体轴线与回转轴线存在偏角且呈现中心对称，导致其在转动过程中，展开轮在 *Oxy* 平面内投影边界呈现周期性摆动状态，圆锥体与钢球表面接触轨迹呈现空间闭合曲线，用数学方法得出的接触轨迹相当复杂。本书从等效仿真角度出发，获取空间接触的点云数据，通过数据拟合出最终的展开轮与钢球的空间接触曲线[8~10]。

首先，建立展开轮与钢球接触的等效模型，如图 3.6 所示。其中，有一个可以保持绕回转中心摆动的杆，杆的一端与圆锥始终保持接触；圆锥体轴线与水平回转轴线存在一个夹角 α，并绕水平轴匀速转动。因此，当圆锥绕水平轴线转动时，圆锥呈现周期性的摆动，进而推动回转杆绕摆动中心做周期性的往复摆动运动。

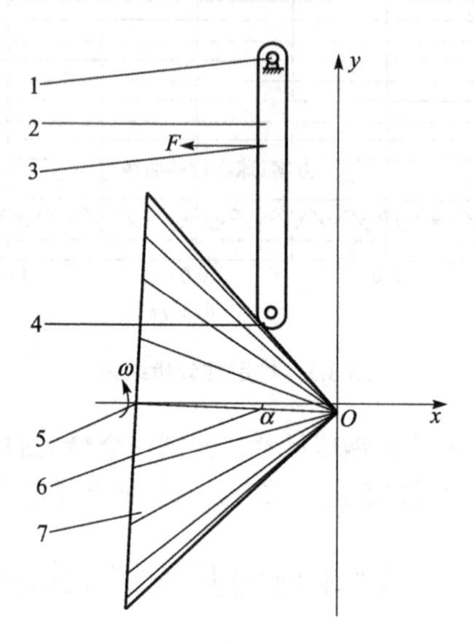

图 3.6　展开轮与钢球接触等效模型

1. 摆动中心；2. 摆动杆；3. 压紧力；4. 接触点；5. 水平旋转轴；6. 偏角；7. 圆锥体

对接触点相对于圆锥的运动轨迹进行跟踪观测，得到接触轨迹为闭合曲线。接下来获取接触点轨迹数据，如表 3.1 所示，应用曲线编辑工具对曲线进行进一步编辑和处理，将仿真测量曲线以数据文件形式输出，对仿真结果进行后处理。

表 3.1　接触点轨迹数据表

序号	x	y	z
1	0.0	0.0	0.0
2	−0.2656447845	$-3.9367182088\times10^{-2}$	1.0031053466
3	−0.3156830709	$-1.5750266076\times10^{-2}$	1.992099618
4	−0.2303080057	$-3.5793699201\times10^{-2}$	2.9939508852
5	−0.3388825198	$-6.1536473382\times10^{-2}$	3.9263493938
6	−0.4504367935	$-6.3722546498\times10^{-2}$	3.9987494255
7	−0.1978865763	−0.1021036855	5.0524995062
8	−0.3262441425	−0.1459929047	6.0423648752
9	−0.1269569763	−0.2091858411	7.2289517164
10	−0.3373275254	−0.2465169898	7.8488238723

续表

序号	x	y	z
11	$-9.558255706 \times 10^{-2}$	−0.2714723706	8.2339087796
12	−0.314108568	−0.3505159594	9.3561198493
13	−0.3320054406	−0.4540921632	10.6466569152
14	−0.1732400099	−0.5525396493	11.7404853626
15	−0.3183496036	−0.5546283037	11.7635510867

使用 SAR 进行数据拟合，得到接触轨迹为闭合空间椭圆曲线，如图 3.7 所示。

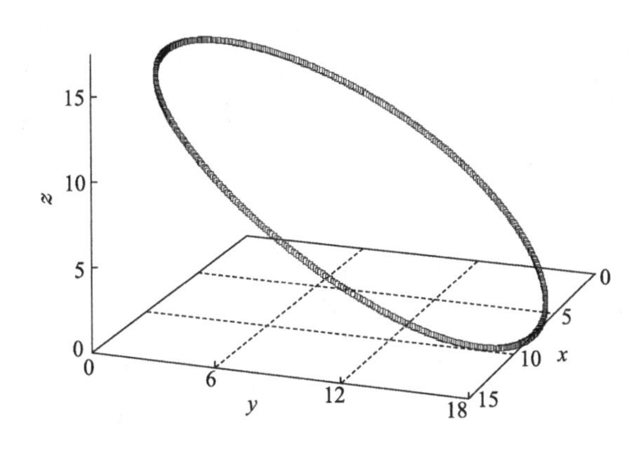

图 3.7　展开轮与钢球接触面轨迹

因此，展开轮与钢球在运动过程中，接触轨迹为一空间椭圆曲线。此轨迹在展开轮接触面的位置，如图 3.8 中三视图所示。

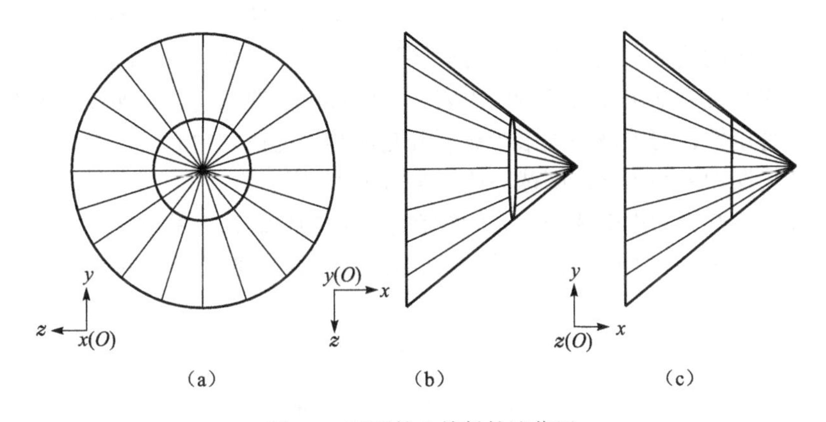

图 3.8　展开轮上接触轨迹位置

3.2.2　钢球与展开轮接触轨迹计算

根据前面的分析，同一转动周期中，展开轮与钢球的接触轨迹在二者各自曲面上的长度应该相等，这样才能保证钢球在左右两侧展开轮周期性的推动力作用下，球体的运动形式与所受作用力不发生相互干涉，完成周期性的侧偏运动。下面分别研究展开轮与钢球各自的接触线长度[11]。

1. 展开轮圆锥曲面接触线长度的计算

根据展开轮的结构特点，其在一个旋转周期内，轮廓边界在水平面内的投影存在三个特殊位置，分别为一侧圆锥轴线与展开轮回转轴线成最大正偏角（另一侧圆锥轴线与展开轮回转轴线成最大负偏角），如图 3.9（a）所示；圆锥轴线与展开轮回转轴线重合（左右两侧圆锥轴线与回转轴线都重合），如图 3.9（b）所示；一侧圆锥轴线与展开轮回转轴线成最大负偏角（另一侧圆锥轴线与展开轮回转轴线成最大正偏角），如图 3.9（c）所示。

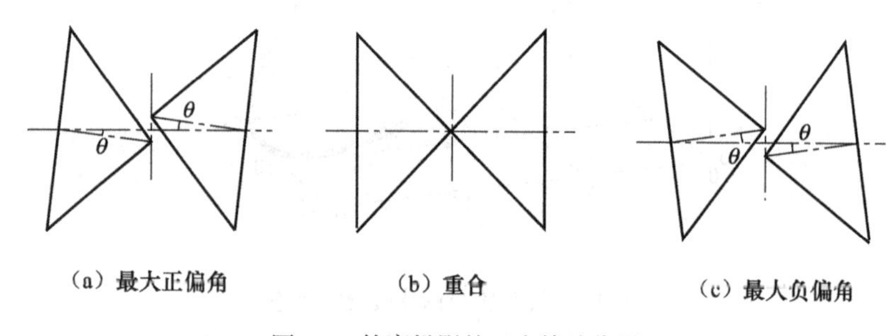

图 3.9　轮廓投影的三个特殊位置

根据 3.2.1 节的分析，展开轮和钢球的接触轨迹曲线是一平面椭圆，依据结构和几何关系可以得到，展开轮在一个旋转周期内，轮廓边界水平投影的三个特殊位置所对应的接触点就是接触轨迹椭圆形曲线的长半轴和短半轴的端点。进而根据几何关系可以求出在展开轮圆锥表面上的接触曲线长度。为保证钢球在检测过程中的稳定性，要求球心无限接近展开轮两侧面的摆动中心，假设检测钢球球心与展开轮摆动中心重合，即球心位于竖直轴上[12~14]。

当展开轮圆锥曲面轴线与回转轴线在水平面的投影边界的夹角处于最大位置时，钢球与展开轮的两个接触点就是椭圆形接触轨迹的长半轴的两个顶点，如图 3.10（a）所示。

由图中几何位置关系可得出如下公式：

$$(\sqrt{2}R-\overline{AO})^2=\overline{AC}^2+R^2 \tag{3.1}$$

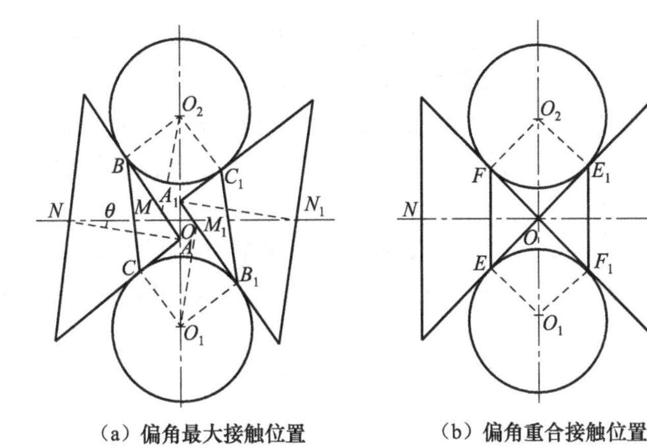

（a）偏角最大接触位置　　（b）偏角重合接触位置

图 3.10　展开轮的接触曲线

$$(\sqrt{2}R + \overline{AO})^2 = \overline{AB}^2 + R^2 \tag{3.2}$$

$$R\left[\cos\left(\frac{\pi}{4} - \theta\right) - \sin\left(\frac{\pi}{4} - \theta\right)\right] = \overline{AO}\sin\left(\frac{\pi}{2} - 2\theta\right) \tag{3.3}$$

$$\overline{BC}^2 = \overline{AC}^2 + \overline{AB}^2 \tag{3.4}$$

式中，$\overline{AO}$ 为圆锥顶点到展开轮中心的距离；$\overline{AC}$ 为极限位置负偏角时，圆锥顶点到钢球与圆锥曲面接触点的距离；$\overline{AB}$ 为极限位置正偏角时，圆锥顶点到钢球与圆锥曲面接触点的距离；$\overline{BC}$ 为 $\overline{AC}$ 、$\overline{AB}$ 位置时两个接触点之间的距离。根据展开轮与钢球接触位置的几何关系可知，$\overline{BC}$ 的长度就是展开轮表面椭圆接触线的长轴的长度。

当展开轮圆锥曲面轴线与回转轴线在水平面的投影边界重合时，钢球与展开轮的两个接触点就是椭圆形接触轨迹的短半轴的两个顶点，如图 3.10（b）所示。其中，$\overline{EF}$ 为当圆锥轴线与展开轮回转轴线重合时，两接触点间的距离。由几何关系，$\overline{EF}$ 的长度等于展开轮表面椭圆接触线的长轴的长度，等于 $\sqrt{2}R$ 。

综合以上分析，接触椭圆长半轴 $a = \overline{BC}/2$ ，短半轴 $b = \overline{EF}/2$ ，故接触椭圆周长为

$$\begin{aligned} L_1 &= 2\pi b + 4(a - b) \\ &= 2\sqrt{2}\sqrt{R^2 + e^2} + \sqrt{2}R(\pi - 2) \end{aligned} \tag{3.5}$$

2. 钢球表面接触线长度的计算

分析结果表明，钢球在展开轮的作用下做空间等弧长螺旋线运动。依据检测

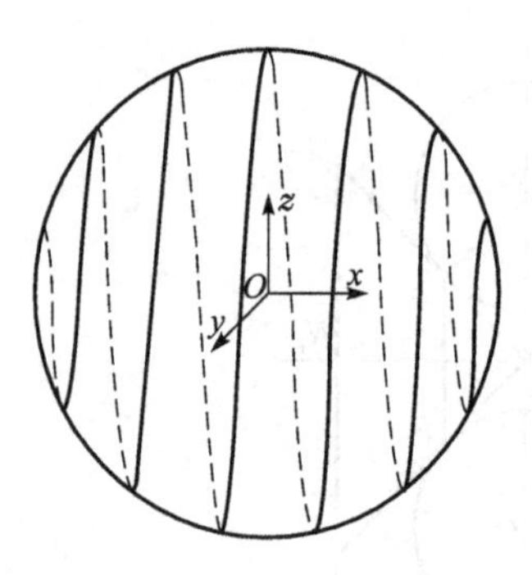

图 3.11　钢球表面接触线

探头对钢球表面检测的原理，在一个旋转周期内，钢球绕主动轴旋转一周，同时在展开轮的作用下会产生一个侧偏角，进而导致钢球表面的接触线为等弧长螺旋线的一部分，即一条非闭合空间螺旋线曲线，如图 3.11 所示。

根据钢球与展开轮接触的几何关系可知，在一个转动周期内，接触点的位置为总圈数的 $N/4$，也记为 $T/4$。

由式（2.4）及 $\varphi=\omega t=2\pi Nt/T$ 得到关于时间 t 的方程为

$$\begin{cases} x = R\sin\left(\dfrac{t\pi}{T}\right)\cos\left(\dfrac{2\pi Nt}{T}\right) \\ y = R\sin\left(\dfrac{t\pi}{T}\right)\sin\left(\dfrac{2\pi Nt}{T}\right),\ 0\leqslant t\leqslant T \\ z = R\cos\left(\dfrac{t\pi}{T}\right) \end{cases} \tag{3.6}$$

式中，T 为钢球的检测周期。

应用弧长积分公式，得钢球表面接触曲线弧长为

$$\begin{aligned} L_2 &= \int_{\Gamma} f(x,y,z)\mathrm{d}s \\ &= \int_{t_2}^{t_1} f[\varphi(t),\psi(t),\omega(t)]\sqrt{\varphi'^2(t)+\psi'^2(t)+\omega'^2(t)}\mathrm{d}t \end{aligned} \tag{3.7}$$

式中

$$\varphi'(t) = x' = R\left[\frac{\pi}{T}\cos\left(\frac{t\pi}{T}\right)\cos\left(\frac{2\pi Nt}{T}\right) - \frac{2\pi N}{T}\sin\left(\frac{t\pi}{T}\right)\sin\left(\frac{2\pi Nt}{T}\right)\right]$$

$$\psi'(t) = y' = R\left[\frac{\pi}{T}\cos\left(\frac{t\pi}{T}\right)\sin\left(\frac{2\pi Nt}{T}\right) + \frac{2\pi N}{T}\sin\left(\frac{t\pi}{T}\right)\cos\left(\frac{2\pi Nt}{T}\right)\right]$$

$$\omega'(t) = z' = R\left[\frac{\pi}{T}\sin\left(\frac{t\pi}{T}\right)\right]$$

其中，t_1 和 t_2 分别为展开轮与钢球接触一个周期的接触开始时刻和结束时刻。

根据展开轮结构特点，圆锥轴线在 $-\theta$ 和 θ 之间摆动，则展开轮圆锥曲面在水平面的投影边界与回转轴间的夹角在 45° − θ 和 45° + θ 之间摆动，进而可以确定展开轮与钢球接触的起始时刻 t_1 和结束时刻 t_2 之间的时间差为

$$\Delta t = \frac{T}{N} \tag{3.8}$$

将式（3.8）代入式（3.7），得接触曲线弧长为

$$L_2 = \frac{R\pi}{T}\int_{\frac{T}{4}-\frac{T}{2N}}^{\frac{T}{4}+\frac{T}{2N}}\sqrt{1+4N^2\sin^2\left(\frac{t\pi}{T}\right)}\mathrm{d}t \tag{3.9}$$

对于式（3.9），原函数不能使用初等函数表示，故采取数值积分法对其积分，根据辛普森积分法，得钢球表面接触曲线弧长为

$$L_2 = \frac{R\pi}{6N}\left[4\sqrt{1+2N^2}+\sqrt{1+4N^2\sin^2\frac{\pi(N-2)}{4N}}+\sqrt{1+4N^2\sin^2\frac{\pi(N+2)}{4N}}\right] \tag{3.10}$$

根据钢球在展开轮的作用下做等弧长螺旋线运动，故只要保证时间差相同即可，所以为计算简便，取 $t_1=0$、$t_2=T/N$。结合上述分析得到的展开轮圆锥表面接触曲线和钢球接触曲线长度二者之间必须相等的关系，即

$$L_1 = L_2 \tag{3.11}$$

以钢球 $\Phi16$，检测圈数 N=30 为例，得 AO=0.3mm，θ=1.5°，展开轮的几何机构如图 3.12 所示。

将展开轮装入展开装置中，如图 3.13 所示，可对展开机构进行运动分析。

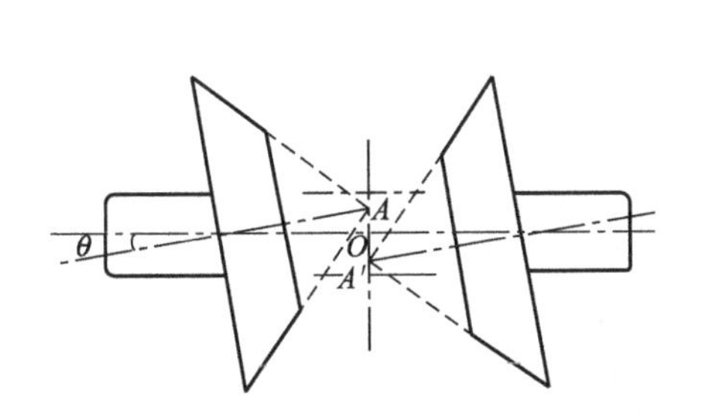

图 3.12　展开轮几何结构图

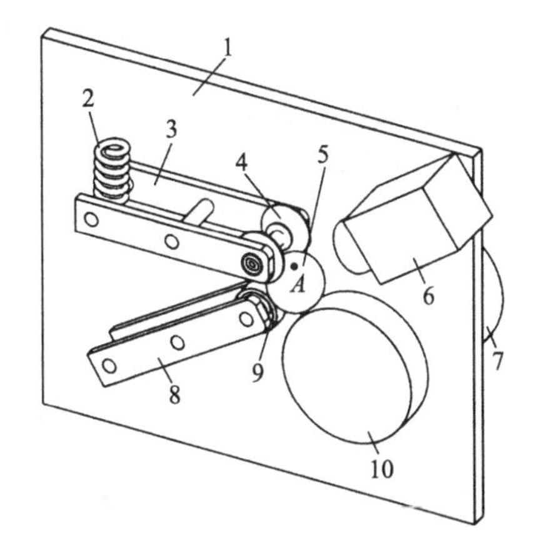

图 3.13　钢球展开机构示意图

1. 支撑板；2. 拉紧弹簧；3. 展开机构；4. 展开轮；5. 被测钢球；6. 检测探头；7. 直流电机；8. 支撑构件；9. 支撑轮；10. 主动轮

3.3　展开机构几何模型建立

3.3.1　展开轮几何模型建立

建立和球心固连的坐标系，与固定于展开轮回转中心的坐标系共同构成如图3.14所示的结构，位于展开轮上的坐标系视为基础坐标系[15]。

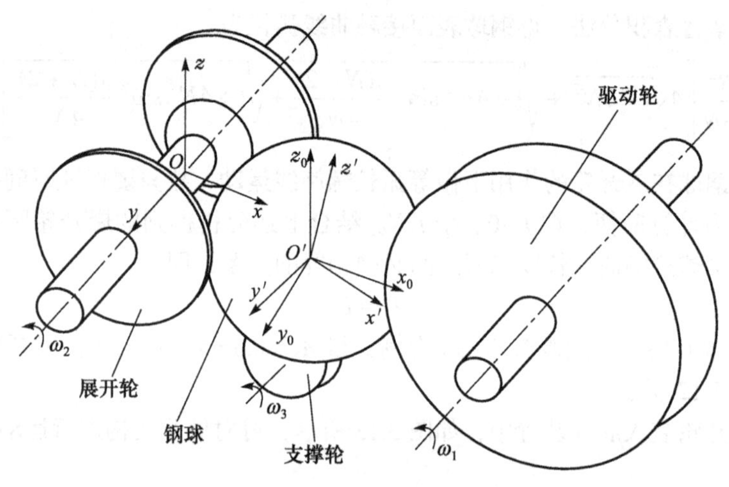

图 3.14　展开机构几何模型

建立几何模型时，为便于观察和描述，可将展开轮两工作锥面补全为两完整圆锥面，钢球和展开轮接触的模型可简化如图3.15所示的模型，将图示位置设定为起始位置，当展开轮转过角度 Ω 时，展开轮两锥面的方程可通过笛卡儿坐标系的旋转关系得到[16~18]。

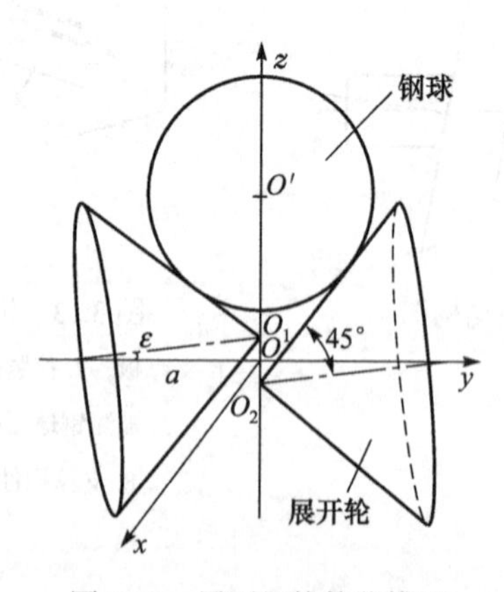

图 3.15　展开机构简化模型

根据欧拉方向余弦矩阵，对简化锥面建立如图 3.15 所示位置的左侧和右侧锥面方程分别为

$$\begin{cases} x_1 = \rho_1 \sin 45^\circ \sin\theta_1 \\ y_1 = -\rho_1 \sin 45^\circ (\cos\varepsilon + \cos\theta_1 \sin\varepsilon) \\ z_1 = \rho_1 \sin 45^\circ (-\sin\varepsilon + \cos\theta_1 \cos\varepsilon) + a\tan\varepsilon \end{cases} \tag{3.12}$$

$$\begin{cases} x_2 = \rho_2 \sin 45^\circ \sin\theta_2 \\ y_2 = \rho_2 \sin 45^\circ (\cos\varepsilon - \cos\theta_2 \sin\varepsilon) \\ z_2 = \rho_2 \sin 45^\circ (\sin\varepsilon + \cos\theta_2 \cos\varepsilon) - a\tan\varepsilon \end{cases} \tag{3.13}$$

式中，a 为锥面轴线与 y 轴交点到原点的距离；ρ_1 为左侧锥面上一点到相应顶点的距离；ρ_2 为右侧锥面上一点到相应顶点的距离；ε 为锥面轴线与 y 轴的夹角。

在笛卡儿坐标下由余弦矩阵的变换定理可知，当展开轮转过角度 Ω 时，其两个锥面矢量方程可表示为

$$\begin{cases} \boldsymbol{r}_1 = (\rho_1, \theta_1, \Omega) = \boldsymbol{R}_\Omega (x_1, y_1, z_1)^\mathrm{T} \\ \boldsymbol{r}_2 = (\rho_2, \theta_2, \Omega) = \boldsymbol{R}_\Omega (x_2, y_2, z_2)^\mathrm{T} \end{cases} \tag{3.14}$$

式中，Ω 为展开轮转过的角度；$\boldsymbol{R}_\Omega$ 为绕 y 轴的转换矩阵：

$$\boldsymbol{R}_\Omega = \begin{bmatrix} \cos\Omega & 0 & \sin\Omega \\ 0 & 1 & 0 \\ -\sin\Omega & 0 & \cos\Omega \end{bmatrix}$$

最终得到展开轮绕 y 轴转过角度 Ω 时左侧和右侧的方程分别为

$$\begin{cases} x_1 = \rho_1 \sin 45^\circ \sin\theta_1 \cos\Omega - \rho_1 \sin 45^\circ \sin\varepsilon \sin\Omega \\ \qquad + \rho_1 \sin 45^\circ \cos\theta_1 \cos\varepsilon \sin\Omega + a\tan\varepsilon \sin\Omega \\ y_1 = -\rho_1 \sin 45^\circ \cos\varepsilon - \rho_1 \sin 45^\circ \cos\theta_1 \sin\varepsilon \\ z_1 = -\rho_1 \sin 45^\circ \sin\theta_1 \sin\Omega - \rho_1 \sin 45^\circ \sin\varepsilon \cos\Omega \\ \qquad + \rho_1 \sin 45^\circ \cos\theta_1 \cos\varepsilon \cos\Omega + a\tan\varepsilon \cos\Omega \end{cases} \tag{3.15}$$

$$\begin{cases} x_2 = \rho_2 \sin 45^\circ \sin\theta_2 \cos\Omega + \rho_2 \sin 45^\circ \sin\theta_2 \sin\Omega \\ \qquad + \rho_2 \sin 45^\circ \cos\varepsilon \cos\theta_2 \sin\Omega - a\tan\varepsilon \sin\Omega \\ y_2 = \rho_2 \sin 45^\circ \cos\varepsilon - \rho_2 \sin 45^\circ \cos\theta_2 \sin\varepsilon \\ z_2 = -\rho_2 \sin 45^\circ \sin\theta_2 \sin\Omega + \rho_2 \sin 45^\circ \sin\varepsilon \cos\theta_2 \\ \qquad + \rho_2 \sin 45^\circ \cos\theta_2 \cos\varepsilon \cos\Omega - a\tan\varepsilon \cos\Omega \end{cases} \tag{3.16}$$

由上述方法，同时可以得到如图 3.15 所示固定位置时展开轮曲面任意点处的单位法向量为

$$\begin{cases} n_{1x} = \sin 45^\circ \sin\theta_1 \\ n_{1y} = \sin 45^\circ(\cos\varepsilon - \sin\varepsilon\cos\theta_1) \\ n_{1z} = \sin 45^\circ(\sin\varepsilon + \cos\varepsilon\cos\theta_1) \end{cases} \tag{3.17}$$

$$\begin{cases} n_{2x} = \sin 45^\circ \sin\theta_2 \\ n_{2y} = -\sin 45^\circ(\cos\varepsilon - \sin\varepsilon\cos\theta_2) \\ n_{2z} = \sin 45^\circ(\sin\varepsilon + \cos\varepsilon\cos\theta_2) \end{cases} \tag{3.18}$$

绕 y 轴转过角度 Ω 后，展开轮该点处的法向结果表示为

$$\begin{cases} N_{1x} = \sin 45^\circ(\cos\Omega\sin\theta_1 + \sin\varepsilon\sin\Omega) + \sin 45^\circ\cos\varepsilon\cos\theta_1\sin\Omega \\ N_{1y} = \sin 45^\circ(\cos\varepsilon - \sin\varepsilon\cos\theta_1) \\ N_{1z} = \sin 45^\circ(-\sin\theta_1\sin\Omega + \sin\varepsilon\cos\Omega) + \sin 45^\circ\cos\varepsilon\cos\theta_1\cos\Omega \end{cases} \tag{3.19}$$

$$\begin{cases} N_{2x} = \sin 45^\circ(\cos\Omega\sin\theta_2 - \sin\varepsilon\sin\Omega) + \sin 45^\circ\cos\varepsilon\cos\theta_2\sin\Omega \\ N_{2y} = -\sin 45^\circ(\cos\varepsilon - \sin\varepsilon\cos\theta_2) \\ N_{2z} = \sin 45^\circ(-\sin\theta_2\sin\Omega - \sin\varepsilon\cos\theta_2) + \sin 45^\circ\cos\varepsilon\cos\theta_2\cos\Omega \end{cases} \tag{3.20}$$

3.3.2　钢球与展开轮接触模型建立

在研究整体运动时，可将展开轮、钢球和驱动轮之间的接触视为刚体之间的点接触。锥面是单参数平面族的包络线，为一组直线构成的直纹展开面，任意时刻在两锥面上必各自有一条直线和钢球相接触于一点。转动过程中展开轮两工作面和钢球在任意时刻有两点保持接触，接触点分别记为 A、B。由空间关系可知，锥面和球接触点的法向量指向球心，向量关系如图 3.16 所示。

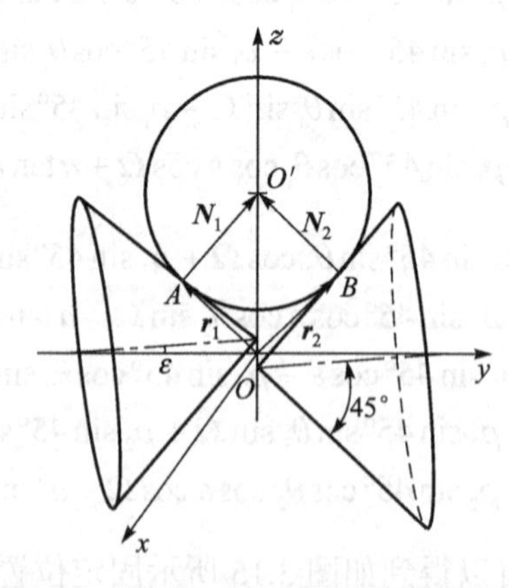

图 3.16　展开轮和钢球的空间接触模型

钢球展开转动过程中，各部分之间的接触视为刚体之间的点接触。由数学关系可得两接触点 A、B 的空间位置矢量方程为

$$\begin{cases} \boldsymbol{OA} = \boldsymbol{r}_1(\rho_1, \theta_1, \Omega) = x_1'\boldsymbol{i} + y_1'\boldsymbol{j} + z_1'\boldsymbol{k} \\ \boldsymbol{OB} = \boldsymbol{r}_2(\rho_2, \theta_2, \Omega) = x_2'\boldsymbol{i} + y_2'\boldsymbol{j} + z_2'\boldsymbol{k} \end{cases} \tag{3.21}$$

锥面和球接触点的法矢指向球心，则接触点到球心的矢径可以表示为

$$\boldsymbol{N}_1 = r\boldsymbol{n}_1, \boldsymbol{N}_2 = r\boldsymbol{n}_2 \tag{3.22}$$

该机构中，展开轮最为关键。驱动轮提供动力，依靠摩擦带动钢球和展开轮转动，该过程为纯滚动，减少了钢球再次产生磨损的可能。通过上述空间接触关系，可以得到接触模型的空间向量方程为

$$\boldsymbol{OA} + r\boldsymbol{N}_1 = \boldsymbol{OB} + r\boldsymbol{N}_2 = \boldsymbol{OO'} \tag{3.23}$$

由展开轮的结构特性可知，转动中钢球在 x 方向上不会发生移动，即有如下关系式：

$$\begin{cases} x_1' + rN_{1x} = x_2' + rN_{2x} = 0 \\ y_1' + rN_{1y} = y_2' + rN_{2y} = y_{O'} \\ z_1' + rN_{1z} = z_2' + rN_{2z} = z_{O'} \end{cases} \tag{3.24}$$

3.4　展开过程钢球的运动分析

3.4.1　球心稳定条件分析

转动过程中确保球心位置稳定，能够最大限度减小球体空间位置的移动，是保证球面有效展开的重要前提。在展开过程中，钢球和展开轮的接触点发生周期性变化，从而导致钢球发生规律性翻转。钢球检测过程中，受驱动轮的作用有一个绕 y' 轴的旋转自由度，同时，由于展开轮的特殊结构使钢球产生一个绕 x_0 轴的转动自由度（图 3.14）。据此对钢球稳定的必要性进行分析：钢球稳定时，检测探头悬浮于钢球上一个位置，钢球翻转的过程可使球面上的全部点经过探头监测区域，运动过程中，通过选取合理的探头直径，此时就可以实现钢球表面的全部检测；当球心位置有空间运动时，钢球伴随有空间上的摆动，而检测探头的位置固定不动，这就可能导致小部分区域超出探头检测范围，从而出现漏检甚至检测死区。因此，为了保证检测过程的精确可靠，首先就需要保证钢球在空间中位置的稳定[19~23]。

由图 3.17 等效变换后的球心轨迹可知，球心到两接触点的距离始终为钢球半径。展开轮带动钢球滚动的过程，可视为钢球绕展开轮滚动的等效形式运动，等效变换后，球心的运动轨迹为左右两锥面分别沿各自轴线平移 $r/\sin45°$ 后的交线位于空间某一平面，且与 Oxz 平面不重合。球心 $y_{O'}$ 值不固定且存在正负变化，说明钢球在展开轮作用下左右摆动，存在两个 $y_{O'}$ 值的极限位置。

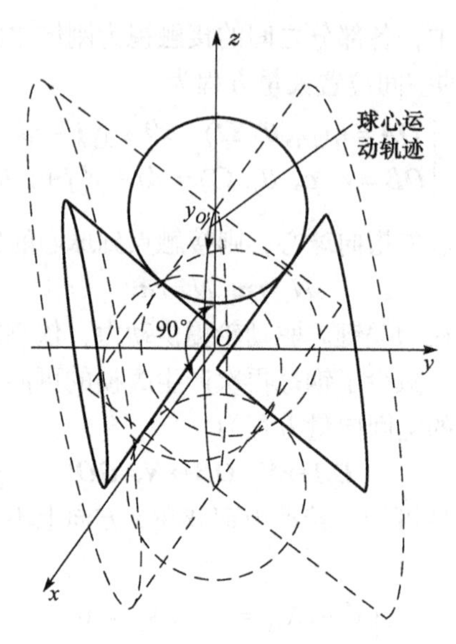

图 3.17　等效变换后的球心轨迹

钢球从模型建立的初始位置转过 90°和 270°时，球心位于 x 轴，即 $y=0$，假设存在另外一点也符合该条件，可保证球心轨迹在 $y=0$ 平面，即钢球稳定。

模型建立的初始位置为展开轮的一个特殊位置，展开轮两工作锥面的回转轴均位于 Oyz 平面，由图 3.18 可知，此时球心也位于 Oyz 平面内，$y_{O'}$ 处于一个极限值。钢球和展开轮锥面上两母线相切，此时接触点也处于接触的两极限位置。

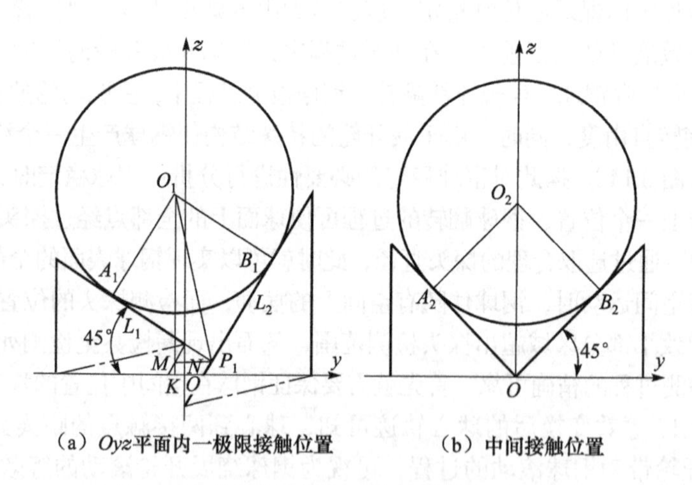

图 3.18　钢球球心随展开轮转动的位置示意图

取转动过程某一极限位置进行分析，此时钢球和展开轮的两接触点和球心构成的平面刚好位于 $x=0$ 平面内。由图 3.18 可知，该位置时钢球和展开轮在 Oyz

平面内相切于锥面上两直线，记为

$$\begin{cases} z_{L_1} = \tan(\pi/4-\varepsilon)+a\tan\varepsilon \\ z_{L_2} = -\tan(\pi/4+\varepsilon)-a\tan\varepsilon \end{cases} \tag{3.25}$$

将这两条直线联立解得交点 P_1 的坐标为

$$\begin{cases} y_{P_1} = \dfrac{a\tan\varepsilon(1-\tan^2\varepsilon)}{1+\tan^2\varepsilon} \\ z_{P_1} = 2a\sin^2\varepsilon \end{cases} \tag{3.26}$$

由图 3.18 中的几何关系和 P_1 点坐标值，可以得到角平分线 O_1P_1 的方程为

$$z = \frac{1}{\tan\varepsilon}y + a \tag{3.27}$$

ε 取不同值时该直线始终经过点（a，0，0），由图 3.18（a）可知，K 为过 O_1 点的垂线和 y 轴的交点，过 P_1 点平行于 y 轴的直线与 O_1K 交于点 M、与 z 轴交于点 N，经计算得

$$\begin{cases} y_{O'}=NM=a\cos(2\varepsilon)\tan\varepsilon-\dfrac{r\sin\varepsilon}{\sin(\pi/4)} \\ z_{O'}=O_1K=\dfrac{r\cos\varepsilon}{\sin(\pi/4)}+2a\sin^2\varepsilon \end{cases} \tag{3.28}$$

由式（3.24）和式（3.25）可以看出，$z_{O'}$ 为偶函数，$y_{O'}$ 为奇函数，与几何图形和理论分析中得到的结果相符合。为保证稳定性，令 $y=0$，即 $P_1M=P_1N$，整理后为

$$a = \frac{\sqrt{2}r\cos\varepsilon}{\cos(2\varepsilon)} \tag{3.29}$$

为了方便了解钢球球心的位置变化，这里将钢球带动展开轮的运动等效替换为匀速转动的展开轮带动钢球运动，展开轮转过角度记为 Ω，此时接触点圆锥母线与 y 轴夹角在 Oxy 平面内的投影角度记为

$$\varepsilon(\Omega) = \varepsilon\sin\Omega \tag{3.30}$$

由以上分析可知，接触点可以认为在 Oyz 平面上，此时展开轮球心位置表示为

$$\begin{cases} y_{O'}=NM=a\cos(2\varepsilon)\tan\varepsilon-\dfrac{r\sin\varepsilon}{\sin(\pi/4)} \\ z_{O'}=O_1K=\dfrac{r\cos\varepsilon}{\sin(\pi/4)}+2a\sin^2\varepsilon \end{cases} \tag{3.31}$$

即当 a 取值遵循上述规律时，认为钢球不再发生左右摆动；$z_{O'}$ 为展开轮特殊结构造成的自身浮动，实际钢球在该方向与驱动轮刚性接触，无移动。以上说明，展开轮设计参数 a 是影响钢球能否完整展开的一个关键因素[24~26]。

3.4.2　钢球转动特性分析

1. 钢球瞬时转轴空间坐标变换

展开装置工作过程中，钢球总绕自身的一条空间转轴转动，该轴线随接触点的位置时刻发生变化，成为一条瞬时转轴。瞬时轴变化反映钢球的运动规律。由笛卡儿空间坐标旋转[27~29]，得空间绕非特殊轴转动如图 3.19 所示。

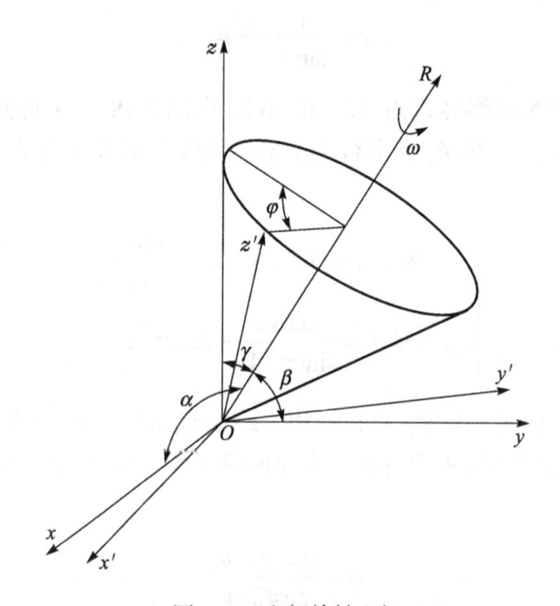

图 3.19　空间旋转坐标

由图 3.19 可知，在坐标系 $O\text{-}xyz$ 中选取一方向向量 $\boldsymbol{R}$（$\cos\alpha$，$\cos\beta$，$\cos\gamma$），将坐标系 $O\text{-}xyz$ 绕向量 $\boldsymbol{R}$ 旋转角度 φ 后得到新坐标系 $O\text{-}x'y'z'$，坐标系转换的方向余弦矩阵为

$$\boldsymbol{R}_{\varphi}=\begin{bmatrix} \begin{gathered}\cos^2\alpha(1-\cos\varphi)\\+\cos\varphi\end{gathered} & \begin{gathered}\cos\alpha\cos\beta(1-\cos\varphi)\\-\cos\gamma\sin\varphi\end{gathered} & \begin{gathered}\cos\alpha\cos\gamma(1-\cos\varphi)\\+\cos\beta\sin\varphi\end{gathered} \\ \begin{gathered}\cos\alpha\cos\beta(1-\cos\varphi)\\+\cos\gamma\sin\varphi\end{gathered} & \begin{gathered}\cos^2\beta(1-\cos\varphi)\\+\cos\varphi\end{gathered} & \begin{gathered}\cos\beta\cos\gamma(1-\cos\varphi)\\-\cos\alpha\sin\varphi\end{gathered} \\ \begin{gathered}\cos\alpha\cos\gamma(1-\cos\varphi)\\-\cos\beta\sin\varphi\end{gathered} & \begin{gathered}\cos\beta\cos\gamma(1-\cos\varphi)\\+\cos\alpha\sin\varphi\end{gathered} & \begin{gathered}\cos^2\beta(1-\cos\varphi)\\+\cos\varphi\end{gathered} \end{bmatrix} \tag{3.32}$$

2. 钢球运动过程的简化

由式（3.31）可知，钢球展开过程中球心沿 y 轴和 z 轴方向的位移变化幅度与夹角 ε 正相关，即 ε 取值越大，钢球球心空间位置变化波动越大。而钢球检测中，球心的稳定性对钢球检测有着重要影响，所以 ε 取较小值为宜，结合相关调查研究，取 $\varepsilon = 1°$，以此为例进行计算。按照式（3.29）进行计算，得到不同尺寸的钢球对应的 a 值以及相应选取的近似值（考虑加工精度），结果如表 3.2 所示。

表 3.2　不同规格钢球对应的 a 值的选取

钢球半径 r/mm	5	8	10	12	15
计算值 a/mm	7.07	11.32	14.15	16.98	21.22
选取值 a/mm	7	11.5	14	17	21

由图 3.16 可知，在 A 接触点，$O'A$ 与 Oyz 平面之间的夹角记为 η，满足如下关系：

$$\tan\eta = N_{1x}/N_{1y} \tag{3.33}$$

由于展开轮左右锥体中心对称，在［0, π］内进行计算。锥面顶角为 90°，通过式（3.24）可以得到取不同直径的钢球及相应 a 值，接触点 A、B 的 ρ 和 θ 值，进而得到 $\tan\eta$ 和展开轮转角 Ω 的关系曲线，为保证结果更加准确，以展开轮每转过 5°为间隔利用 MATLAB 进行计算，结果如图 3.20 所示。

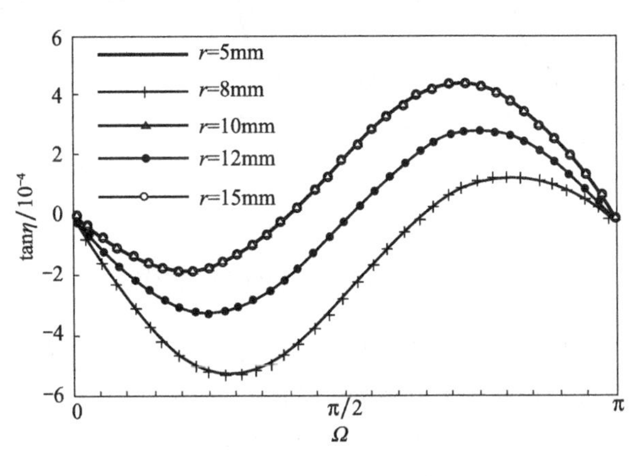

图 3.20　$\tan\eta$-Ω 的关系曲线

为简化计算，通过分析图 3.20 中曲线可以发现，接触点与 Oyz 平面间的夹角的正切值非常小，在误差允许范围内，可以认为接触点在 Oyz 平面内，瞬时转轴位于两接触点之间，也认为在 Oyz 平面上。据此将上述空间任意轴 $\boldsymbol{R}$ 变换方

向矩阵简化为

$$\boldsymbol{R}_{\varphi}=\begin{bmatrix}\cos\varphi & -\cos\gamma\sin\varphi & \cos\beta\sin\varphi \\ \cos\gamma\sin\varphi & \cos^2\beta(1-\cos\varphi)+\cos\varphi & \cos\beta\cos\gamma(1-\cos\varphi) \\ -\cos\beta\sin\varphi & \cos\beta\cos\gamma(1-\cos\varphi) & \cos^2\beta(1-\cos\varphi)+\cos\varphi\end{bmatrix} \tag{3.34}$$

3. 钢球与展开轮转动速度关系

钢球的瞬时转轴为与两接触点共面的空间直线，可以分解为 Oxy 平面上瞬时转轴分量和 Oyz 平面上瞬时分量。由上述分析已知瞬时转轴所在平面和 y 轴夹角很小，故 Oxy 平面上的分量可忽略不计，此时认为简化后钢球的瞬时转轴位于 Oyz 平面内，如图 3.21 所示。图 3.21（a）为展开轮的初始位置，此时圆锥面两顶点位于 y 轴两侧，左锥面在上、右锥面在下，展开轮锥面两轴线位于 Oyz 平面，此时两接触点处球面上的点和展开轮上的点具有相同的速度，钢球转轴位置如图 3.21（a）所示；随着转动的进行，锥面轴线转到 Oxy 平面内，两接触点高度相等，此时钢球转轴水平，如图 3.21（b）所示；继续转动，两锥面轴线回到 Oyz 平面，此时转过半个周期，右锥面在上、左锥面在下，轴线位置如图 3.21（c）所示。这样随着展开轮周期性回转，钢球瞬时轴线在 y 轴上下摆动。

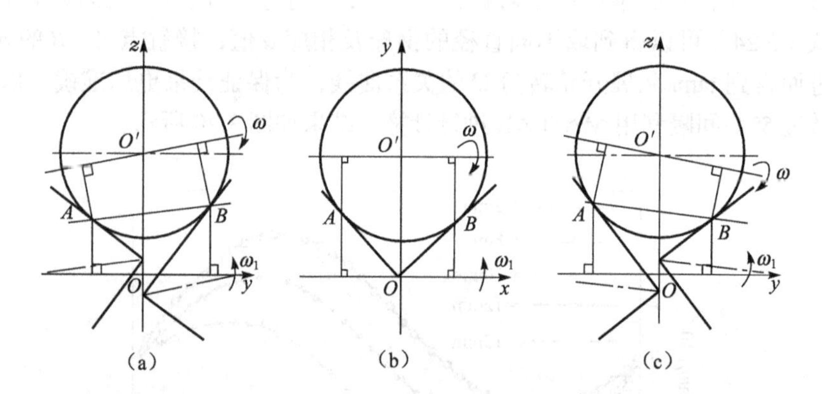

图 3.21　钢球瞬时转轴的不同位置

综上所述，钢球和展开轮之间的运动关系如图 3.22 所示。钢球和展开轮在 A、B 两接触点处具有相同的 x 方向的分速度，即

$$\omega\cdot O'C=\omega_1\cdot CD \tag{3.35}$$

式中，$O'C=\dfrac{r\sin(\pi/4)}{\cos\varepsilon}$，$CD=\dfrac{r\sin(\pi/4)}{\cos\varepsilon}+z_{P_1}$。

展开轮转动过程中，其两锥面轴线与 y 轴之间的夹角在 Oyz 平面上的投影大小会发生变化，z_{P_1}（即 CD 与 $O'C$ 长度之差）的值也随之变化，当两接触点位

于 Oyz 平面内时，z_{P_1} 达到最大值。当 ε 取不同的数值时，z_{P_1} 值如表 3.3 所示。

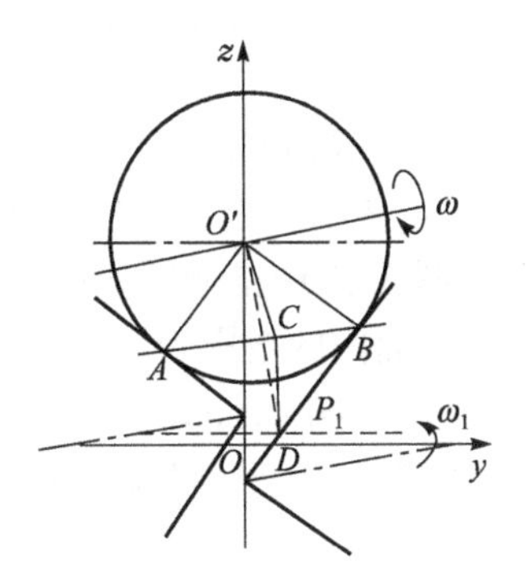

图 3.22　钢球和展开轮的相对转动

表 3.3　ε 选取与 z_{P_1} 值关系

ε/(°)	0.5	1.0	1.5	2.0
z_{P_1}/mm	0.0021	0.0085	0.0192	0.0341

由表 3.3 可知，ε 值越大，展开轮和钢球转动同步性越差。当 $\varepsilon < 1.5°$ 时，$O'C \approx CD$，满足 $\omega \approx \omega_1$，认为钢球与展开轮转动同步，$\Omega = \varphi$。说明 ε 为 1°的假设较为合理。

综上，夹角 ε 是影响钢球运动的关键因素，通过计算 ε 为 1°可满足要求。

3.5　基于 MATLAB 的球面点运动分析

3.5.1　球面点轨迹数值仿真

由于钢球的转轴实际上并不存在，钢球的整体运动过程难以从整体上进行观测，对此选择了实际位于球面上的一点，作为客观分析的观测对象。通过选取点的位置变化来反映钢球的实际运动。由图 3.14 可得，选取的点固连于坐标系 $S'(O'\text{-}x'y'z')$，该点位置变化也就是坐标系 S' 相对于固定坐标系 $S_0(O'\text{-}xyz)$ 的变化，利用变换矩阵 $\boldsymbol{R}_\varphi$ 变换，就可得该点相对于坐标系 S_0 的坐标[30～32]。

由于展开轮结构特殊，与钢球的接触位置呈现周期性变化，钢球转动的瞬时转轴在空间内也呈现规律性摆动。因为瞬时转轴位置与展开轮的转角有关，难以直接描述瞬时转轴的空间位置，故采用迭代法（即将一个周期的运动分解成多步，步长为 $\Delta\varphi$，新的计算都在上一步计算结果的基础上进行）。经过第 k 次计算后，转过的角度之和为

$$\varphi = \varphi_0 + k\Delta\varphi \tag{3.36}$$

式中，φ_0 为瞬时轴初始转角。给定一个初始点 Q_0，每次计算后新的起始位置记为 Q_k，即

$$Q_k = R_{\Delta\varphi} Q_{k-1}, \quad k=1, 2, 3, \cdots \tag{3.37}$$

为方便描述球心位置变化，在不影响分析结果的前提下，以展开轮（展开轮匀速转动）带动钢球转动。图 3.22 中锥面轴线位于 Oxy 平面内时为起始位置，轴线与 y 轴的夹角大小在 Oyz 平面内的投影为

$$\varepsilon(\varphi) = \varepsilon\sin(\varphi) \tag{3.38}$$

根据平面内的角度关系可知，钢球瞬时轴的方位角满足关系 α=90°，$\beta=\zeta=2\varepsilon(\varphi)$，则有

$$\cos\gamma = \sin\beta = \sin(2\varepsilon(\varphi)) \tag{3.39}$$

利用迭代法对球面上点位置进行近似计算。取半径 r = 12mm 钢球球面上一点（0, 0, 12），迭代步长设置为 $\Delta\varphi$ = 1°，即钢球每绕瞬时转轴转动 1°对给定点的新位置进行一次计算。瞬时轴水平时为起始位置，即 φ_0= 0。结果如图 3.23 所示。

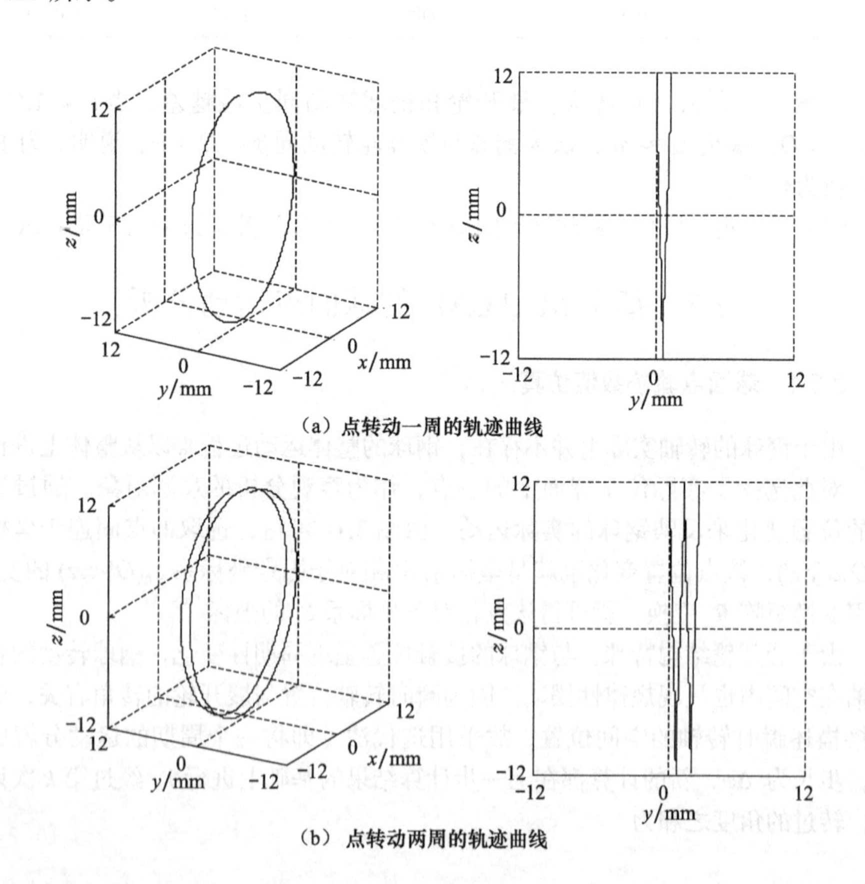

（a）点转动一周的轨迹曲线

（b）点转动两周的轨迹曲线

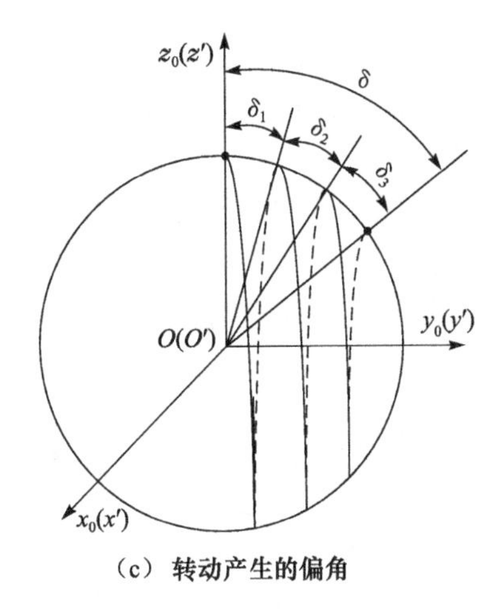

（c）转动产生的偏角

图 3.23　转过圈数与偏角大小的关系

由图 3.23（a）和（c）可知，钢球自身旋转一周，球面点形成的轨迹为一段螺旋状弧，点结束运动的位置与起始位置存在一个偏转角 δ_1。钢球再旋转一周，产生偏转角 δ_2。由图 3.23（b）和（c）可知，钢球每绕自身转一周，均有一个新的偏角 δ_n 产生，此时点的终止坐标距起始位置的总偏角为 δ。

3.5.2　球面点轨迹运动规律分析

钢球转动 n 周，得到点（0, 0, 12）转换后的坐标及偏转角 δ 如表 3.4 所示。

表 3.4　转过 n 周后点的坐标值

n	x	y	z	δ/(°)
1	−0.00636082416949527	1.31321696976130	11.9279260867198	6.2827
2	−0.0139031693316314	−0.0139031693316314	11.7125701876427	12.5654
3	−0.0225364275313381	3.87672009472144	11.3565194235129	18.8481
4	−0.0321568854202614	5.09621028779082	10.8640511153688	25.1308
5	−0.0426489701894876	6.25447302513758	10.2410814000858	31.4134
6	−0.0538866379726965	7.33759382581257	9.49509415844109	37.6960
7	−0.0657348880405642	8.33256090651252	8.63505110950548	43.9787
8	−0.0780513845960995	9.22742149517372	7.67128415141744	50.2613
9	−0.0906881666878214	10.0114254224161	6.61537124187630	56.5440
10	−0.103493425699247	10.6751542658404	5.47999730943067	62.8267

从表 3.4 中可以看出，点的 x 坐标值近似抵达 Oyz 平面，偏转角满足关系：

$$\delta = \arctan(y/z) \tag{3.40}$$

根据式（3.40）对表格中钢球自转后的点位置，对 δ 进行计算，将得到的数据拟合为一阶方程，结果为

$$\delta = 6.2827n+0.0001 \tag{3.41}$$

图 3.24 为计算后的离散点（表 3.4 中的 δ 数值）与拟合曲线上转过相应圈数的点的对比结果，可以发现结果几乎完全吻合。

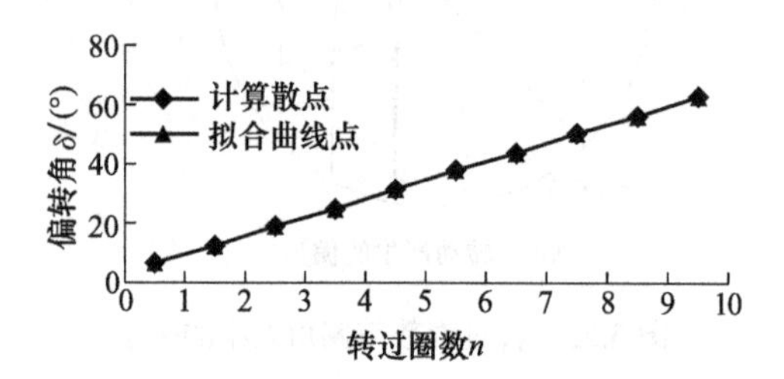

图 3.24 偏转角 δ 的拟合曲线与离散点位置对比

当改变展开轮锥面与轴线之间夹角 ε 的大小时，假设其运动规律满足展开轮和钢球同步转动，进行相应计算。夹角 ε 值越大，钢球稳定性越差，同时展开轮和钢球转动越不同步，所以选取 ε 在 1°～2°较小范围内变化。表 3.5 为 ε 取不同值时记录的钢球绕瞬时轴转过一周后的坐标值。

表 3.5 不同 ε 值旋转一周后点的坐标

ε/(°)	x	y	z	δ/(°)
0.2	-2.55×10^{-5}	0.263154768142991	11.9971142156371	1.256572
0.4	−0.0010	0.526181624787140	11.9884582769743	2.513138
0.6	−0.0023	0.788952723162215	11.9740364265614	3.769691
0.8	−0.00407362711174525	1.05134034592050	11.9538557328841	5.026228
1.0	−0.00636082416949527	1.31321696976130	11.9279260867198	6.282733
1.2	−0.0091521661131456	1.57445532995133	11.8962601960384	7.539210
1.4	−0.0124451845906251	1.83492848470651	11.8588735794508	8.795649
1.6	−0.0162369663859969	2.09450987940060	11.8157845582094	10.052044
1.8	−0.0205241553789306	2.35307341056608	11.7670142467635	11.308390
2.0	−0.0253029548022419	2.61049348965341	11.7125865418770	12.564681

由表 3.5 中的数据得出钢球绕瞬时轴转过一周后，对应不同夹角 ε 的点坐标值。表中数据显示，角度在 0～2°范围内时，钢球转过一周点的 x 值终止坐标非常小，可以认为一周后点又回到了 Oyz 平面。利用表中数据对 δ 进行计算，得到

相应计算结果。将得到的结果数据进行一阶线性拟合结果为

$$\delta = \delta_1 = 6.282384\varepsilon + 0.000205 \tag{3.42}$$

同理，当展开轮带动钢球转过第二周时，理论计算结果如表 3.6 所示。

表 3.6 不同 ε 值旋转两周后点的坐标

ε/(°)	x	y	z	δ/(°)
0.2	-5.60×10^{-5}	0.526182914696669	11.9884582506123	2.513144
0.4	−0.00223809882406842	1.05135064705221	11.9538553114827	5.026274
0.6	−0.00502843035102105	1.57448999431652	11.8962580659925	7.539375
0.8	−0.00892130276579572	2.09459170898815	11.8157778407941	10.052435
1.0	−0.013903169331631	2.61065246661300	11.7125701876427	12.565439
1.2	−0.0199566769550082	3.12167682181468	11.5868345785722	15.078375
1.4	−0.0270607140694117	3.62667914867100	11.4388140150260	17.591233
1.6	−0.0351904689151031	4.12468556158319	11.2687945517243	20.104001
1.8	−0.0443174980690323	4.61473581282359	11.0771047362212	22.616672
2.0	−0.054409805052927	5.09588516299574	10.8641149652735	25.129237

转过第二圈的拟合曲线结果为

$$\delta = \delta_1 + \delta_2 = 12.564701\varepsilon + 0.0004 \tag{3.43}$$

钢球绕瞬时轴转过两周后起始点在 Oyz 平面内的偏角为第一周转过偏角的 2 倍，即在第二圈的转动过程中，该起始点又偏转了和第一周时同样的角度，同样可以计算钢球绕瞬时轴转第 n 周时起始点偏转的角度大小，直到起始点的轨迹布满整个球面，经过若干个周期之后，起始点轨迹呈螺旋线形布满钢球表面，如图 3.25 所示。

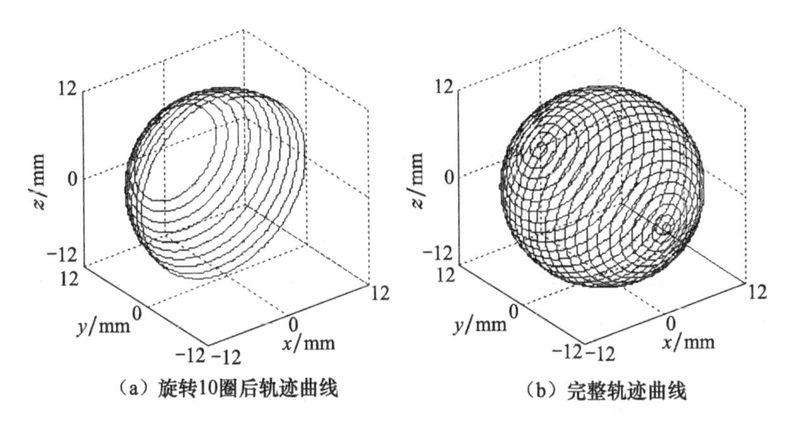

（a）旋转10圈后轨迹曲线 （b）完整轨迹曲线

图 3.25 球面上一点空间轨迹仿真曲线

从上述分析，可以得到这样的规律：钢球每绕瞬时轴转过一周，钢球上的点在 Oyz 平面内偏转过固定角度 δ'，且偏角满足关系式 $\delta_n = \delta' \approx 6.28\varepsilon$，即钢球每自转一周绕 x 轴转过的偏角 δ' 只与展开轮锥面轴线和回转轴线的夹角 ε 有关。据此确定钢球展开需要自转的圈数和时间公式分别为

$$n = \frac{180}{6.28\varepsilon} \tag{3.44}$$

$$t = n \times (\pi\varphi/\omega_q R_q) \tag{3.45}$$

出于对展开可靠性和稳定性的分析，夹角 ε 值越小越好，但当该值太小时，钢球表面上一点的轨迹螺旋线间距过小，螺旋线过于紧密，这会导致转速固定时，所需的检测时间过长，出现重复检测，从而降低检测效率，延长检测时间。综合以上对钢球稳定性、转动同步性的分析，再次验证 ε 值大小取 1°时较为合理。

参考文献

[1] Ao R Q. Research and manufacture of the instrument of bearing ball's nondestructive testing. Aviation Precision Manufacturing Technology, 2005, 4(41): 52-54.

[2] 赵彦玲，刘益智，郝焕瑞，等. 钢球球面展开装置：中国，ZL200920099087.7. 2009.12.30.

[3] Zhao Y L, Che C Y, Wang H B, et al. Application of knowledge based engineering in aeronautics mold parts parametric design. Advanced Materials Research, 2013, (47-50): 765-767.

[4] Ng T W. Optical inspection of ball bearing defects. Measurement Science and Technology, 2007, 18(9): 73-76.

[5] Zhao Y L, Liu X L, Wang P, et al. Application of artificial neural net in defect image recognizing of cutting chip. Key Engineering Materials, 2006, 315-316: 496-500.

[6] 蔺小军，李政辉，高春，等. 回转曲面直纹面槽建模技术研究. 制造业自动化，2012，34（12）：110-113.

[7] 华宣积，曹沅，乐美龙，等. 一种混合型共轭曲面问题. 复旦学报（自然科学版），1989，28（3）：284-290.

[8] 王鹏. 基于运动视觉技术的钢球表面缺陷检测. 哈尔滨：哈尔滨理工大学博士学位论文，2008.

[9] Yang Q M, Xie J Y, Wu Q Q. Analysis of parameters' unfolded mechanism of the micro-steel ball and simulation of unfolded movement selection. Proceedings of International Conference on Management Science and Intelligent Control, Bengbu, 2011: 394-397.

[10] 张启先. 空间机构的分析与综合. 北京：机械工业出版社，1984.

[11] 王宏，徐长英. 钢球检测中表面经纬展开系统的研究. 电脑知识与技术，2009，5（13）：3505-3507.

[12] 钟麟，王峰．MATLAB 仿真技术与应用教程．北京：国防工业出版社，2004.

[13] 赵刚，王保义，马松轩．Aviko K 型钢球外观检验机中子午线展开机构的理论分析．四川大学学报（自然科学版），1997，34（5）：635-639.

[14] 李兵．注塑机械手的参数化设计及动力学分析．青岛：中国海洋大学硕士学位论文，2009.

[15] 李杨，刘润涛，张佳佳．钢球表面质量检测系统的数学模型研究．计算机工程与应用，2009，45（3）：178-180.

[16] Sun C, Liu J J, Luo D L. Design of stell ball surface quality detection system based on machine vision. Journal of Management Science & Statistical Decision, 2010, 3: 59-62.

[17] 赵彦玲，云子艳，向敬忠，等．钢球全表面展开机构模型建立及其运动分析．哈尔滨工程大学学报，2015，36（2）：1-5.

[18] Nagashio M. Development of evaluation method for inner defect of steel balls. Journal of Japanese Society of Tribologists, 2010, 55(5): 341-347.

[19] Wang Y W, Jia D K, Liu X L. Kinematic analysis of detection of steel ball surface defect based on ADAMS. Advanced Materials Research, 2010, 102-104: 83-87.

[20] 宋晓霞．基于机器视觉的轴承钢球表面缺陷检测．洛阳：河南科技大学硕士学位论文，2009.

[21] 陈祯．同平面轴等直径钩杆空间螺旋线齿轮设计理论研究．广州：华南理工大学博士学位论文，2013.

[22] 赵彦玲，夏成涛，孙蒙蒙，等．钢球表面缺陷检测的展开轮装置：中国，ZL201520225765.5. 2015.7.29.

[23] Dupac M. A virtual prototype of a constrained extensible crank mechanism: Dynamic simulation and design. Proceedings of the Institution of Mechanical Engineers, London, 2013, 227(3): 201-210.

[24] Dergan J, Pers F. Machine vision system for inspecting bearings. Pattern Recognition Proceedings IEEE 15th International Conference, Barcelona, 2000, 4: 752-755.

[25] 乐静，郭俊杰，朱虹，等．一种快速检测光滑半球表面缺陷的方法．光电工程，2004，31（10）：32-35.

[26] 潘洪平，董申，梁迎春，等．钢球表面缺陷的自动检测与识别．中国机械工程，2001，12（4）：369-372.

[27] 丁建军．基于 VI 的钢球表面裂纹电涡流检测方法研究．武汉：武汉理工大学博士学位论文，2007.

[28] Kakimoto A. Detection of surface defects on steel ball bearing in production process using a capacitive sensor. Measurement, 1996, 17(1): 51-57.

[29] Gobi G, Sastikumar D, Ganesh A B, et al. Fiber-optic sensor to estimate surface roughness of

corroded metals. Optic Applicata, 2009, 39(1): 5-11.

[30] Abuazza A, Brabazon D, El-Baradie M A. Multi-beam fibre-optic laser scanning system for surface defect recognition. Journal of Materials Processing Technology, 2004, 155-156: 2065-2070.

[31] 平静艳. 球轴承振动产生的原因及改进措施. 哈尔滨轴承，2008，29（1）：47-49.

[32] 赵彦玲. 基于图像技术的钢球表面缺陷分析与识别. 哈尔滨：哈尔滨理工大学博士学位论文，2008.

第 4 章　钢球与展开轮接触分析

要掌握钢球与展开轮的接触特性，首先要研究二者的接触形式，本章从钢球检测设备中球面展开的运动原理入手，从钢球与展开轮的接触模型、材料特性、接触类型三个方面入手，全面分析钢球与展开轮的接触形式，并进行接触变形及接触应力的计算[1]。

4.1　钢球与展开轮接触模型

4.1.1　钢球与展开轮接触模型分类

如果要研究钢球与展开轮的运动形式，二者都应被看做刚性，二者的接触形式应被看做点接触[2]。如果要研究钢球与展开轮的接触变形，二者至少有一个应看做柔性。钢球与展开轮之间运动形式为牵引滚动，法向力和切向力同时存在，则在初始时刻钢球与展开轮进行无变形接触时会形成点接触，但在法向压力作用下会发生接触变形。实际上，旋转的钢球驱动展开轮转动的过程是靠面进行传递动力的，而不是靠点，因此接触变形的过程有以下几种可能，如图 4.1 所示。

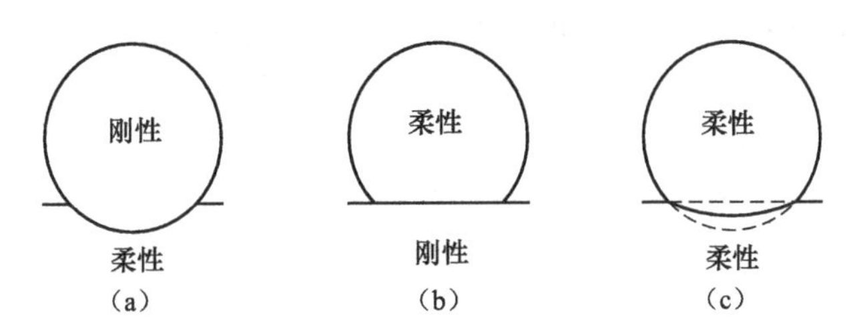

图 4.1　钢球与展开轮接触模型

(1) 视钢球为刚性，展开轮为柔性，变形为钢球压入展开轮的过程，如图 4.1 (a) 所示。若钢球材料硬度远大于展开轮材料硬度，则应选择此接触模型。但每粒钢球进入展开机构中，经过很短的检测时间即可结束摩擦，而展开轮需要持续工作，磨损较大，需具备较高的耐磨性，否则就需要频繁更换。通常材料的硬度与耐磨性是呈线性关系的，而且硬度值是衡量材料耐磨性的重要指标之一。所以，此接触模型要求展开轮具有较小的硬度和较高的耐磨性，从材料角度分析是不合理的。

(2) 视钢球为柔性，展开轮为刚性，变形为展开轮压入钢球的过程，如图 4.1 (b) 所示。若展开轮材料硬度远大于钢球材料硬度，则应选择此接触模型。但轴承用钢球对其表面质量要求非常严格，任何一处若有裂纹、擦伤、凹坑或划条等缺陷，都会对轴承的性能起着至关重要的影响。而检测机构的目的是检测钢球表面缺陷，不能对其造成任何损伤，若展开轮相对钢球硬度过大，很容易对钢球表面造成划伤。因此，从钢球易受损的角度分析，初步判断这个接触模型也是不合理的。

（3）二者都视为柔性，接触过程中二者均发生变形，如图 4.1（c）所示。如二者都发生变形，接触区域有可能是平面也有可能是曲面，具体分析时取决于二者材料性能的差别，也取决于弹性理论中对接触区域的处理。

为了便于以上几种接触模型的准确选择以及后续接触变形的分析，需要对二者进行材料特性分析。

4.1.2 钢球与展开轮材料特性分析

钢球表面缺陷检测设备针对的检测对象为轴承用钢球，则钢球材料为轴承钢，硬度一般为 62～64 HRC。在工作过程当中，轴承需要承受极大的摩擦力和压力，为了满足轴承多方面的性能要求，轴承钢材料需要具备以下几点特性：耐磨性高、弹性极限高、硬度高且均匀、接触疲劳强度高等[3, 4]。轴承钢材料中，高碳铬轴承钢 GCr15 产量最多，通常若没有特别说明，轴承钢就是指高碳铬轴承钢。因此，在进行接触变形具体计算时，可以将钢球材料定义为高碳铬轴承钢，定义材料属性参数为 GCr15，弹性模量为 2.07×10^{11}Pa，泊松比为 0.3。

展开轮材料为碳化钨硬质合金，具有较高的硬度、耐磨性及弹性极限，硬度一般为 69～81 HRC，泊松比一般为 0.24 左右。这种合金含有 85%～95% 的碳化钨和 5%～14% 的钴，而且钴作为黏结剂金属使合金具有必要的强度。

根据“三点弯曲法测试硬质合金弹性模量”中的方法计算展开轮材料的属性参数。提出利用三点弯曲法来计算硬质合金的弹性模量，并证明出此方法结果稳定，准确可靠。研究结果表明，硬质合金弹性模量 y 与其中钴的含量 x 之间的表达式为

$$y=0.13x^2-14.24x+708.41 \tag{4.1}$$

根据表达式（4.1）绘制的曲线如图 4.2 所示。碳化钨硬质合金中钴的含量为 5%～14%，综合曲线趋势及硬质合金材料特性可知，碳化钨硬质合金中钴的含量越高，材料的弹性模量越小，相应的耐磨性和硬度也越低。由图 4.2 可知，经计算，当钴含量为 5% 时，硬质合金弹性模量为 6.4×10^{11}Pa；当钴含量为 14% 时，硬质合金弹性模量为 5.3×10^{11}Pa。

通过钢球与展开轮的材料特性分析可以得到以下几点结论。

（1）钢球与展开轮的硬度都非常高且相差不多，接触变形中不能视为刚性物体压入柔性物体的过程，所以排除图 4.1（a）和（b）的假设，接触模型应为钢球与展开轮同时发生变形，即图 4.1（c）中的模型。

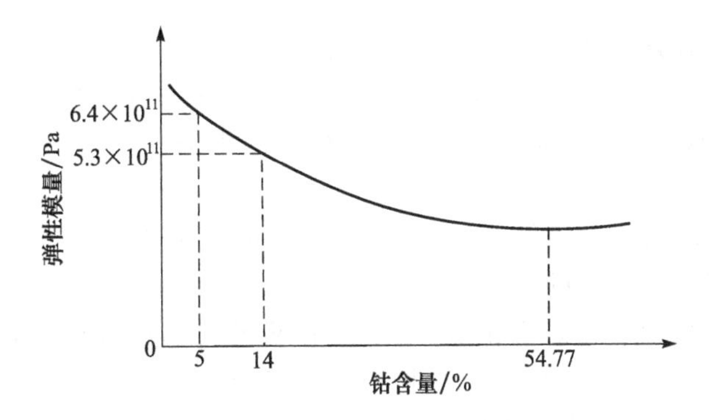

图 4.2　硬质合金弹性模量与钴含量关系曲线

（2）由于钢球检测机构运行过程中钢球与展开轮之间的作用力较小，且二者硬度大，所以二者产生的接触变形量会非常小。同时由于二者弹性极限很高，所以钢球与展开轮的接触变形过程可以在弹性范围内考虑，而不需要考虑塑性变形。

4.1.3　钢球与展开轮接触类型分析

从协调性的角度接触类型可以分为协调接触和非协调接触。协调接触中，如果两个物体的表面在无变形时精确地或者相当接近地"黏合"在一起，它们之间会形成较大的接触面，接触面范围与这两个物体的有效尺寸相关。在进行应力计算时，协调接触应力应看做整个物体内一般应力的一部分，与其他应力进行综合计算，而不能从中分离出来[5, 6]。

非协调接触中，初始时刻两物体形成点接触或线接触，在载荷作用下形成接触面，但接触面相对物体本身尺寸通常是很小的。此时，非协调接触应力高度集中在靠近接触面的区域中，进行应力计算时，与物体内部其他应力无关，可分离出来单独计算，且与远离接触面的物体形状无关。

综合前面进行的接触形式分析可知：

（1）钢球与展开轮的接触属于非协调接触，即球面与圆锥面形成的点接触，接触面积小，接触应力构成局部应力集中；

（2）展开机构中，钢球处于空间接触状态，与展开轮、驱动轮、支撑轮在不同位置同时接触，分析其中一种接触时，可不考虑其他部位的应力。

4.2　钢球与展开轮接触模型理论分析

4.2.1　Hertz 理论限制条件分析

Hertz 理论是一种弹性理论，所以弹性范围是一个大的前提[7~9]。同时，

Hertz 理论的应用还需要满足以下几点限制条件：

（1）相接触的两个物体表面都是连续的，而且是非协调的，接触变形量小；

（2）相接触的两个物体都可被看做弹性半空间体；

（3）表面光滑无摩擦。

满足以上几点限制条件的接触就可称为 Hertz 接触。实际上限制条件（1）和（2）都是针对小变形的。

条件（1）限制物体表面轮廓，接触面附近的物体表面轮廓要近似为二次抛物面，故 Hertz 问题可认为是二次曲面问题。Hertz 证明出这种条件下的接触面为椭圆形（特殊条件下为圆形）。

条件（2）要求接触面尺寸要比物体尺寸和表面的相对曲率半径小很多，此时可以将每个物体看做一个弹性半空间体，在平表面的一个椭圆区域（即接触区域）上存在着载荷作用力，实质也是 Hertz 理论为方便计算而采取的简化方式。在接触应力理论中也通常采用这种简化。Hertz 接触问题中，由于接触面附近的变形受周围介质的影响，各点处于空间应力状态，且接触应力的分布呈高度局部性，接触应力也会随接触面距离的增加而迅速衰减。针对这种高度集中的应力，采取上述方式的简化方法就可以转化为两物体中的一般应力分布来处理。

条件（3）要求表面光滑，两物体之间只有法向作用力。冯登泰（接触力学的发展概况）对接触问题进行分类时，就按接触表面的光洁度将其分为 Hertz 接触和非 Hertz 接触，足以说明 Hertz 理论对表面光滑的要求。这是因为 Hertz 公式推导时需要用到光滑的非协调接触表面几何学，该几何学中认为，每个表面从微观和宏观的角度上都是光滑的。微观角度光滑，是因为由于这些不规则性能够导致接触不连续或接触压力的局部变化很大，说明没有或者忽略表面很小的不规则性；宏观角度光滑，说明接触区域内物体表面外形函数是连续的，而且它的一阶和二阶导数同样是连续的。

由前面的接触形式分析可知，钢球与展开轮的接触满足 Hertz 条件（1）和（2），不满足条件（3），因为接触面内法向力和切向力同时存在，而且正是靠摩擦力进行传动的。

4.2.2 Hertz 理论工程实际应用

关于能否应用 Hertz 理论分析钢球与展开轮接触行为的问题，可以借鉴工程实际中的类似问题对 Hertz 理论的应用情况[10]。

齿轮传动啮合处法向力和切向力同时存在，齿轮接触疲劳强度计算时，齿面不产生疲劳点蚀的强度条件为

$$\sigma_H = \sqrt{\frac{F}{\pi b} \cdot \frac{\frac{1}{\rho_1} \pm \frac{1}{\rho_2}}{\frac{1-\mu_1^2}{E_1} + \frac{1-\mu_2^2}{E_2}}} \leqslant [\sigma_H] \tag{4.2}$$

其中接触应力计算方法为不计摩擦，利用 Hertz 理论公式进行推导。接触处近似为 Hertz 接触经典模型中两个圆柱体的平行接触。

类似情况应用 Hertz 理论的实际接触问题还有凸轮机构中滚子与凸轮工作面的接触应力计算、滚动轴承中滚动体与滚道间的接触应力计算，以及摩擦轮传动机构中摩擦轮与圆盘的接触应力计算等，都是直接将法向压力代入 Hertz 公式中进行求解。

由上述可知，虽然存在摩擦力，但 Hertz 理论仍可以解决实际工程中的接触问题。ISO 标准中，零件疲劳点蚀破坏应用的接触应力模型同样是基于 Hertz 应力公式建立的。因此，可以应用 Hertz 理论来分析钢球与展开轮的接触行为。

4.2.3　Hertz 理论在非经典接触模型中的应用

1. 非经典接触模型

Hertz 理论是弹性力学的基础理论，接触力学已在 Hertz 理论的基础上总结出经典接触模型的 Hertz 公式，并已广泛应用于工程实际中的各接触问题。经典接触模型有球体与平面的接触、两个球体的接触、圆柱体与平面的接触、两个相同半径圆柱体的交叉接触、两个中心轴平行的圆柱体间的接触等，如图 4.3 所示。经典接触模型大多都局限在圆形接触区域范围内进行分析，或者是线性接触的二维接触问题[11]。

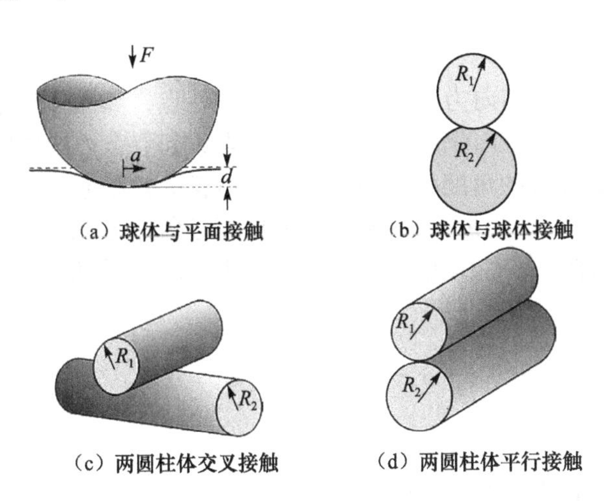

图 4.3　经典接触模型

很多接触理论都是以这些经典接触模型为基础进行探讨的，但随着实际问题的复杂化，很多接触问题已不能局限在这些经典接触模型范围内，需要扩展 Hertz 理论在非经典接触模型中的应用。本书中钢球与展开轮的接触模型为球体与圆锥体之间的接触，属于非经典接触模型，没有直接的 Hertz 公式可以应用，需要按 Hertz 思想进行重新推导[12~14]。

2. 切向力的影响

本节要研究的问题是接触面内的摩擦引起的切向力对法向力产生的接触区域的形状和大小，以及法向分布力的影响[15]。

研究的问题可以简化在如图 4.4 所示的滑动接触模型中：具有曲线外形的物体 2 在法向压力 P 作用下压在物体 1 表面上，同时物体 1 以速度 V 从左向右运动，经过接触区域。由于法向压力的存在，两物体在初始接触点附近形成圆形或者椭圆形的接触区域，不考虑摩擦的情况下接触区域的尺寸（接触半径 a）可以由 Hertz 理论求出，所以若接触表面无摩擦，那么滑动不影响接触应力。在实际表面的相对滑动中，一个切向摩擦力 Q 都会出现在每个物体的接触表面上，且方向与其运动方向相反。

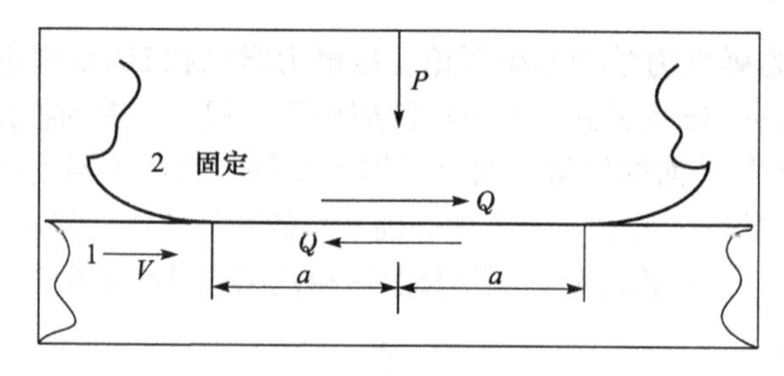

图 4.4　滑动接触模型

下面先讨论集中切向力产生的应力和变形特点，如图 4.5 所示，集中切向力 Q，在 O 点沿 x 轴方向作用于表面。以 O 点为起点，力的作用线方向从 x 轴沿顺时针方向旋转过的角度为 θ，u_r 和 u_θ 分别表示 r 方向和 θ 方向的位移，在 $x>0$ 象限内符号角标为 1，在 $x<0$ 象限内符号角标为 2，$(\sigma_r)_1$ 和 $(\sigma_r)_2$ 分别表示两个象限表面任一点的应力，方向如图 4.5 所示，则应力表达式为（r 方向和 θ 方向）

$$\sigma_r=-\frac{2Q}{\pi}\frac{\cos\theta}{r},\ \sigma_\theta=0 \tag{4.3}$$

由式（4.3）可得应力特点如下：

（1）产生一个径向的应力场，θ 方向正应力和剪应力都为 0，常应力等值线

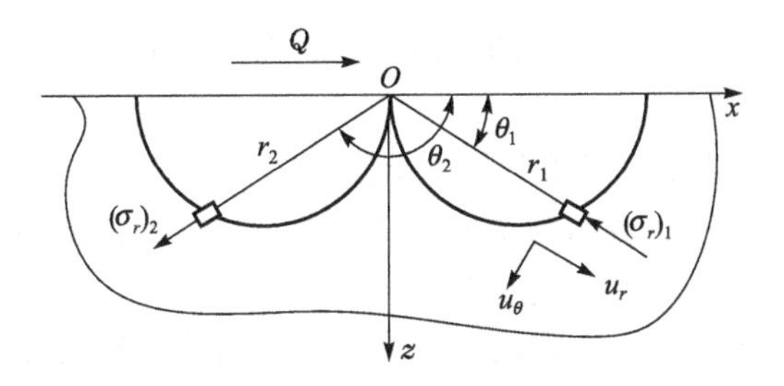

图 4.5　集中切向力的作用特点

是经过 O 点的半圆。

（2）在力的前面，$x > 0$ 的象限内，$(\sigma_r)_1$ 是压应力；在力的后面，$x < 0$ 的象限内，$(\sigma_r)_2$ 是拉应力。

表面点的位移为

$$-[\bar{u}_r]_{\theta=\pi} = [\bar{u}_r]_{\theta=0} = -\frac{(1-\nu^2)}{\pi E} 2Q \ln r + C \tag{4.4}$$

$$[\bar{u}_\theta]_{\theta=\pi} = [\bar{u}_\theta]_{\theta=0} = \frac{(1-2\nu)(1+\nu)}{2E} Q \tag{4.5}$$

位移公式（4.4）和（4.5）表明：

（1）力前方的整个表面（$x > 0$），被压下了与 Q 成正比的一个数值，力后方的表面（$x < 0$）上升了相同的数值；

（2）表面的切向位移也随着离开 O 点的距离按对数变化。

以上为二维状态下切向集中力产生的应力和变形特点，其实三维状态下会得到相似的结论，且表面位移的法向分量为

$$u_z = \frac{Q}{4\pi E}\left[\frac{xz}{r^2} + (1-2\nu)\frac{x}{r(r+z)}\right] \tag{4.6}$$

根据式（4.5）和式（4.6）可知，由一个集中切向力 Q 的作用引起的表面上位移的法向分量是与弹性常数 $(1-2\nu)/E$ 成比例的。在接触面处，作用在每个表面上的切向力数值上相等，方向相反，即

$$q_1(x, y) = -q_2(x, y) \tag{4.7}$$

因此，由于这些力的作用，法向位移是与每个物体各自的弹性常数 $(1-2\nu)/E$ 成比例的，并且具有相反的符号：

$$\frac{E_1}{1-2\nu_1}\bar{u}_{z_1}(x, y) = -\frac{E_2}{1-2\nu_2}\bar{u}_{z_2}(x, y) \tag{4.8}$$

由式（4.8）可知，在两个物体具有相同的弹性常数条件下，对于接触面上

的任何点，接触物体之间所传递的任何切向力都会产生大小相等而方向相反的法向位移。

因此，如图 4.6 所示可以得到如下结论：

（1）物体 1 和物体 2 表面的变形完全协调一致，由图 4.6 可知，切向力 Q 引起的自身表面位移的变化不影响对方法向力分布情况；

（2）接触区的形状和大小取决于两个物体表面的形状和法向力，因此也不受切向力的影响。

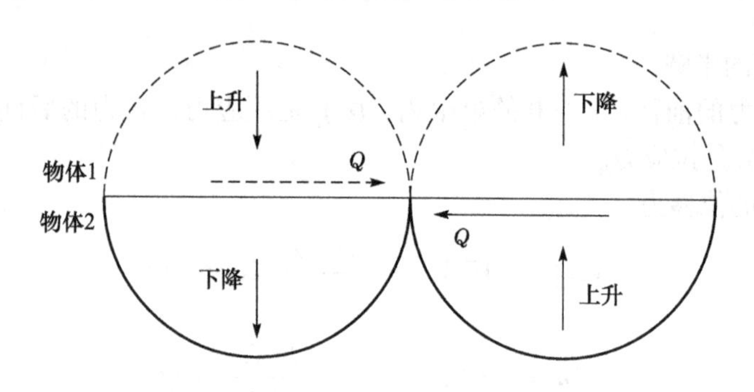

图 4.6　两个物体的协调性变形

如果两个物体弹性常数不相等，则不同于上面描述的情况，切向力和法向力就会因有相互作用而相互影响。

Johnson 通过研究这种相互作用得出结论，接触表面的摩擦所引起的切向力，对法向力引起的接触区域形状、大小及压力分布影响通常是很小的，若极限摩擦系数远小于 1 时，这种相互作用一般可以忽略不计。而且分析计算时，可以认为切向力和法向力作用产生的应力和变形是相互独立的，并可以分别得到应力的叠加计算。

4.3　钢球与展开轮接触变形计算

4.3.1　球面与锥面在初始接触点处的主曲率半径

为了便于后续计算，需要先求解球面与锥面在初始接触点处的主曲率半径。

从数学定义角度讲，对曲面 S：$r = r(u, v)$ 上给定点 $p_0(u_0, v_0)$，法曲率 k_n 是切方向 $du:dv$ 的函数，则法曲率的每个临界值就称为曲面在这一点的主曲率，对应的方向称为曲面在这一点的主方向[16]。

从直观的几何角度理解，如图 4.7 所示，在曲面上取一点 m，曲面在 m 点的法线为 n 轴，则包括 n 轴可以有无限多个剖切平面，每个剖切平面与曲面相交其交线都是一条平面曲线，令其中的两条平面曲线为 L_1 和 L_2，则 L_1 和 L_2 在 m 点都有一个曲率半径，分别为 r_1 和 r_2。一般情况，在 m 点处，不同剖切平面上的平面曲线的曲率半径是不相等的。在所有的曲率半径中，肯定有一个最大值和一个最小值，则最大和最小的曲率半径就称为主曲率半径，这两个曲率半径所在的方向即对应平面曲线在 m 点的切线方向即为曲面在这一点的主方向，这两个主方向从数学上可以证明是相互垂直的。

由上述主曲率半径的定义可知，球面上任意一点的主曲率半径都为球体的半径。对于锥面，如图 4.8 所示，锥顶在原点 O 处，圆锥轴线为 z 轴，锥顶角为 90°，Oxz 平面与锥面交线为母线 OF 及 OE，A 为母线 OE 上的一点，且沿母线方向到锥顶 O 的距离为 h，锥面在 A 点的法线方向为 AO'，交 z 轴于 O' 点。则过 AO' 的剖切面与锥面的所有平面交线中，在 A 点曲率半径最大的交线应为母线 OAE，其在 A 点的曲率半径为无穷大。根据数学定理，两个主曲率所在的主方向应垂直。过法线 AO' 做垂直于母线 OAE 的截面，截面与锥面交线设为曲线 l，则曲线 l 在 A 点的曲率半径即为锥面在 A 点的另一个主曲率半径。

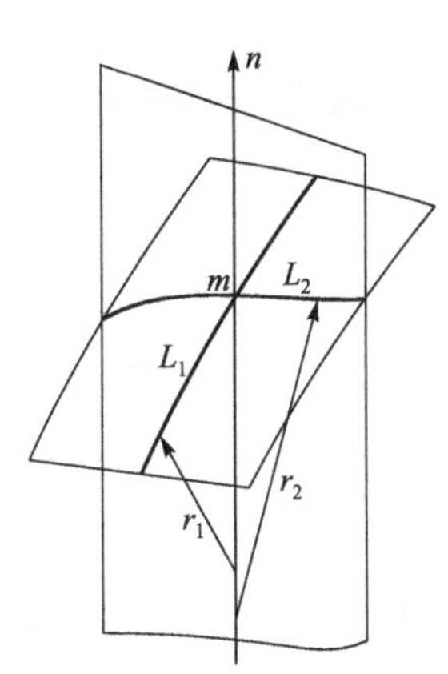

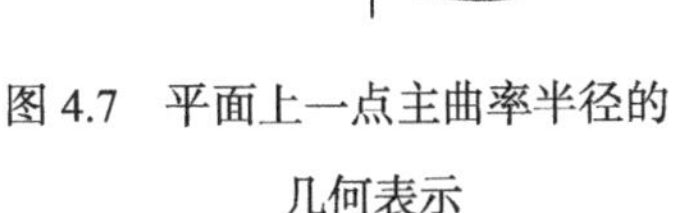
图 4.7　平面上一点主曲率半径的几何表示

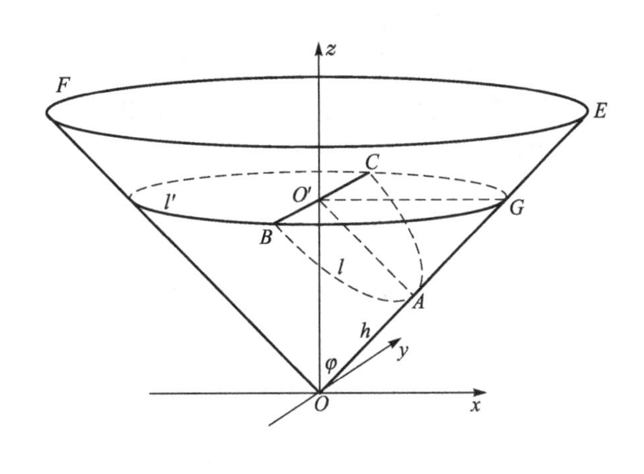

图 4.8　锥面上一点的主曲率半径计算

过 O' 点做平行于 Oxy 的平面与锥面形成交线 l'，l' 交母线 OAE 于点 G，交曲线 l 于点 B 和点 C。已知锥顶角为 90°，则截面 $AO'B$ 平行于母线 OF，由数学定理可知：当用一个平行于圆锥其中一条母线的平面去截圆锥面时，所得交线为抛物线，则曲线 l 为抛物线。且：

$$\begin{cases}\varphi = 45° \Rightarrow AO' = AO = h \\ GO' = OO' = \sqrt{2}h \Rightarrow BO' = CO' = GO' = \sqrt{2}h\end{cases} \tag{4.9}$$

则抛物线 l 方程为

$$y=\frac{1}{2h}x^2 \tag{4.10}$$

代入曲率公式得

$$k=\frac{|y''|}{(1+y'^2)^{3/2}}=\frac{1}{h} \tag{4.11}$$

则曲线 l 在 A 点的曲率为 h。

由上述可知，锥面上任一点的主曲率半径，一个为无穷大，一个在数值上等于该点沿母线方向到锥顶的距离。

4.3.2　光滑的非协调表面几何学

由 Hertz 理论可知，椭圆形接触面的偏心率与载荷无关，仅取决于初始接触点处两曲面的相对曲率半径。光滑的非协调表面几何学对接触曲面建立了一种描述，用两曲面在初始接触点处的主曲率半径来表示两曲面间的初始间隙，进而求得两曲面的相对曲率半径和等效曲率半径。

几何学对接触曲面的描述过程不在此赘述，由几何学最终获得两曲面初始间隙 H 的表达式为

$$H=\frac{1}{2R'}x^2+\frac{1}{2R''}y^2 \tag{4.12}$$

式中，R' 和 R'' 为两曲面的相对曲率半径，此处定义等效曲率半径 R_e 为

$$R_e=(R'R'')^{1/2} \tag{4.13}$$

以 R_1'、R_1'' 和 R_2'、R_2'' 分别表示球面和圆锥面在初始接触点处的主曲率半径，且球面半径为 R_1，锥面在初始接触点处除无穷大以外的另一个主曲率半径为 R_2，则由 4.3.1 节分析可知：

对于球面有

$$R_1'=R_1''=R_1 \tag{4.14}$$

对于圆锥面有

$$R_2'=\infty,\quad R_2''=R_2 \tag{4.15}$$

且两曲面相对主曲率半径与各曲面主曲率半径的关系为

$$\frac{1}{R'}=\frac{1}{R_1'}+\frac{1}{R_2'},\quad \frac{1}{R''}=\frac{1}{R_1''}+\frac{1}{R_2''} \tag{4.16}$$

由式（4.13）和式（4.14）得

$$R' = R_1,\quad R'' = \frac{R_1 R_2}{R_1 + R_2} \tag{4.17}$$

$$R_e = (R'R'')^{1/2} = \left(\frac{R_1^2 R_2}{R_1 + R_2}\right)^{1/2} \tag{4.18}$$

4.3.3　应用 Hertz 公式求解接触变形范围

在法向载荷 P 作用下，球体和圆锥体相互压紧，在初始接触点 O 附近发生微小变形，形成椭圆形接触面，如图 4.9（a）所示。令 a 和 b 为椭圆接触面的半轴，y 轴沿圆锥面的母线方向，其垂直且与圆锥面相切的方向为 x 轴，长半轴 b 沿 y 轴方向，短半轴 a 沿 x 轴方向[17]。

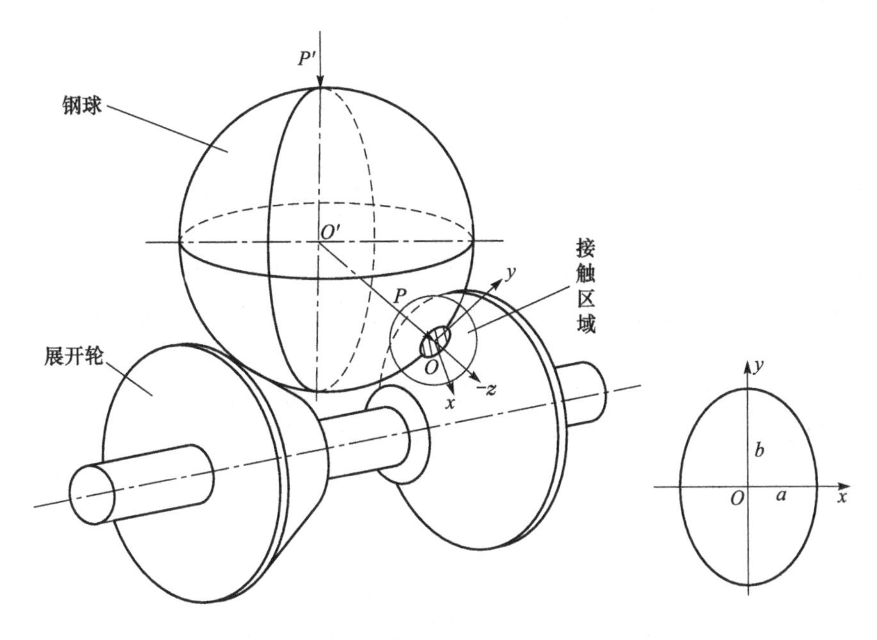

（a）钢球与展开轮接触模型　　（b）钢球与展开轮接触区域

图 4.9　球体与圆锥体的 Hertz 接触面

由 Hertz 理论可知，接触区域的椭圆形边界为

$$\frac{x^2}{a^2} + \frac{y^2}{b^2} - 1 = 0 \tag{4.19}$$

接触区域上的 Hertz 压力分布 $p(x, y)$ 为

$$p(x, y) = P_0\left(1 - \frac{x^2}{a^2} - \frac{y^2}{b^2}\right)^{1/2} \tag{4.20}$$

式中，P_0 为椭圆区域中心点 O 处压力，又为最大接触应力。

由 Hertz 公式可知，当接触区域为椭圆形时，椭圆长半轴与短半轴的关系为

$$\frac{a}{b} \approx \left(\frac{R'}{R''}\right)^{2/3}, \quad ab = \left(\frac{3PR_e}{4E^*}\right)^{2/3} G_1^{\ 2}\left(\frac{R'}{R''}\right) \tag{4.21}$$

最大接触压应力为

$$P_0 = \frac{3P}{2\pi ab} = \left(\frac{6PE^{*2}}{\pi^3 R_e^2}\right)^{1/3}\left[G_1\left(\frac{R'}{R''}\right)\right]^{-2/3} \tag{4.22}$$

球体与圆锥体在接触面法线（$O'P$）方向上的最大变形量为

$$\delta = \left(\frac{9P^2}{16R_e E^{*2}}\right)^{1/3} G_2\left(\frac{R'}{R''}\right) \tag{4.23}$$

式中，E^* 为钢球与展开轮的综合弹性模量，且 $\frac{1}{E^*} = \frac{1-\upsilon_1^2}{E_1} + \frac{1-\upsilon_2^2}{E_2}$，$\upsilon_1$ 和 υ_2 分别为钢球和展开轮材料的泊松比，E_1 和 E_2 分别为钢球和展开轮材料的弹性模量；R_e 为球面与锥面在初始接触点处的相对曲率半径，由 4.3.2 节的非协调光滑表面几何学已求出。

G_1 和 G_2 是以 $(R'/R'')^{1/2}$ 为自变量的函数，相当于椭圆偏心率的“修正因子”，其函数值如图 4.10 所示，图中横坐标为两曲面相对主曲率半径比值的 1/2 次方，即 $(R'/R'')^{1/2}$，纵坐标为函数 G_1、G_2 的值，随着椭圆度的增加，这些函数值会逐渐远离 1。

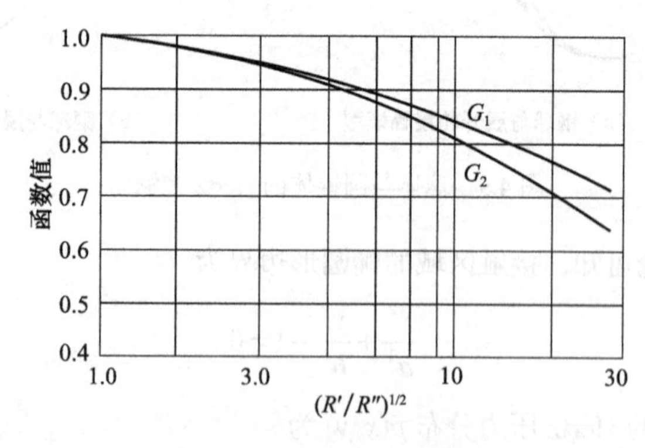

图 4.10　G_1 和 G_2 函数值曲线

G_1 和 G_2 函数值曲线来自于公式：

$$\frac{R'}{R''}=\frac{(a/b)E(e)-K(e)}{K(e)-E(e)} \tag{4.24}$$

式（4.24）是基于 Bossinesq 位势理论给出的变形公式，其中 $K(e)$ 和 $E(e)$ 是以 $e=(1-b^2/a^2)^{1/2}=[1-(R''/R')^{2/3}]^{1/2}$ 为自变量的完全椭圆积分。

为求得 G_1 和 G_2 函数值，首先要确定自变量 $(R'/R'')^{1/2}$ 的取值，因此需要计算球面与锥面相对主曲率半径的比值关系。

由式（4.11）可知，锥面在接触点处除无穷大以外的另一个主曲率半径 R_2，在数值上等于沿母线方向接触点到锥顶的距离。令展开轮两侧圆锥锥顶之间的距离为 h，且圆锥轴线与回转轴线夹角在 $+\theta$ 与 $-\theta$ 之间变化，则由几何关系可以推导出钢球与展开轮接触过程中 R_2 变化范围为

$$R_1-h\cos(\theta+\pi/2)\leqslant R_2\leqslant R_1+h\sin(\theta+\pi/2) \tag{4.25}$$

且由式（4.17）得

$$\left(\frac{R'}{R''}\right)^{1/2}=\left(R_1\times\frac{R_1+R_2}{R_1R_2}\right)^{1/2}=\left(\frac{R_1}{R_2}+1\right)^{1/2} \tag{4.26}$$

其中 θ=1°，通过展开轮的逆向测量可知，与 R_1= 8mm 的钢球配合的展开轮，h=0.4mm，结合式（4.25）和式（4.26），可得 $(R'/R'')^{1/2}$ 的范围为

$$1.4<(R'/R'')^{1/2}<1.42 \tag{4.27}$$

式（4.25）中由于 h 和 θ 值都较小，可以近似地认为 $R_1\approx R_2$，则有

$$(R'/R'')^{1/2}\approx 1.414 \tag{4.28}$$

上述结果与代入实际参数计算的结果相差不多。将求得的横坐标值代入图 4.10 中可知，函数 G_1、G_2 都可以近似取为 1。

结合 Hertz 公式，可最终得到钢球与展开轮接触区域尺寸范围为

$$a=\left(\frac{3P}{4E^*}\right)^{1/3}\left[\frac{R_1^2R_2^2}{(R_1+R_2)^3}\right]^{1/6} \tag{4.29}$$

$$b=\left(\frac{3P}{4E^*}\right)^{1/3}\left[\frac{R_1^2(R_1+R_2)}{R_2^2}\right]^{1/6} \tag{4.30}$$

最大接触应力为

$$P_0=\left(\frac{6PE^{*2}}{\pi^3}\right)^{1/3}\left(\frac{R_1+R_2}{R_1^2R_2}\right)^{1/3} \tag{4.31}$$

最大变形量为

$$\delta = \left(\frac{9P^2}{16E^{*2}}\right)^{1/3}\left(\frac{R_1 + R_2}{R_1^2 R_2}\right)^{1/6} \tag{4.32}$$

现以钢球半径 R_1= 8mm 为例，计算实际接触中钢球与展开轮的接触变形范围。由式（4.25）可知 8mm ≤ R_2 ≤ 8.4mm，则 R_2 分别取 8mm 和 8.4mm，法向压力分别取 5N 和 10N 进行计算。其他已知参数值如下。

钢球材料参数：弹性模量 $E_1=2.07\times10^{11}$Pa=2.07×10^5MPa，泊松比 υ_1=0.3。

展开轮材料参数：弹性模量 $E_1=5.3\times10^{11}$Pa=5.3×10^5MPa，泊松比 υ_2=0.24。

则综合弹性模量为

$$E^* = \left(\frac{1-\upsilon_1^2}{E_1} + \frac{1-\upsilon_2^2}{E_2}\right)^{-1} = 1.62\times10^5\,\text{N}/\text{mm}^2$$

将已知参数代入式（4.29）～式（4.32），计算结果如表 4.1 所示。

表 4.1　钢球与展开轮接触变形参数

R_2/mm	P/N	a/μm	b/μm	P_0/N	δ/μm
8	5	28.5	45.2	926	0.460
	10	35.9	56.9	1170	0.724
8.4	5	28.6	44.7	919	0.458
	10	36.0	56.3	1160	0.721

由表 4.1 可计算出曲率半径 R_2 和法向载荷 P 对各接触变形参数的影响程度，如表 4.2 所示，表示当 R_2（或 P）恒定，P（或 R_2）分别取最大值和最小值时，各变形参数的变化率。

表 4.2　变形参数变化率

R_2	P	a 变化率	b 变化率	P_0 变化率	δ 变化率
影响程度	恒定为 5N	0.35%	2.2%	0.75%	0.43%
影响程度	恒定为 10N	0.28%	1.1%	0.85%	0.41%
恒定为 8mm	影响程度	26%	26%	26%	57.4%
恒定为 8.4mm	影响程度	26%	26%	26%	57.4%

由表 4.2 可以得到以下几点结论：

（1）从理论计算角度证实了对钢球与展开轮接触变形小的分析，椭圆形接触面的半径仅为几十微米，最大变形量仅为零点几微米。

（2）法向压力相等时，球面展开过程中，钢球与展开轮接触点位置的变化即 R_2 的变化，对接触区域尺寸范围、最大接触应力及最大变形量影响程度非常小，若无特殊要求，进行其他相关计算和分析时，可以近似为 $R_1 \approx R_2$。

（3）认为 R_2 值恒定时，法向力增加，接触变形四个参数值都随之增加，由变化率可知，法向力对接触变形参数影响程度较大，影响程度最大的为最大变形量。因此，在进行摩擦磨损、疲劳寿命等相关分析时法向力应重点考虑，进行展开机构设计时也应严格控制 P 的大小。

4.4　三维滚动接触应力模型建立及数值模拟

4.4.1　圆柱体的二维接触

首先从圆柱体的二维接触入手。如图 4.11（a）所示，两个圆柱体轴线平行，初始时刻无变形接触时形成线接触[18]，在法向压力 P 的作用下形成长条形接触区域，这种接触形式就称为二维接触问题。以两圆柱端面接触点为原点 O 建立坐标系，y 轴与圆柱轴线平行，z 轴穿过且垂直于两圆柱轴线，x 轴沿两圆柱间公切面方向。令接触区域宽度为 $2a$，长度为 b 且沿 y 轴方向，如图 4.11（b）所示。此时，Hertz 理论认为，如果相比 a，b 的值很大，那么这种情况就可以认为是椭圆接触的极限情况[19]。

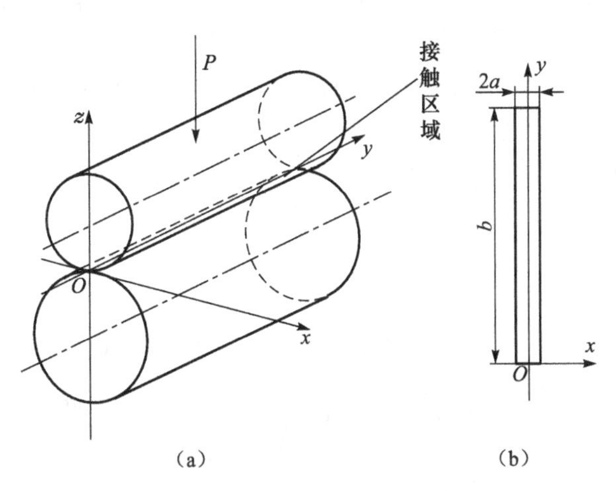

图 4.11　两圆柱体的二维接触

根据 Hertz 理论的极限情况进行假设，McEwen 利用 m 和 n 表示出 Oxz 平面内的一般性点 (x, z) 的应力，其中，m 和 n 表示为

$$m^2 = \frac{1}{2}\{[(a^2 - x^2 + z^2)^2 + 4x^2z^2]^{1/2} + (a^2 - x^2 + z^2)^2\} \tag{4.33}$$

$$n^2=\frac{1}{2}\{[(a^2-x^2+z^2)^2+4x^2z^2]^{1/2}-(a^2-x^2+z^2)^2\} \tag{4.34}$$

式（4.33）和式（4.34）中 m 和 n 的符号分别与 z 和 x 的符号保持一致，由此得到的接触区域表面应力分量表达式为

$$\sigma_x=-\frac{P_0}{a}\left[m\left(1+\frac{z^2+n^2}{m^2+n^2}\right)-2z\right] \tag{4.35}$$

$$\sigma_z=-\frac{P_0}{a}m\left(1-\frac{z^2+n^2}{m^2+n^2}\right) \tag{4.36}$$

$$\tau_{xz}=\frac{P_0}{a}n\left(\frac{m^2+z^2}{m^2+n^2}\right) \tag{4.37}$$

4.4.2　接触区域作用分布力

1. 滚动接触区域形态

滚动接触理论中，在滚动接触边界处切向力接近无穷大，而法向力接近于零，因此在接触区域的边界处无法满足接触条件（$Q\leqslant\mu P$），不可能发生完全黏着，即使切向力很小也一定会发生相对滑动[20~23]。从边界向中心靠近，法向压力逐渐增大，切向力逐渐减小，会存在一个临界边界，边界内满足黏着条件发生黏着，边界外切向力大于极限摩擦力而发生相对滑动。因此，接触区域在法向力和切向力的联合作用下会产生部分滑动，另一部分黏着。

钢球与展开轮滚动过程中接触区域形态如图 4.12 所示，只有法向力作用时，在椭圆形接触区域 1 内发生完全黏着；同时作用切向力时，接触区域边缘会发生

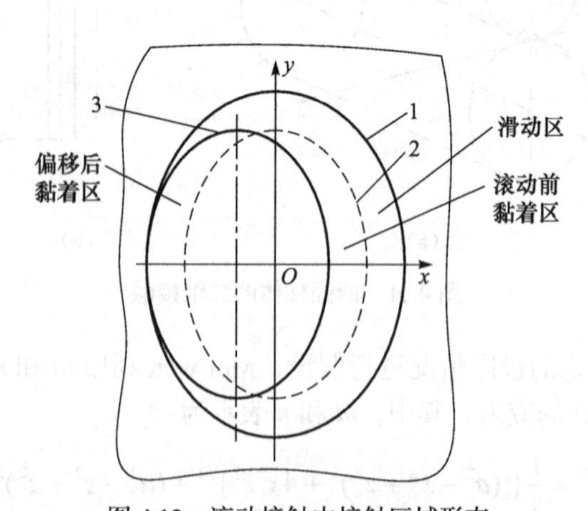

图 4.12　滚动接触中接触区域形态

滑动，接触区域形态为椭圆 2 内黏着，椭圆 1 与椭圆 2 之间滑动；当切向力与法向力同时作用，且沿 x 轴负向滚动时，接触区域靠近滚动方向一侧受法向压力增大，处于压缩状态，另一侧受法向压力减小，处于放松状态，因此黏着区会沿滚动方向发生偏移，偏移过程中接触区域形态及边界不变，且各点偏移距离相等，偏移至椭圆 3 处。由于椭圆形接触区域特殊的几何关系，导致只有 $y=0$ 的黏着区边界偏移至与接触边界重合。

2. 滚动接触区域分布力

法向力分布已由式（4.21）给出，接下来讨论接触区域内切向力的分布情况，这通常由 Carter 滚动接触理论的研究思想来确定[24]。Valentin L. Popov 计算球体与平面滚动接触区域内的三维应力分布时，也采用了与 Carter 理论相同的假设条件，通过两种 Hertz 应力的叠加来构造的钢球与展开轮滚动接触区域内切向力分布为

$$q=\begin{cases}q'(x,y), & \text{滑动区}\\ q'(x,y)+q''(x,y), & \text{黏着区}\end{cases} \tag{4.38}$$

$$q'=\mu P_0\left[1-\left(\frac{x}{a}\right)^2-\left(\frac{y}{b}\right)^2\right]^{1/2} \tag{4.39}$$

$$q''=-\frac{c}{a}\mu P_0\left[1-\left(\frac{x+s}{c}\right)^2-\left(\frac{y}{d}\right)^2\right]^{1/2} \tag{4.40}$$

式中，q' 为滑动区内的切向分布力，$q'+q''$ 为黏着区内的切向分布力；c 和 d 为椭圆黏着区的半径；s 为黏着区的偏移距离，$s=a-c$。接触区域内尺寸如图 4.13

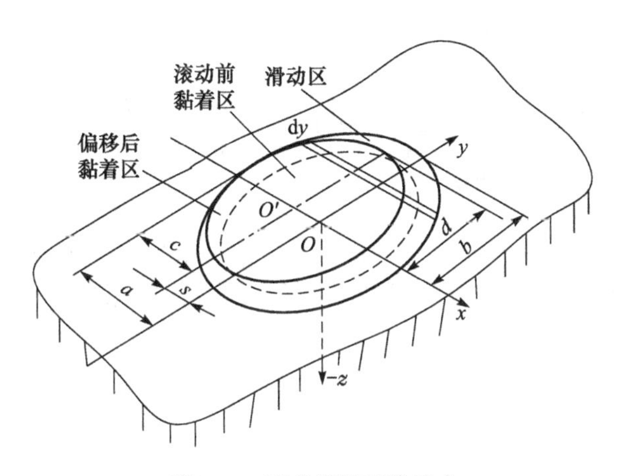

图 4.13　滚动接触区域尺寸

所示，且黏着区域内满足$\left(\frac{x+s}{c}\right)^2+\left(\frac{y}{d}\right)^2\leqslant 1$。

4.4.3 三维滚动接触应力模型建立

1. 法向分布力作用下应力分量

基于两轴线平行的圆柱体只在法向压力作用下的二维接触模型，McEwen 对接触区域宽度为 $2a$ 的带状区内的任一点 (x, z) 的各应力进行计算并得到解析解。由图 4.11 可以看出，这种接触形式中，沿轴线方向接触区域宽度保持不变。

而球体与圆锥体的椭圆形接触区域宽度随着 y 轴的变化而变化，针对这种问题，使用窄带思想进行处理，创新性地应用 McEwen 在二维接触模型中获得的应力解析来建立三维接触模型中的应力模型[25~27]。沿 y 轴方向把椭圆形接触区域划分成无数条窄带 dy，由图 4.13 可知，每一条截得的窄带都可以看做圆柱体接触区域的一部分，其对应的接触宽度为 $2x$，且有关系式：

$$x=a\sqrt{1-\frac{y^2}{b^2}} \tag{4.41}$$

对每一个窄带 dy 应用圆柱体的二维接触理论，同时不考虑相邻窄带之间相互作用的影响，进而可以获得每条窄带在法向力作用下的应力分量为

$$\begin{aligned}(\sigma_x)_P&=-P_0\sqrt{1-\frac{y^2}{b^2}}\cdot\frac{1}{a\sqrt{1-\frac{y^2}{b^2}}}\cdot\left[m\left(1+\frac{z^2+n^2}{m^2+n^2}\right)-2z\right]\\&=-\frac{P_0}{a}\left[m\left(1+\frac{z^2+n^2}{m^2+n^2}\right)-2z\right]\end{aligned} \tag{4.42}$$

$$(\sigma_z)_P=-P_0\sqrt{1-\frac{y^2}{b^2}}\cdot\frac{1}{a\sqrt{1-\frac{y^2}{b^2}}}\cdot m\left(1-\frac{z^2+n^2}{m^2+n^2}\right)=-\frac{P_0}{a}m\left(1-\frac{z^2+n^2}{m^2+n^2}\right) \tag{4.43}$$

$$(\tau_{xz})_P=P_0\sqrt{1-\frac{y^2}{b^2}}\cdot\frac{1}{a\sqrt{1-\frac{y^2}{b^2}}}\cdot n\left(\frac{m^2-z^2}{m^2+n^2}\right)=\frac{P_0}{a}n\left(\frac{m^2-z^2}{m^2+n^2}\right) \tag{4.44}$$

$$m^2=\frac{1}{2}\left\{\left[a^2\left(1-\frac{y^2}{b^2}\right)-x^2+z^2\right]^2+4x^2z^2\right\}^{1/2}+\frac{1}{2}\left[a^2\left(1-\frac{y^2}{b^2}\right)-x^2+z^2\right] \tag{4.45}$$

$$n^2=\frac{1}{2}\left\{\left[a^2\left(1-\frac{y^2}{b^2}\right)-x^2+z^2\right]^2+4x^2z^2\right\}^{1/2}-\frac{1}{2}\left[a^2\left(1-\frac{y^2}{b^2}\right)-x^2+z^2\right] \tag{4.46}$$

2. 切向分布力作用下应力分量

现在求解切向分布力作用下的应力分量，由弹性理论可知，滑动接触状态下切向力与法向力相互作用时的应力关系为

$$\frac{(\sigma_x)_P}{P_0}=\frac{(\tau_{xz})_q}{q_0} \tag{4.47}$$

$$\frac{(\tau_{xz})_P}{P_0}=\frac{(\sigma_z)_q}{q_0} \tag{4.48}$$

滚动接触状态下滑动区内的切向力与滑动状态下的切向力分布相同，方向相反，结合上述关系式可求出 $(\sigma_z)_{q'}$ 和 $(\tau_{xz})_{q'}$，此外 $(\sigma_x)_{q'}$ 的表达式需要单独计算。因此，得到在切向摩擦力 q' 作用下接触面的各应力分量为

$$(\sigma_x)_{q'}=-(\sigma_x)_q=-\frac{\mu P_0}{a}\left[n\left(2-\frac{z^2-m^2}{m^2+n^2}\right)-2x\right] \tag{4.49}$$

$$(\sigma_z)_{q'}=-(\sigma_z)_q=-\frac{\mu P_0}{a}n\left(\frac{m^2-z^2}{m^2+n^2}\right) \tag{4.50}$$

$$(\tau_{xz})_{q'}=-(\tau_{xz})_q=\frac{\mu P_0}{a}\left[m\left(1+\frac{z^2+n^2}{m^2+n^2}\right)-2z\right] \tag{4.51}$$

根据前述应力分布的分析可知，定义在黏着区内的 q'' 分布形式上与 q' 相似，并满足一定比例关系，此处令接触系数为 k，即 $c/a=d/b=k$。黏着区对称中心为 $x=s$，故 $q''(x)$ 作用下的应力分量为

$$(\sigma_x)_{q''}=\frac{\mu P_0}{c}\left[n^*\left(2-\frac{z^2-m^{*2}}{m^{*2}+n^{*2}}\right)-2(x+s)\right] \tag{4.52}$$

$$(\sigma_z)_{q''}=\frac{\mu P_0}{c}n^*\left(\frac{m^{*2}-z^2}{m^{*2}+n^{*2}}\right) \tag{4.53}$$

$$(\tau_{xz})_{q''}=-\frac{\mu P_0}{c}\left[m^*\left(1+\frac{z^2+n^{*2}}{m^{*2}+n^{*2}}\right)-2z\right] \tag{4.54}$$

$$m^{*2}=\frac{1}{2}\left\{\left[c^2\left(1-\frac{y^2}{d^2}\right)-(x+s)^2+z^2\right]^2+4(x+s)^2z^2\right\}^{1/2}$$
$$+\frac{1}{2}\left[c^2\left(1-\frac{y^2}{d^2}\right)-(x+s)^2+z^2\right] \tag{4.55}$$

$$n^{*2}=\frac{1}{2}\left\{\left[c^2\left(1-\frac{y^2}{d^2}\right)-(x+s)^2+z^2\right]^2+4(x+s)^2z^2\right\}^{1/2}$$
$$-\frac{1}{2}\left[c^2\left(1-\frac{y^2}{d^2}\right)-(x+s)^2+z^2\right] \tag{4.56}$$

3. 三维滚动接触模型的建立

根据 Johnson 的研究结果，在涉及切向力问题的分析中，法向压力和切向力作用产生的应力和变形可认为是相互独立的，并且可以通过应力叠加的方法得到总应力，在讨论 Hertz 理论应用存在的问题时，也分析了切向力对法向分布力的影响，因此采用叠加思想最终获得三维滚动接触应力的模型[28~30]。

为了应力分量的分析具有一般性，本书采用无量纲形式来表示接触区域内的应力分量，令 $W=x/a$，$H=y/b$，$B=z/a$。由式（4.42）、式（4.49）和式（4.52）叠加计算得

$$\sigma_x=(\sigma_x)_p+(\sigma_x)_{q'}+(\sigma_x)_{q''}$$
$$=\frac{1}{\sqrt{1-H^2}}\left[Q\frac{B^2+T^2}{Q^2+T^2}-\mu T\frac{B^2-Q^2}{Q^2+T^2}+Q+2\mu T-2(B+\mu W)\right]$$
$$-\frac{\mu}{\sqrt{k^2-H^2}}\left[T\left(2-\frac{B^2-Q^{*2}}{Q^{*2}+T^{*2}}\right)-\frac{k(1+W-k)}{\sqrt{k^2-H^2}}\right] \tag{4.57}$$

由式（4.43）、式（4.50）和式（4.53）叠加计算得

$$\sigma_z=-\frac{1}{\sqrt{1-H^2}}\left[Q-Q\frac{B^2+T^2}{Q^2+T^2}-\mu T\frac{B^2-Q^2}{Q^2+T^2}\right]-\frac{\mu}{\sqrt{k^2-H^2}}\left[T^*\frac{Q^{*2}-B^2}{Q^{*2}+T^{*2}}\right] \tag{4.58}$$

由式（4.44）、式（4.51）和式（4.54）叠加计算得

$$\tau_{xz}=\frac{1}{\sqrt{1-H^2}}\left[T\frac{Q^2-B^2}{Q^2+T^2}-\mu Q\frac{B^2+T^2}{Q^2+T^2}-\mu Q\right]$$
$$+\frac{\mu}{\sqrt{k^2-H^2}}\left[Q^*\frac{B^2+T^{*2}}{Q^{*2}+T^{*2}}+Q^*-2B\right] \tag{4.59}$$

式中

$$Q^2=\frac{m^2}{a^2}=\frac{1}{2}[(1-H^2-W^2+B^2)^2+4x^2z^2]^{1/2}+(1-H^2-W^2+B^2)^2 \tag{4.60}$$

$$T^2=\frac{n^2}{a^2}=\frac{1}{2}[(1-H^2-W^2+B^2)^2+4x^2z^2]^{1/2}-(1-H^2-W^2+B^2)^2 \tag{4.61}$$

$$Q^{*2}=\frac{m^{*2}}{c^2}=\frac{1}{2}\left[\left(1-\frac{H^2}{k^2}-W^2+B^2\right)^2+4(x+s)^2z^2\right]^{1/2}+\left(1-\frac{H^2}{k^2}-W^2+B^2\right)^2 \tag{4.62}$$

$$T^{*2}=\frac{n^{*2}}{c^2}=\frac{1}{2}\left[\left(1-\frac{H^2}{k^2}-W^2+B^2\right)^2+4(x+s)^2z^2\right]^{1/2}-\left(1-\frac{H^2}{k^2}-W^2+B^2\right)^2 \tag{4.63}$$

利用 Hertz 理论及 Carter 滚动接触理论研究思想获得接触区域内法向力及切向力分布，进而应用窄带思想求得法向力作用下 McEwen 二维接触应力模型的解析解，并用此解求三维接触应力模型，再通过弹性理论中法向和切向应力的关系，以及叠加思想进行推导计算，最终获得三维滚动接触应力模型，这就是提出的建立球体与圆锥体滚动接触应力模型的新的思路和方法，式（4.38）～式（4.63）为整个推导计算过程。

4.4.4　数值模拟及结果分析

1. 接触应力模型的数值模拟

4.4.3 节计算出的应力分量解析式可以求出接触区域表面及内部任一点的应力分量，本节重点研究接触物体表面（即 $z=0$）的应力分量特性[31]。

图 4.14 为接触系数 $k=0.8$、$\mu=0.15$ 时，接触表面三维应力分量 σ_x/P_0 的变化情况。物体沿 x 轴负向滚动，接触区域宽度沿 y 轴变化，可以看出接触区域表面沿滚动方向受到压应力，反向受到拉应力。由于在滚动接触过程中，黏着区发生偏移，接触表面的 σ_x 最大压应力值向滚动方向偏移，而最大拉应力值发生在接触区域后缘。

由于黏着区与滑动区的同时存在，导致二者的接触边界出现应力突变现象，这也是失效易发生的位置。其原因是式（4.38）～式（4.40）中建立的切向分布力不连续，即黏着区的应力由滑动接触应力与按接触系数缩小且反向的接触应力代数和组成，所以由此计算得到的接触应力也必定是不连续的。实际情况中，一般不会出现非常明显的应力突变现象，但黏着区与滑动区的交界会出现比较大的梯度。

图 4.15 为接触系数 k=0.8、μ=0.15 时，接触表面三维应力分量 σ_z/P_0 的变化情况。可见，σ_z/P_0 值在接触表面只存在压应力，且最大应力值出现在 x=0 处，不受滚动接触的影响。

图 4.16 为接触系数 $k = 0.8$、$\mu = 0.15$ 时，接触表面三维应力分量 τ_{xz}/P_0 的变化情况。τ_{xz}/P_0 值在接触表面受滚动接触形式的影响，滑动区内的应力值远大于

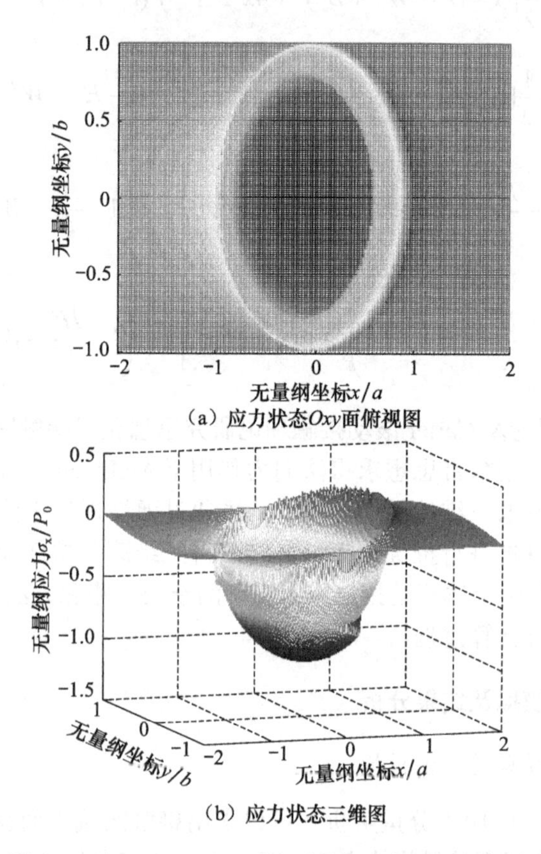

（a）应力状态Oxy面俯视图

（b）应力状态三维图

图 4.14　k=0.8、μ=0.15 时，无量纲应力 σ_x/P_0 的变化

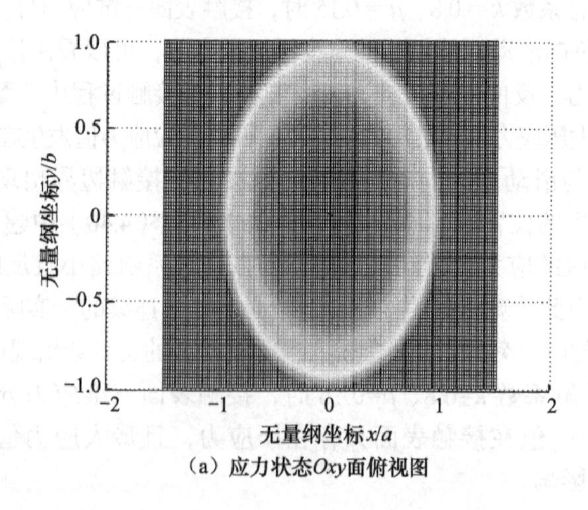

（a）应力状态Oxy面俯视图

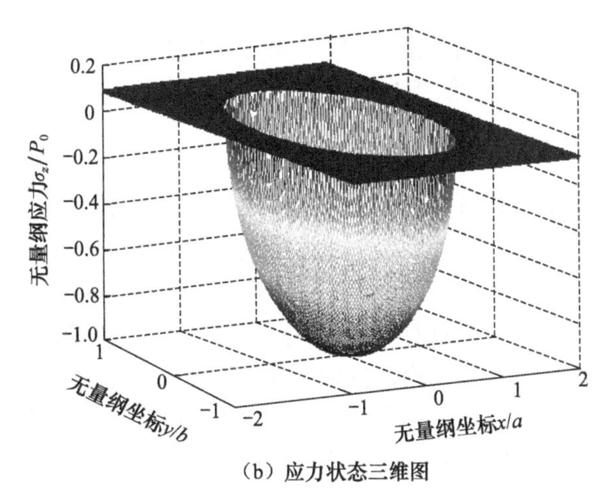

（b）应力状态三维图

图 4.15　k=0.8、μ=0.15 时，无量纲应力 σ_z/P_0 的变化

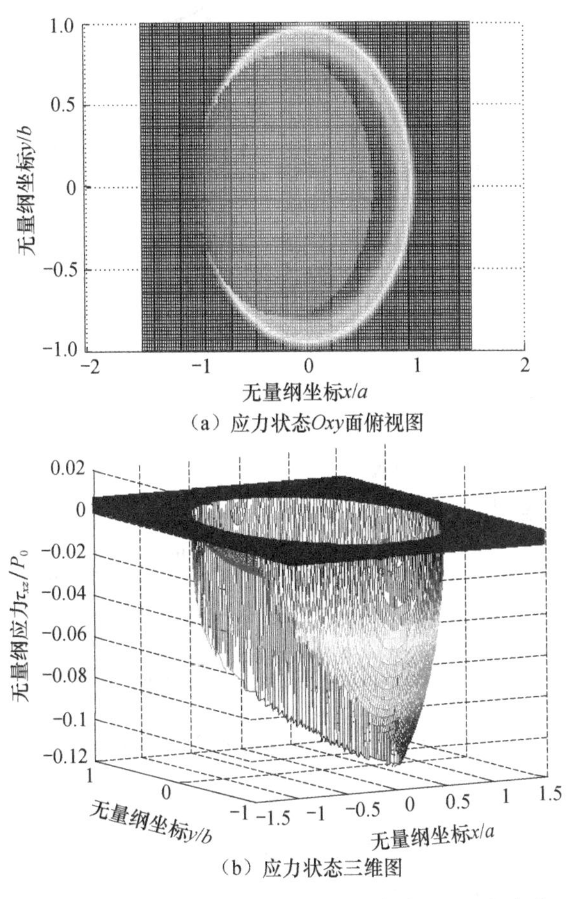

（a）应力状态Oxy面俯视图

（b）应力状态三维图

图 4.16　k=0.8、μ=0.15 时，无量纲应力 τ_{xz}/P_0 的变化

黏着区内的应力值，是磨损的主要位置。同时在黏着区与滑动区的交界处存在应力突变，因此进行疲劳寿命预测及失效分析时应重点计算。

2. 接触系数及摩擦系数对接触应力的影响

图 4.17（a）为 $\mu = 0.15$、选取不同接触系数 k，且 $y = 0$ 时接触界面应力分量 σ_x / P_0 变化图。可以看出，当 $k = 1$ 时，接触区域为完全接触，无滑动，这是一种理想情况，此时无应力突变。当 $k < 1$ 时，必然出现黏着区与滑动区同时存在的情况，也就是说在交界处存在应力突变现象[32]。k 值越小，表面黏着区越小，突变处越靠近滚动方向一侧，且应力幅值越大。如图 4.17（b）所示，在相同的接触系数 k 情况下，摩擦系数越大，则接触表面拉应力与压应力值越大，进而在应力突变处的突变差值越大，说明更容易发生失效情况。

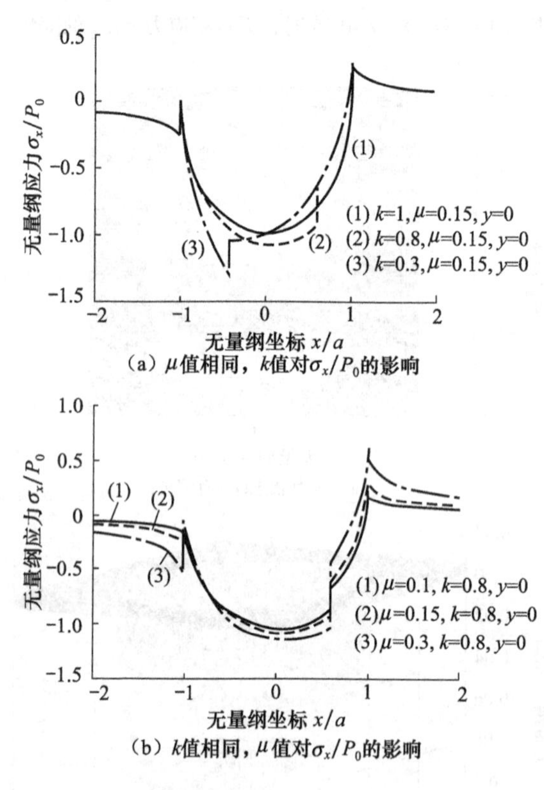

图 4.17 μ 和 k 对应力 σ_x / P_0 的影响

图 4.18 为 $\mu = 0.15$、$k = 0.8$，且 $y = 0$ 时界面的接触应力 σ_z / P_0 的变化图。可以看出，滚动接触过程中，摩擦系数 μ、接触比例系数 k 对 σ_z / P_0 值无影响。

图 4.19（a）为 $\mu = 0.15$、选取不同接触系数 k，且 $y = 0$ 时界面的接触应力 τ_{xz} / P_0 的变化图。可以看出，当 $k = 1$ 时，接触区域为完全黏着状态，此时应力无突

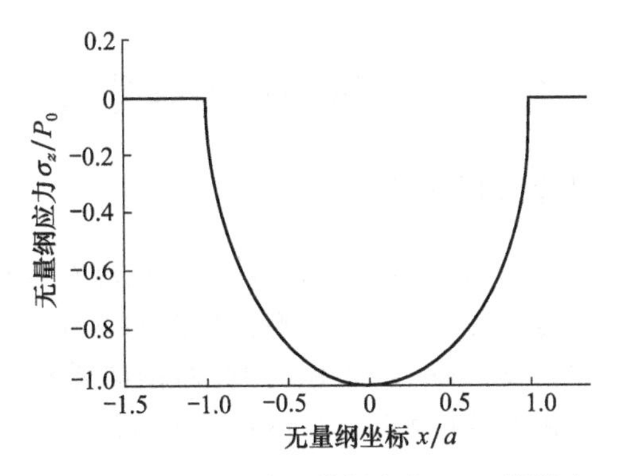

图 4.18　μ 和 k 对表面接触应力 σ_z/P_0 的影响

变现象。随着 k 值的减小，黏着区域宽度逐渐减小，且应力值逐渐增大。图 4.19（b）为 $k = 0.8$ 时，不同的摩擦系数 μ 对接触应力 τ_{xz}/P_0 的影响变化图。可以看出，摩擦系数越大，则整个接触区域的应力值越大，此外，滑动区的应力值大于黏着区的应力值，且突变值大，更容易导致接触失效的发生。

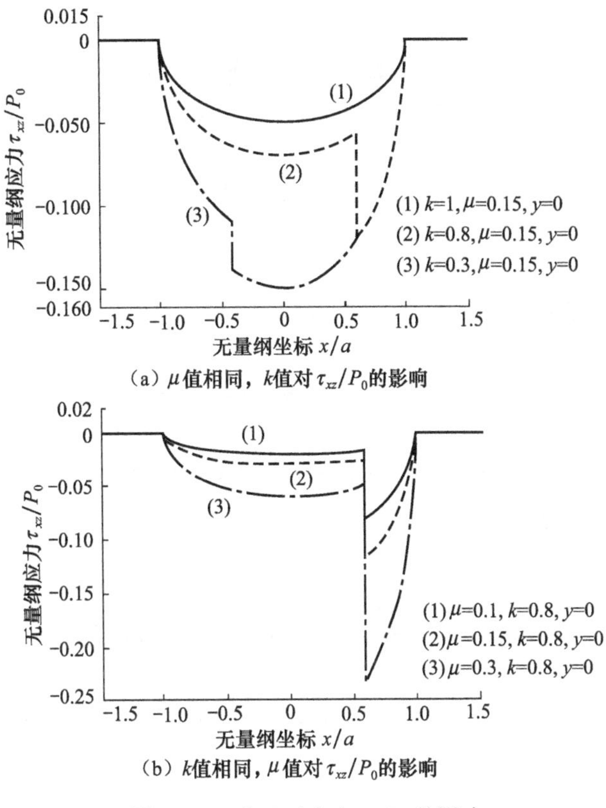

（a）μ 值相同，k 值对 τ_{xz}/P_0 的影响

（b）k 值相同，μ 值对 τ_{xz}/P_0 的影响

图 4.19　μ 和 k 对应力 τ_{xz}/P_0 的影响

4.5　展开机构动力学分析

4.5.1　钢球与展开轮接触分析

如图 4.20 所示，展开轮的特殊结构设计，使钢球在与展开轮接触过程中，接触点 A、B 的位置（其中 l、h 是表示接触点位置的参数）会不断变化，从而导致展开轮两侧对钢球的驱动力发生变化，因此对钢球展开过程进行动力学分析时，需要首先对钢球与展开轮接触过程中的运动进行理论分析。

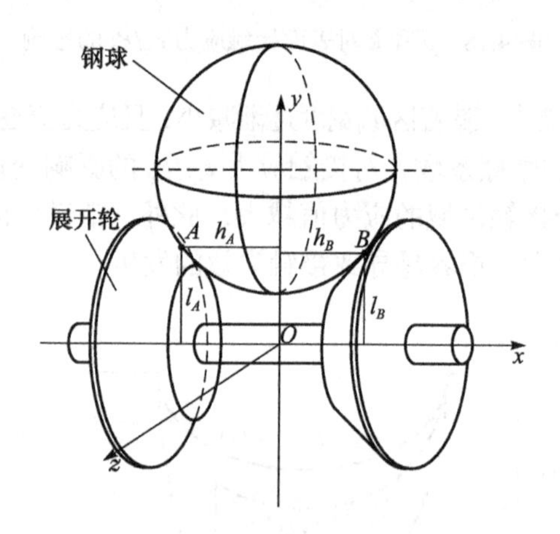

图 4.20　钢球与展开轮接触模型

1. 接触模型分析

根据前面的分析可知，钢球与展开轮的约束方程为

$$\begin{cases}\dfrac{\sqrt{2}}{2}\rho_1(-\cos\varepsilon+\cos\psi_1\sin\varepsilon)+\dfrac{\sqrt{2}}{2}r(\sin\varepsilon\cos\psi_1+\cos\varepsilon)=O_x\\ \dfrac{\sqrt{2}}{2}\rho_1(\sin\varepsilon+\cos\psi_1\cos\varepsilon)-11.9\tan\varepsilon+\dfrac{\sqrt{2}}{2}r(\cos\varepsilon\cos\psi_1-\sin\varepsilon)=O_y\\ \dfrac{\sqrt{2}}{2}\rho_1\sin\psi_1+\dfrac{\sqrt{2}}{2}r\sin\psi_1=O_z\\ \dfrac{\sqrt{2}}{2}\rho_2(\cos\varepsilon+\cos\psi_2\sin\varepsilon)+\dfrac{\sqrt{2}}{2}r(\sin\varepsilon\cos\psi_2-\cos\varepsilon)=O_x\\ \dfrac{\sqrt{2}}{2}\rho_2(-\sin\varepsilon+\cos\psi_2\cos\varepsilon)+11.9\tan\varepsilon+\dfrac{\sqrt{2}}{2}r(\cos\varepsilon\cos\psi_2+\sin\varepsilon)=O_y\\ \dfrac{\sqrt{2}}{2}\rho_2\sin\psi_2+\dfrac{\sqrt{2}}{2}r\sin\psi_2=O_z\end{cases}\tag{4.64}$$

式中，r、ε 是已知参数；ρ_1、ψ_1、ρ_2、ψ_2、O_x、O_y 和 O_z 共 7 个未知量。由于非线性方程组无法求得准确解析解，通常利用迭代法、Newton 法或拟 Newton 法等得到方程组近似数值解，对于式（4.64），ψ_1 为自变量，间隔 10°计算一次，为使计算结果更加精确，每次计算将上一次计算结果作为下一次的计算初值，部分计算结果如表 4.3 所示（钢球半径 $r = 8$mm）。

表 4.3　几何位置参数

转角/(°)	接触点 A 坐标			球心坐标		
	x_1/mm	y_1/mm	z_1/mm	O_x/mm	O_y/mm	O_z/mm
0	−5.7649	5.762	0	−0.0101	11.3192	0
10	−5.7632	5.6696	1.0184	−0.01	11.1409	2.0007
20	−5.7583	5.3957	2.0026	−0.0095	10.6119	3.9373
30	−5.7502	4.9505	2.9197	−0.0087	9.75	5.7481
40	−5.7393	4.35	3.7397	−0.0077	8.584	7.3759
50	−5.7259	3.6156	4.4367	−0.0064	7.1525	8.7701
60	−5.7103	2.7731	4.9896	−0.0049	5.5024	9.8885
70	−5.6931	1.8511	5.3827	−0.0033	3.6868	10.6984
80	−5.6747	0.88	5.6063	−0.0016	1.7635	11.1773
90	−5.6558	−0.109	5.6567	0.0002	−0.2077	11.3135
100	−5.6369	−1.0855	5.5353	0.0019	−2.1664	11.1063
110	−5.6186	−2.0205	5.2492	0.0036	−4.0537	10.5649
120	−5.6014	−2.8873	4.8097	0.0052	−5.814	9.7087
130	−5.5859	−3.662	4.2322	0.0066	−7.3963	8.5656
140	−5.5725	−4.3242	3.5352	0.0078	−8.7557	7.1714
150	−5.5617	−4.8569	2.7398	0.0088	−9.8539	5.5683
160	−5.5537	−5.2469	1.8691	0.0095	−10.6605	3.8039
170	−5.5488	−5.4846	0.9474	0.01	−11.1534	1.9297
180	−5.5471	−5.5645	0	0.0101	−11.3192	0
190	−5.5488	−5.4846	−0.9474	0.01	−11.1534	−1.9297
200	−5.5537	−5.2469	−1.8691	0.0095	−10.6605	−3.8039
210	−5.5617	−4.8569	−2.7398	0.0088	−9.8539	−5.5683

表 4.3 为利用 Newton 法对式（4.64）的部分数值计算结果，可以看出，在展开轮旋转一周的过程中，钢球球心在 x 轴方向的偏移量范围在（−0.01，0.01）内，即钢球球心空间内有移动，但由于范围相对钢球尺寸很小，所以在下面的分析中不考虑钢球球心沿 x 轴方向的变化。

根据表 4.3 中接触点和球心位置的相关数据，可以作出展开轮上接触点的轨迹和钢球球心的运动轨迹曲线，如图 4.21 所示。通过钢球球心和展开轮上接触点的轨迹曲线，可以看出轨迹曲线是在平面内变化的曲线，钢球球心轨迹曲线与 y 轴偏离角度很小，分析中可以忽略。

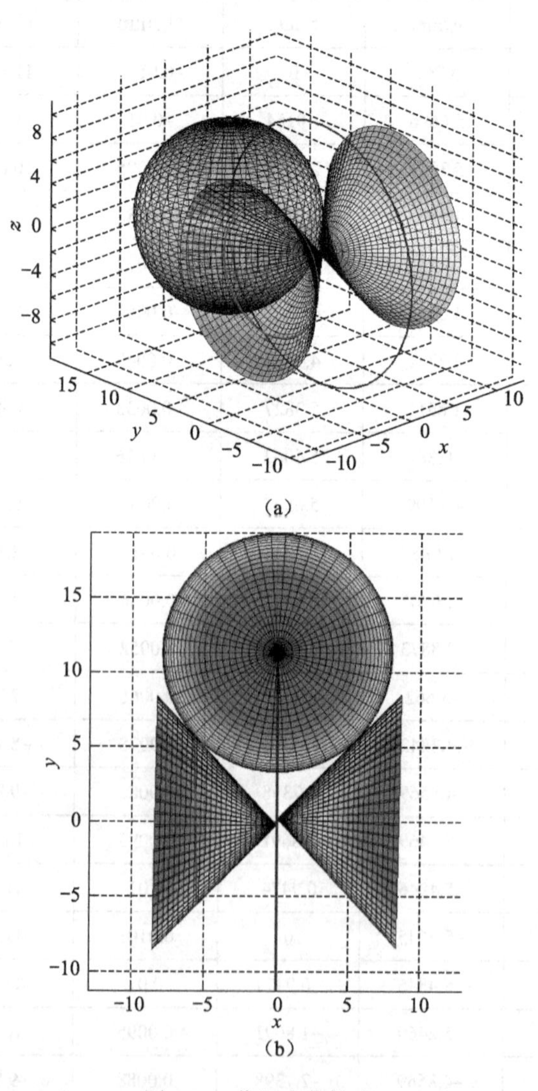

图 4.21　位置变化轨迹

图 4.22 为接触点与坐标平面 Oyz 的距离变化曲线，图 4.23 为接触点到展开轮转轴的距离变化曲线。

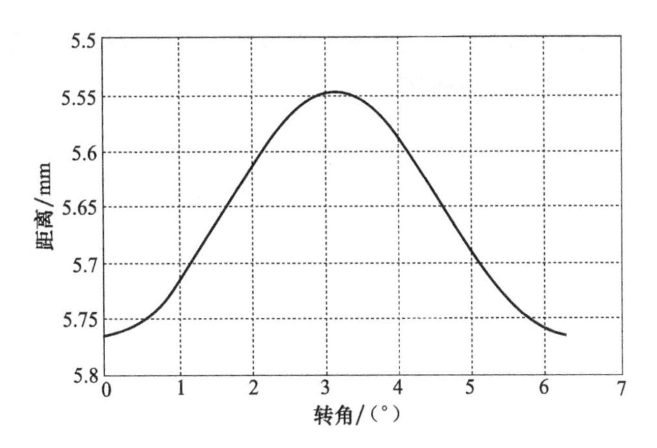

图 4.22　接触点到 Oyz 平面距离

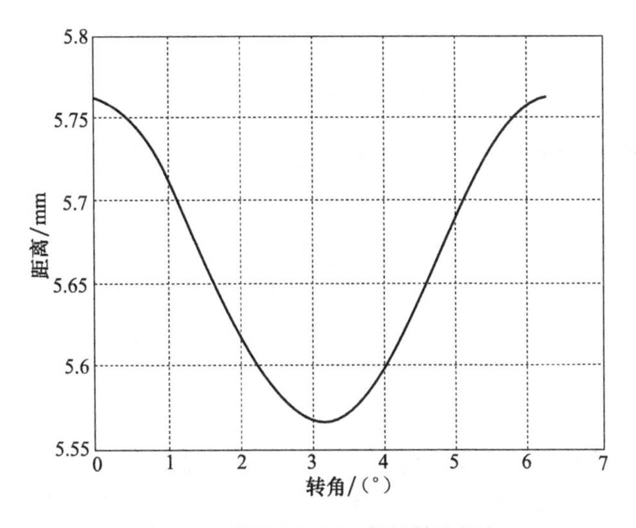

图 4.23　接触点与展开轮转轴的距离

由于 A、B 点关于原点对称，B 点的方程可以根据 A 点方程写出，根据图 4.22 可以拟合出点到 Oyz 平面的距离公式为

$$\begin{cases} h_A = 5.659 + 0.106 \cdot \cos\psi \\ h_B = 5.659 + 0.106 \cdot \cos(\psi + \pi) \end{cases} \tag{4.65}$$

如图 4.23 所示，根据曲线变化规律，拟合出接触点 A、B 到展开轮转轴的距离公式为

$$\begin{cases} l_A = 5.653 + 0.106 \cdot \cos\psi \\ l_B = 5.653 + 0.106 \cdot \cos(\psi + \pi) \end{cases} \tag{4.66}$$

展开轮的特殊结构造成钢球在绕展开轮旋转一周的过程中，球心与 x 轴距离不断变化。图 4.24 为球心轨迹曲线。

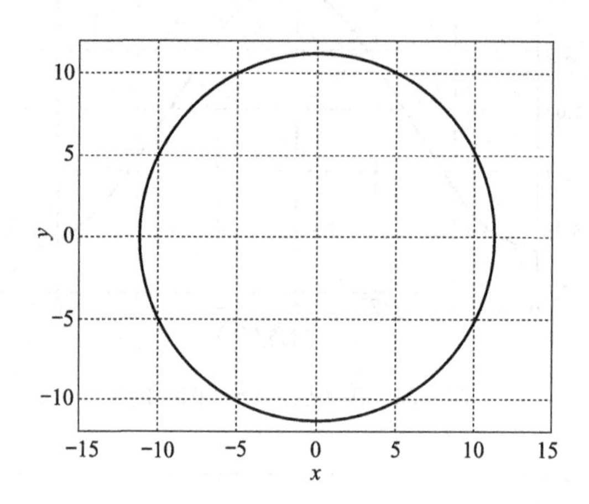

图 4.24　球心轨迹曲线

由图 4.24 可以看出，球心轨迹是一个近似于圆的椭圆，因此球心的坐标以椭圆方程拟合：

$$\frac{x^2}{a^2} + \frac{y^2}{b^2} = 1 \tag{4.67}$$

根据表 4.3 中数据分析，得到 a=11.3192，b=11.3154，所以球心到展开轮转轴的距离为

$$d^2 = (a\cos\psi)^2 + (b\cos\psi)^2 \tag{4.68}$$

钢球球心在绕展开轮旋转过程中，与 x 轴距离存在微小波动，波动幅值小于 0.004mm，钢球表面展开机构中，钢球球心理论上是固定的，而展开轮可以绕铰链摆动，所以钢球球心位置变化规律是展开轮的位置变化。

2. 运动分析

所设计的钢球检测机构中，驱动轮、钢球、展开轮和支撑轮之间依靠干摩擦传动，理想状态下，接触形式为滚动摩擦接触，不存在滑动。由于支撑轮在钢球检测过程中对钢球的运动状态影响很小，以下分析中不再考虑支撑轮，而是基于理想状态下的钢球检测状态，对展开机构进行几何和运动分析。钢球的运动状态与展开轮旋转角有关，展开轮 360°旋转，用 ψ 表示展开轮旋转角。图 4.25 为展开轮旋转角为 0°时的展开机构几何模型。

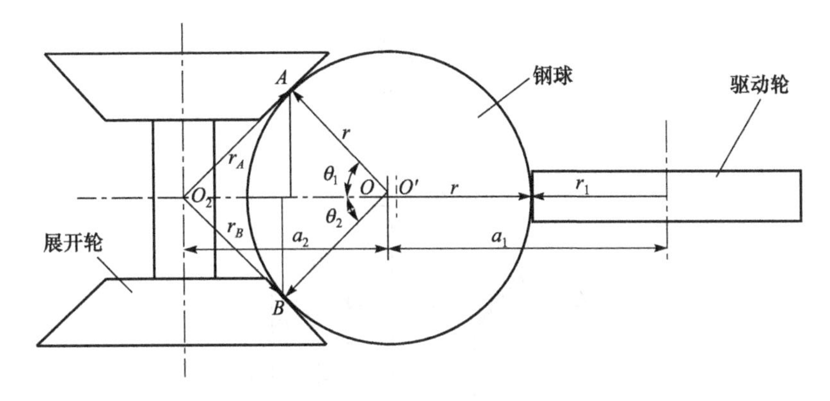

图 4.25　展开机构几何模型

1）几何分析

θ 是接触点相对于钢球球心的方位角，驱动轮与钢球接触点处的曲率半径为 r_1，钢球半径为 r，钢球与展开轮接触点 A、B 到展开轮形心距离分别为 r_A 和 r_B，θ_1、θ_2 分别为接触点 A、B 相对于钢球球心的方位角，根据几何关系可得

$$\sin\theta_1 = \frac{r'_A}{r}, \quad \sin\theta_2 = \frac{r'_B}{r} \tag{4.69}$$

式中，r'_A 表示接触点 A 沿水平方向的矢径分量。

钢球检测系统在未施加载荷时，位置关系如图 4.25 所示，当在展开轮上施加载荷 P 后，根据 Hertz 理论，接触区域会发生弹性变形，其中驱动轮旋转中心固定，钢球球心由 O 移动到 O'。由几何关系可知，钢球与驱动轮接触变形量为

$$\delta = (r + r_1) - a_1 \tag{4.70}$$

由于变形量方向与载荷方向一致，在钢球与展开轮接触点位置，钢球与展开轮在接触点 A、B 的变形量分别为

$$\delta_A = (d - a_2)\cos\theta_1, \quad \delta_B = (d - a_2)\cos\theta_2 \tag{4.71}$$

2）运动关系分析

理想状态下，钢球与展开轮、钢球与驱动轮之间不存在滑动，运动关系如图 4.26 所示。

展开轮旋转通过摩擦带动钢球转动，钢球做以角速度 ω' 做主旋转运动，钢球的旋转又带动展开轮以角速度 ω_2 旋转，由图 4.26 可知，在展开轮转动过程中，由于其左右锥体不对称，钢球与展开轮在接触点 A、B 处速度差值不同，在不发生滑动的情况下，钢球会产生以角速度 ω'' 的侧向翻转，最终钢球会以 ω 的角速度旋转。

由图 4.26 分析可知，钢球与驱动轮的接触位置始终位于点 C 处，在不发生滑动的情况下，钢球上点 C 处的线速度应与驱动轮在该点处的线速度相等，因

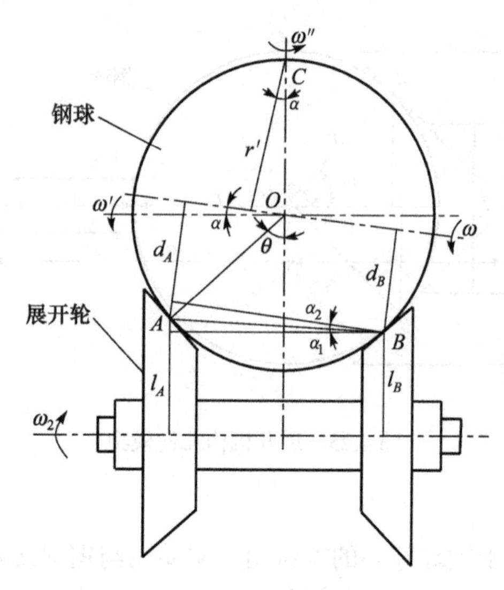

图 4.26　钢球与展开轮的运动关系

此速度关系为

$$\omega_1 r_1 = \omega r' \tag{4.72}$$

式中，ω 为钢球瞬时角速度；r' 为钢球在接触点 C 处的旋转半径。

由于钢球与展开轮两侧锥面接触点的位置不断变化，在不发生滑动的情况下，钢球在接触点处的线速度和展开轮在接触点处的线速度相等，即

$$\frac{\omega_2 l_A}{\omega_2 l_B} = \frac{\omega d_A}{\omega d_B} \tag{4.73}$$

式中，l_A、l_B 和 d_A、d_B 分别是接触点 A、B 到展开轮和钢球旋转轴的旋转半径。

由于钢球表面在接触点处的线速度发生变化，钢球的旋转轴线会发生偏转，不再位于水平位置，根据偏转角度为 α 可推导出如下关系：

$$\cos\alpha_1 = \frac{l_A - l_B}{l'_{AB}},\quad \cos\alpha_2 = \frac{d_A - d_B}{d'_{AB}} \tag{4.74}$$

由此得到 $\alpha = \alpha_1 + \alpha_2$。

所以，钢球瞬时转速为

$$\omega = \frac{\omega_1 r_1}{r\cos\alpha} \tag{4.75}$$

展开轮的瞬时转速为

$$\omega_2 = \frac{\omega d_A}{l_A} \tag{4.76}$$

钢球转速和展开轮转速需保持相同，即同步转动的关系。

3. 接触分析

Hertz 接触理论一般是根据载荷或作用力求解接触变形量，而动力学分析中，是根据变形量分析作用力大小，属于常规 Hertz 接触问题的反问题。Hertz 接触模型通常是研究弹性体的点接触和线接触问题，即球体与球体接触、球体与圆柱体接触等，但钢球展开机构中，钢球接触问题不在经典 Hertz 理论模型范围内，需要和一些修正公式一起使用。

钢球与展开轮接触、钢球与驱动轮接触都属于滚动接触，滚动接触区如图 4.27 所示，在驱动力矩的作用下，由于弹性变形，接触区沿滚动方向存在滑动区和黏着区，黏着区的存在表示接触位置未发生滑动，属于静摩擦接触，滑动区的存在表明两接触体之间在宏观滑动未发生之前存在微观滑动。

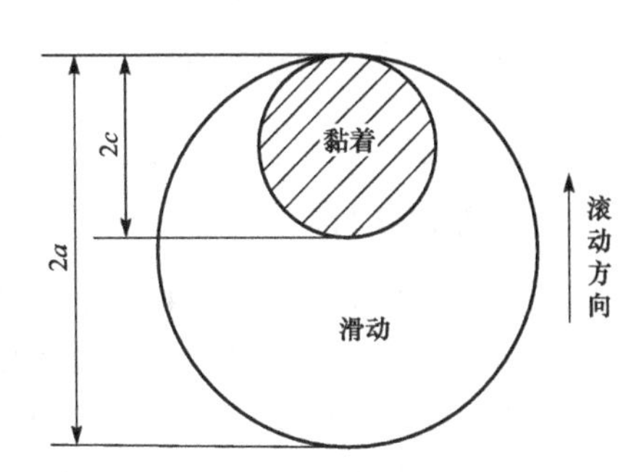

图 4.27　接触区分析

钢球与展开轮的接触问题可以看做球与圆柱的接触问题，接触区域为椭圆，长、短轴分别为

$$a=\left(\frac{3Q}{4E^*}\right)^{1/3}\left[\frac{R_1^2R_2^2}{(R_1+R_2)^3}\right]^{1/6} \tag{4.77}$$

$$b=\left(\frac{3Q}{4E^*}\right)^{1/3}\left[\frac{R_1^2(R_1+R_2)}{R_2^2}\right]^{1/6} \tag{4.78}$$

式中，R_1 是钢球半径；R_2 是展开轮接触点的锥面半径；E^* 为综合弹性模量：

$$\frac{1}{E^*}=\frac{1-\upsilon_1^2}{E_1}+\frac{1-\upsilon_2^2}{E_2} \tag{4.79}$$

式中，E_1 和 E_2 分别是两个接触物体的弹性模量；υ_1 和 υ_2 是泊松比。

钢球与展开轮在接触区，变形量与压力的关系为

$$\delta=\left(\frac{9Q^2}{16E^{*2}}\right)^{1/3}\left[\frac{R_1+R_2}{R_1^2R_2}\right]^{1/6} \tag{4.80}$$

当变形量 δ 已知时，作用力 Q 为

$$Q=K\delta^{3/2} \tag{4.81}$$

式中，K 为接触刚度：

$$K = \frac{4}{3} E^* \left(\frac{R_1^2 R_2}{R_1 + R_2} \right)^{1/4} \tag{4.82}$$

展开机构中各个零件的材料属性如表 4.4 所示。

表 4.4　展开机构各构件材料属性

构件	材料	弹性模量/MPa	泊松比	密度/(kg/m^3)
钢球	GCr15	2.07×10^5	0.3	7810
展开轮	Cr1Mo2W50	5.3×10^5	0.24	10300
驱动轮	Nylon	2.83×10^4	0.4	1150

4. *摩擦分析*

钢球展开机构中，摩擦力起着传递力和运动的作用。由于检测，钢球表面不能有润滑液，所以展开机构需要采用干摩擦进行传动。

两个固体之间的摩擦是极其复杂的物理现象，包含接触表层的弹性变形和塑性变形、磨损粒子间的相互作用等。简单的干摩擦定律中摩擦力与法向力成正比，并且与速度、接触面积和表面粗糙度无关。

建立比较准确的符合系统真实情况的摩擦力模型是工程领域中的重要步骤，本节建立的摩擦模型只考虑模型是否适用于分析钢球展开机构，不考虑摩擦系数的决定因素。

1）库伦摩擦模型

（1）静摩擦。

$$F_s = \mu_s F_N \tag{4.83}$$

式中，F_s 为静摩擦阻力；μ_s 是静摩擦系数，与接触材料有关，但与接触面积和粗糙度无关。

（2）动摩擦。

动摩擦是克服静摩擦之后，作用在物体上的阻力，即

$$F_R = \mu_K F_N \tag{4.84}$$

式中，μ_K 是动摩擦系数，近似等于静摩擦系数。

库伦摩擦模型给出了干摩擦的概要，更加详细的分析表明，静摩擦力和动摩擦力的起源相同，在很多机械问题中不能分开考虑。当接触区切向受载时，宏观滑动还未发生，但存在微观滑动，通常从静止接触到滑动接触的转换是连续的，或者说静摩擦是以非常低的速度滑动摩擦出现。

2）修正的库伦摩擦模型

库伦摩擦模型中静摩擦力的大小和方向判定使系统的运动微分方程数值分析

计算更加复杂，不利于系统动力学分析。为了便于动力学分析计算，建立修正的库伦摩擦模型，将摩擦分为三个阶段。

（1）黏着摩擦阶段。

在此阶段，两物体在接触点处未发生宏观滑动，但存在微观滑动为

$$|v_{\mathrm{rel}}| < \Delta v_s,\quad 0 < \mu < \mu_s \tag{4.85}$$

式中，当 v_{rel} 是接触点处的相对速度时，静摩擦系数为最大。

（2）过渡摩擦阶段。

此阶段摩擦状态处于动摩擦和最大静摩擦之间，即

$$\Delta v_s < |v_{\mathrm{rel}}| < k\Delta v_s,\quad \mu_k < \mu < \mu_s \tag{4.86}$$

式中，k 是一常数；μ_k 是动摩擦系数。

（3）动摩擦阶段。

两物体在接触位置发生完全滑动：

$$k\Delta v_s < |v_{\mathrm{rel}}|,\quad \mu=\mu_d \tag{4.87}$$

综合上述摩擦的三个阶段，建立修正的库伦摩擦模型：

$$\mu=\begin{cases}\mu_s\sin\left(\dfrac{\pi v_{\mathrm{rel}}}{2v_s}\right), & |v_{\mathrm{rel}}|<v_s\\ \mathrm{sgn}(v_{\mathrm{rel}})\dfrac{\mu_s+\mu_d}{2}+\dfrac{\mu_s-\mu_d}{2}\cos\left[\dfrac{\pi(|v_{\mathrm{rel}}|-v_s)}{v_d-v_s}\right], & v_s\leqslant|v_{\mathrm{rel}}|<v_d\\ \mathrm{sgn}(v_{\mathrm{rel}})\mu_d, & v_d\leqslant|v_{\mathrm{rel}}|\end{cases} \tag{4.88}$$

摩擦系数与相对速度关系模型如图 4.28 所示。

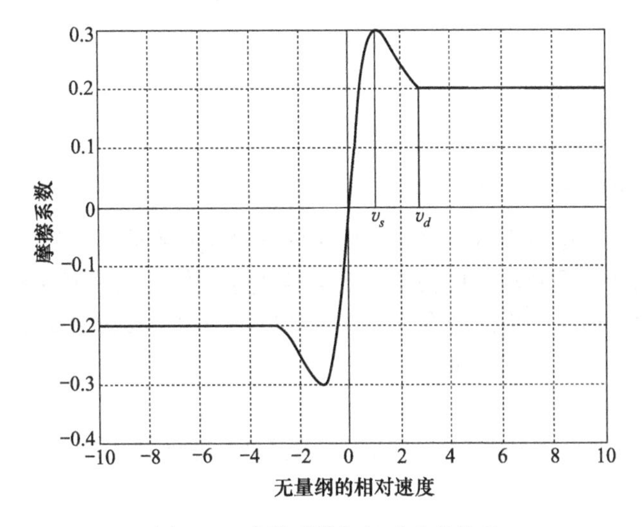

图 4.28　摩擦系数与相对速度关系

因此，接触点处摩擦力为

$$F=\mu Q \tag{4.89}$$

式中，Q 为接触点处的法向接触力。

4.5.2 球面展开机构动力学模型

1. 基本假设

为了便于计算和分析，本节对钢球展开机构作以下假设：

（1）假设机构中各零件均为刚体，忽略柔性变形，当发生接触变形时，为局部弹性变形；

（2）钢球有五个自由度，即三个绕坐标轴的转动自由度和 x 轴、y 轴的移动自由度，不考虑 z 轴方向的移动（z 轴方向有支撑轮，限制钢球移动）；

（3）展开轮有两个自由度，绕 x 轴的转动和沿 y 轴的移动；

（4）展开轮和钢球的质心与形心重合。

2. 钢球与驱动轮的相互作用

钢球与驱动轮接触形式简单，根据理论分析钢球球心位置向量为

$$\boldsymbol{r}_1=(x_1, r+r_1-\delta_1) \tag{4.90}$$

式中，x_1 是球心在 x 轴方向的位移；δ_1 是钢球与展开轮接触变形量。

基于 Hertz 理论，通过变形量可以求出驱动轮对钢球的法向接触作用力为

$$Q_c=k_1 \cdot \delta^{3/2} \tag{4.91}$$

式中，k_1 为钢球与驱动轮之间的接触强度，根据第 2 章零件材料属性可以求出。

在接触力的作用下，可以求出切向接触力即摩擦力为

$$F=\mu Q_c \tag{4.92}$$

摩擦力对球心的摩擦转矩为

$$M=\mu Q_c r \tag{4.93}$$

3. 钢球和展开轮的相互作用

展开轮与钢球接触为两点接触，由于展开轮左右锥体不对称，接触过程变得较为复杂，钢球与展开轮作用关系如图 4.29 所示。钢球与展开轮在点 A、B 处接触，基于前面的理论分析已经求出钢球转动过程中相关参数的变化[33]。

展开轮转轴中心位置向量为

$$\boldsymbol{r}_2=(x_b, r_d+r_b-\delta) \tag{4.94}$$

基于理论分析，可以根据位置向量的变化求出接触处点处的法向接触处作用力为

$$\begin{cases} Q_A=k\delta_1^{3/2} \\ Q_B=k\delta_2^{3/2} \end{cases} \tag{4.95}$$

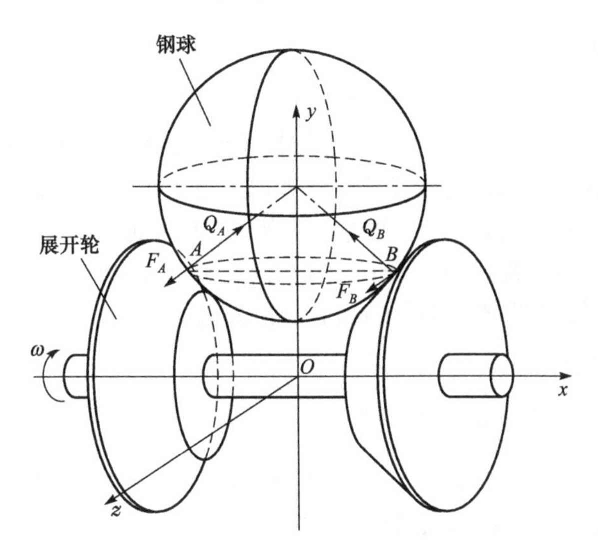

图 4.29　钢球与展开轮相互作用关系

根据切向力可求出切向摩擦力为

$$\begin{cases} F_A = \mu k \delta_1^{3/2} \\ F_B = \mu k \delta_2^{3/2} \end{cases} \tag{4.96}$$

因此，摩擦力矩为

$$\begin{cases} M_A = F_A r \\ M_B = F_B r \end{cases} \tag{4.97}$$

4. 展开轮作用力分析

在钢球检测机构中，采用弹簧在展开轮上施加一定的预紧力，保证展开轮在钢球检测过程中不会与钢球脱离接触，同时满足了展开轮可以在沿预紧力的方向做小范围的移动。弹簧作用力为

$$P = -k(l - l_0) + P_0 \tag{4.98}$$

式中，l 是弹簧拉伸量；l_0 是预加载荷时弹簧长度；k 是弹簧刚度系数；P_0 是预加载荷。

展开轮与钢球在接触点处受到摩擦力矩为

$$\begin{cases} M_A = \mu k \delta_1^{3/2} l_A \\ M_B = \mu k \delta_2^{3/2} l_B \end{cases} \tag{4.99}$$

检测机构工作时，展开轮会做高速旋转运动，其两端需要安装轴承，以减小旋转阻力矩。轴承能减小旋转过程中产生的摩擦损耗和旋转阻力矩，轴承摩擦阻

力矩估算公式为

$$M = M_0 + M_1 \tag{4.100}$$

式中，$M_1 = f_1 P_1 d_m$；$M_0 = 10^{-7} \times f_0 (\upsilon n)^{2/3} d_m^3$。$M_1$ 为与外部载荷大小、轴承滚动体和滚道间接触弹性变形量及滑动摩擦有关的摩擦力矩分量；M_0 为与展开轮上施加载荷大小和转速有关的摩擦力矩分量。其中，f_1 为载荷系数；P_1 为由摩擦力矩分量 M_1 决定的轴承载荷；d_m 为轴承平均直径，$d_m = 0.5(d + D)$，d 为轴承的内径，D 为轴承的外径；f_0 为考虑轴承结构和润滑方法的系数；n 为驱动轮转速；υ 为润滑剂的运动黏度。

4.5.3　展开机构运动微分方程

钢球展开过程中，根据对展开机构进行的理论分析和接触摩擦分析，基于 Euler 法，建立展开机构的运动学微分方程。

钢球展开过程中，展开轮转轴并不固定，在弹簧力作用下会存在移动自由度，展开轮转轴的运动学微分方程为

$$\frac{\mathrm{d}^2 x_2}{\mathrm{d}t^2} = \frac{P + Q_A \cos\theta_A + Q_B \cos\theta_B}{m_2} \tag{4.101}$$

式中，P 为弹簧预加载荷；m_2 展开轮质量，根据展开轮的几何尺寸和密度求得。

展开轮工作的主要形式是绕自身旋转轴的转动，钢球通过摩擦带动展开轮绕旋转轴的转动微分方程为

$$\frac{\mathrm{d}^2 \varphi_2}{\mathrm{d}t^2} = \frac{M + Q_A \cos\theta_A l_A + Q_B \cos\theta_B l_B}{J_2} \tag{4.102}$$

式中，φ_2 是展开轮转过的角度；M 是作用在展开轮上的阻力矩；J_2 展开轮对于旋转轴的转动惯量。

钢球表面展开过程中的运动，一是钢球球心的移动，二是钢球绕球心的转动。钢球绕质心旋转的运动微分方程为

$$\begin{cases} \dfrac{\mathrm{d}\omega_x}{\mathrm{d}t} = \dfrac{-Q_A r \cos\theta_1 - Q_B l_2 \cos\theta_2 + Q_C r}{I_x} \\ \dfrac{\mathrm{d}\omega_y}{\mathrm{d}t} = \dfrac{-Q_A r \sin\theta_1 - Q_B r \cos\theta_2 + Q_C r}{I_y} \end{cases} \tag{4.103}$$

钢球关于球心对称，因此 $I_x = I_y = I_z$。

钢球在展开过程中理论上球心是固定不动的，但由于在外部载荷的作用下，会产生接触变形，变形量的变化导致钢球球心会有微小的移动。各动力学参数如表 4.5 所示，钢球球心的运动微分方程表达式为

$$\frac{d^2 x_1}{dt^2}=\frac{Q_C+Q_A\cos\theta_A+Q_B\cos\theta_B}{m} \tag{4.104}$$

表 4.5　动力学参数

名称	数值	名称	数值
弹簧刚度 k	1N/mm	钢球质量	16.741g
轴承摩擦力矩 M	5.377×10^{-3}N/mm	展开轮体积 V	1185.853mm^3
静摩擦系数 μ_s	0.7～0.3	展开轮质量	12.214g
动摩擦系数 μ_k	0.3～0.1	展开轮转动惯量	118.57g · mm^2
钢球半径 r	8mm	钢球转动惯量	428.5696g · mm^2

4.6　展开机构模型求解

4.6.1　展开机构动力学方程分析

钢球展开机构运动微分方程是二阶常微分方程，这种方程通常采用数值分析的方法，数值分析步骤如图 4.30 所示。

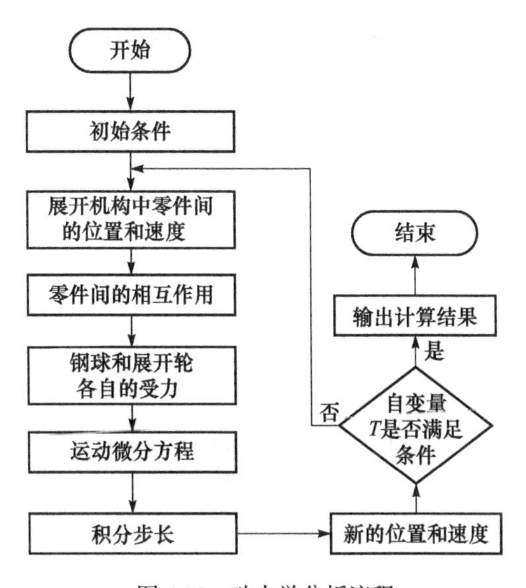

图 4.30　动力学分析流程

由给定的钢球展开机构各零件的几何尺寸形状、运动关系和初始位置，首先进行运动学分析，得到理想状态下的钢球与展开轮接触过程中接触位置的变化规律及钢球球心位置的空间位移量，即得到展开机构中展开轮、钢球和支撑轮的相对位置、速度关系，作为动力学分析中初始条件判定的依据。根据零件间几何分析中的相对位置关系计算钢球和展开轮上的作用力，求得每个零件上的作用力；然后采用四阶龙格库塔（R-K）法对运动微分方程进行积分求解，得到钢球展开轮的运动参数变化规律。

利用数值分析软件 MATLAB 对钢球展开机构运动微分方程进行数值模拟计算，微分方程是二阶常微分方程，采用降阶的方法将二阶微分方程转换成两个一阶形式的微分方程组后再进行计算。由于实际过程中的运动微分方程形式较为复杂，很难得到准确的解析解，通常是通过计算近似的数值解拟合得到方程解。常用的数值解法有 Euler 法、向后 Euler 法和 R-K 法，其中 R-K 法计算精度相对较高，因此数值分析采用四阶 R-K 法进行计算。

4.6.2　钢球展开过程动力学特性

通过对微分方程的数值分析，并结合相关参数变化曲线，研究钢球展开过程中的动力学特性。

图 4.31 为钢球展开过程中钢球球心在 x 轴方向的位移变化曲线。

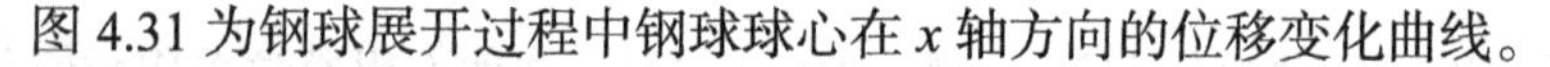

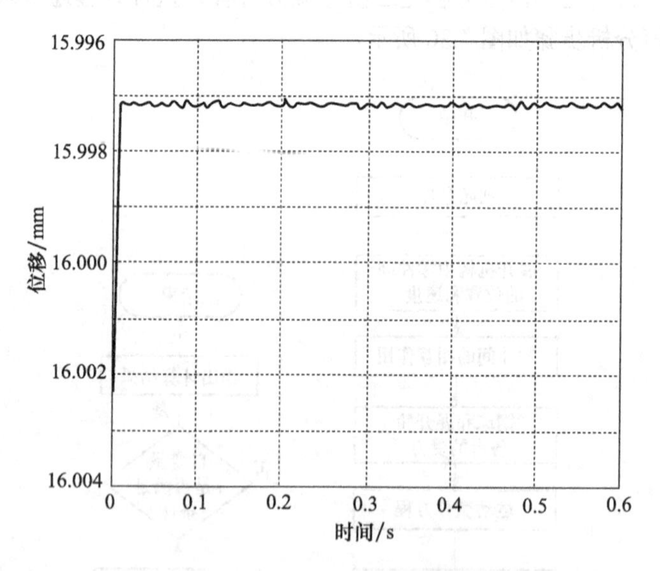

图 4.31　球心位移变化曲线

由图 4.31 可以看出，钢球球心在 x 轴方向初始时刻由于在弹簧力作用下与驱动轮产生碰撞，发生弹性变形，变形量达到最大值后在钢球展开过程中趋于稳定。由于钢球在理论上相对驱动轮并无移动，该位移变化曲线也是钢球与驱动轮弹性变形量的变化曲线，根据弹性变形量可以看出，钢球与展开轮始终保持接触。

图 4.32 为钢球与驱动轮之间的相互作用力变化曲线。

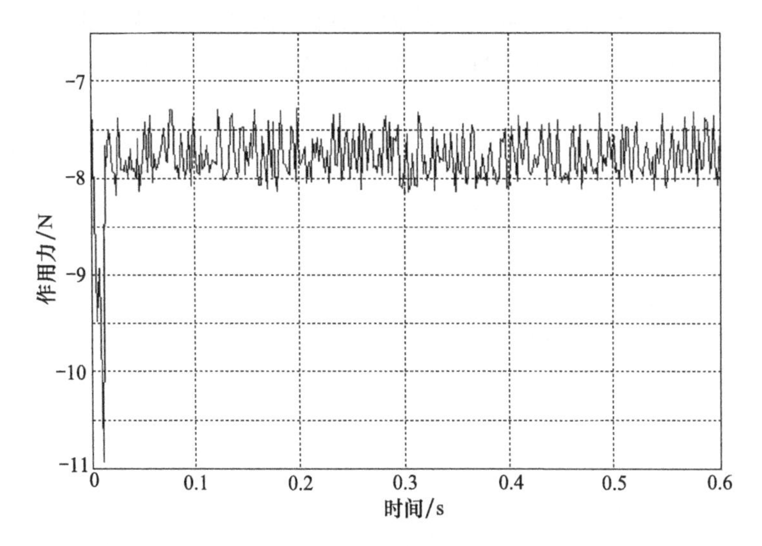

图 4.32　钢球与驱动轮作用力关系曲线

根据图 4.32 所示的作用力变化曲线可以得到钢球与驱动轮之间作用力的变化情况，根据接触区的曲线才可以分析摩擦接触过程中是否存在滑动现象。

图 4.33 为展开轮旋转轴在 x 轴方向的位移变化曲线。

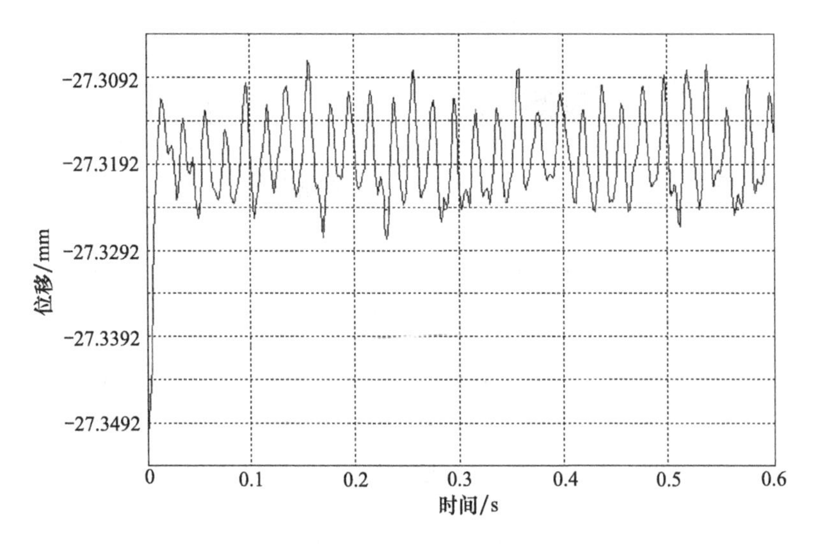

图 4.33　展开轮 x 轴方向位移

由图 4.33 可以看出，展开轮转轴的位移变化曲线波动明显，钢球球心的位移变化大。根据前面的运动分析可知，展开轮与钢球在保持接触状态的情况下，球心与展开轮旋转轴的距离是变化的，在弹簧力的作用下，展开轮与钢球的弹性变形量也在变化，因此展开轮的位移波动明显高于球心的位移波动，展开轮与钢球接触区更容易发生滑动。图 4.34 为钢球与展开轮在接触点处的相对速度变化。

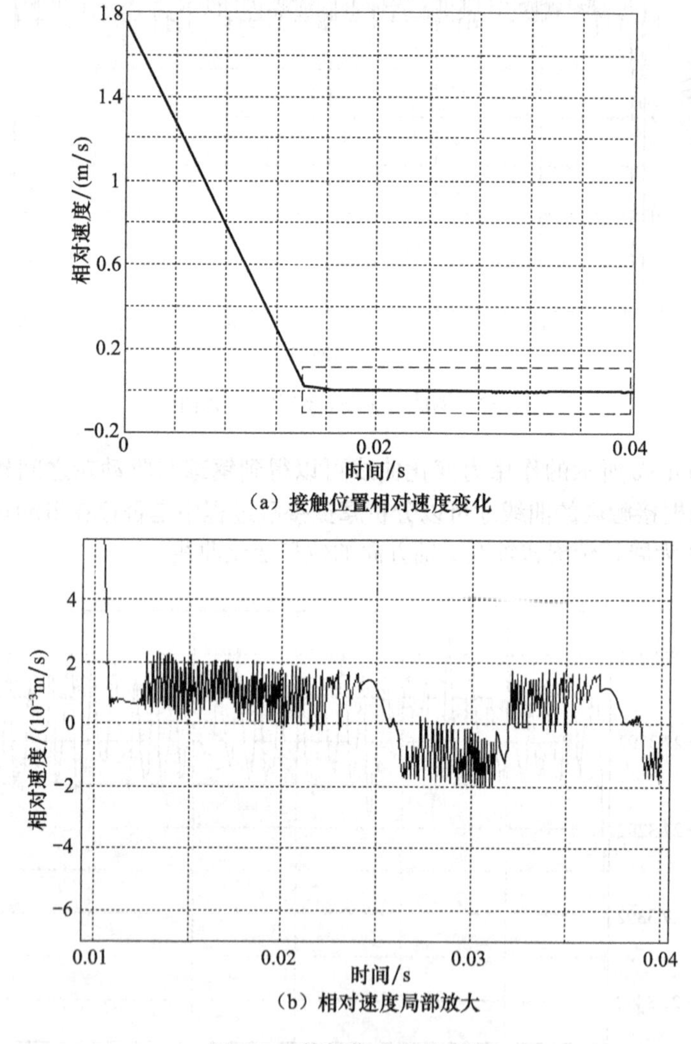

（a）接触位置相对速度变化

（b）相对速度局部放大

图 4.34　接触位置相对速度

由图 4.34 可以看出，在钢球表面展开过程中，展开轮与钢球接触分为两个阶段：展开轮与钢球初接触时（滑动摩擦），展开轮与钢球转速不一致，在接触点处发生滑动，在摩擦力作用下，展开轮和钢球转速会趋于相等；展开轮与钢球在接触点处的相对速度趋于零，根据设置的摩擦模型滑动速度值可以判定摩擦形式以静摩擦为主。

理想状态下，不考虑接触力变化，在驱动轮不同转速下接触点处的摩擦力如图 4.35 所示。

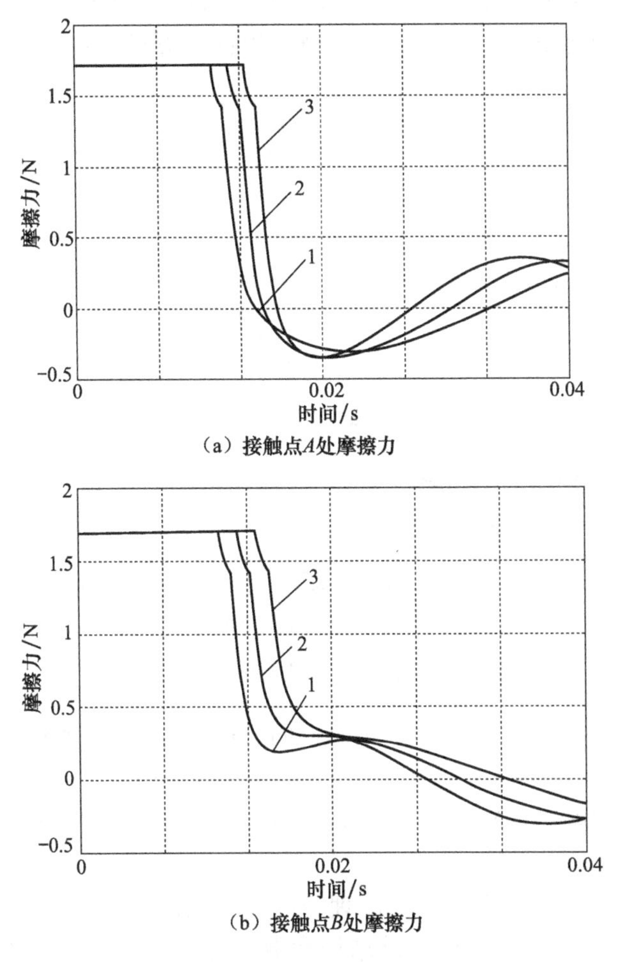

（a）接触点*A*处摩擦力

（b）接触点*B*处摩擦力

图 4.35　接触点处摩擦力

1. 2700r/min；2. 3000r/min；3. 3300r/min

由图 4.35 可以看出，在驱动轮不同转速条件下，在接触点 *A*、*B* 处摩擦力发生变化。根据变化曲线可以看出，钢球在展开轮初始接触时，摩擦力保持不变，此时摩擦为滑动摩擦，当接触点处相对滑动速度逐渐减小直至趋于零时，摩擦变为静摩擦，此时展开轮开始有效工作，钢球表面开始展开，该阶段的摩擦变化为不发生滑动的条件下钢球展开所需的摩擦力。

在稳定阶段，接触点 A、B 处摩擦力以相反的规律变化，这样展开轮两侧在接触点处对钢球产生一个使其侧向翻转的力矩，并且力矩方向周期性变化，使钢球可以侧向交替翻转；摩擦力变化幅值存在较小差异，这是因为展开过程进入稳定阶段后，钢球侧向翻转的速度相较于主旋转方向运动数值很小，而摩擦力变化主要与侧向翻转速度有关，驱动轮转速对摩擦力的影响很小[34]。

图 4.36 为驱动轮转速对钢球与展开轮接触变形量的影响。

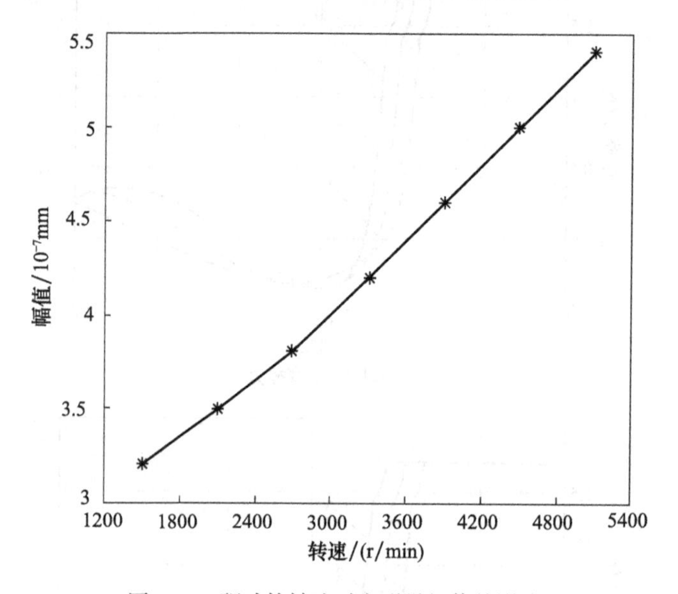

图 4.36　驱动轮转速对变形量幅值的影响

由图 4.36 可以看出，随着驱动轮转速提高，钢球与展开轮接触变形量变化幅值也变大，而变形量大小影响展开轮对钢球的法向接触力大小，从而影响摩擦力数值大小，若变形量幅值过大，将会导致钢球与展开轮接触点处出现滑动摩擦，影响钢球展开。

最后，根据前述对钢球展开原理与展开方法的分析，以及通过对钢球展开机构的分析得到的相关结论及结构参数进行结构设计，并搭建物理样机。其中物理试验观测平台主要分为四个部分：展开轮、支撑轮、驱动轮和待测钢球。为得到更加准确的仿真结果，需要提高模型几何尺寸的精度，尤其在对展开轮进行模型建立时，应重点保证展开轮两侧圆锥的轴线与展开轮回转轴线的夹角，以及圆锥顶点到回转中心点的距离相等，并保证展开轮及支撑轮构件的合理性，满足展开装置的运动条件。图 4.37 为钢球缺陷检测装置示意图。

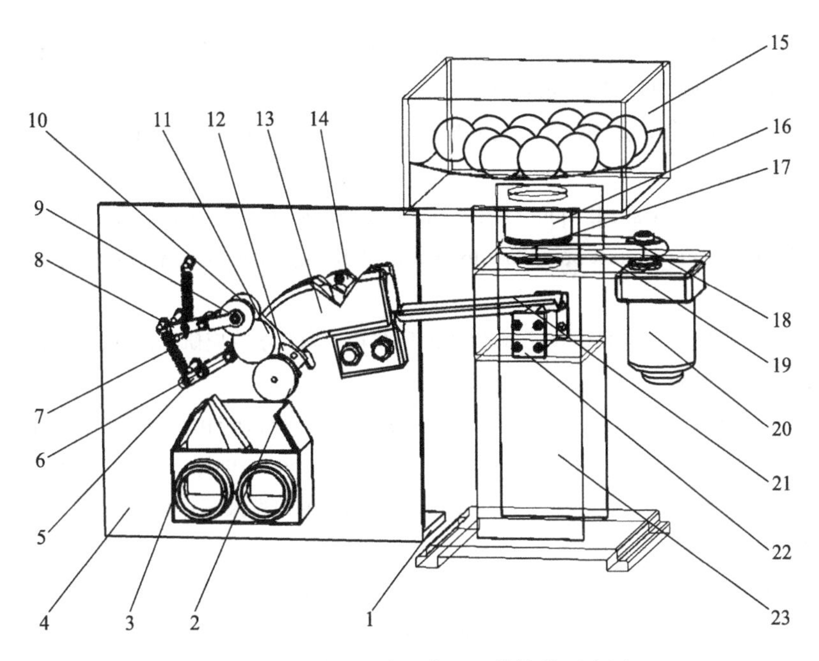

图 4.37　钢球缺陷检测装置整体结构示意图

1. 固定底座；2. 驱动轮；3. 分选机构；4. 固定面板；5. 支撑轮连杆；6. 支撑轮；7. 弹簧；8. 展开轮连杆；9. 轴承；10. 展开轮；11. 钢球；12. 进球器；13. 进球通道；14. 分离器；15. 进料箱；16. 推力轴承；17. 大带轮；18. 小带轮；19. 圆形带；20. 电机；21. 进球架桥；22. 桥架；23. 支撑架

参 考 文 献

[1] Ding Q, Zhai H M. Progress in the research on dynamics of mechanical system friction. Chinese Journal of Theoretical and Applied Mechanics, 2013, 43(1): 112-131.

[2] 赵彦玲，夏成涛，王弘博，等. 钢球展开过程运动学与动力学特分析. 机械工程学报，2015，51（20）：186-192.

[3] Bogdanski S, Olzak M, Stupnicki J. Numerical stress analysis of rolling contact fatigue cracks. Wear, 2006, 191(1-2): 14-24.

[4] 张书瑞，李霞，温泽峰，等. 具有曲面接触斑弹性体滚动接触理论及其数值方法. 工程力学，2013，30（2）：30-37.

[5] Kuminek T, Aniolek K. Methodology and verification of calculations for contact stresses in a wheel-rail system. Vehicle System Dynamics, 2014, 52(1): 111-124.

[6] Goodman L E. Contact stress analysis of normally loaded rough spheres. Journal of Applied Mechanics, Transactions ASME, 1962, 29(9): 515-522.

[7] 李显方. Hertz 接触问题的解的唯一性条件. 应用力学学报，1994，11（1）：114-117.

[8] 楼小玲，鲍雨梅，柴国钟，等．基于Hertz接触理论的涂层界面应力分析．浙江工业大学学报，2006，34（5）：563-566．

[9] 吴飞科，罗继伟，张磊，等．关于Hertz点接触理论适用范围的探讨．轴承，2007，5：1-3．

[10] Fischer F D, Wiest M. Approximate analytical model for Hertzian elliptical wheel rail or wheel crossing contact problems. Journal of Tribology, Transactions ASME, 2008, 138(4): 887-889.

[11] 王涛，傅行军．基于Hertz接触模型的碰摩转子动力学响应研究．汽轮机技术，2009，51（1）：39-41．

[12] Sackfield A, Hills D A. Some useful results in the tangentially loaded Hertzian contact problem. Journal of Strain Analysis for Engineering Design, 1983, 18(2): 107-110.

[13] 金栋平，胡海岩，吴志强．基于Hertz接触模型的柔性梁碰撞振动分析．振动工程学报，1998，11（1）：49-54．

[14] Pandiyarjan R, Starvin M S, Ganesh K C. Contact stress distribution of large diameter ball bearing using Hertzian elliptical contact theory. Proceedings of International Conference on Modeling Optimization and Computing, Kumarakoil, 2012, 38: 264-269.

[15] 高奇，贾建援．基于Hertz接触理论的纳观摩擦机理研究．机械设计与制造，2007，2：7-9．

[16] Zhao Y L, Xia C T, Wang H B, et al. Analysis and numerical simulation of rolling contact between sphere and cone. Chinese Journal of Mechanical Engineering, 2015, 28(3): 521-529.

[17] Jiang Y Y, Xu B Q, Sehitoglu H. Three-dimensional elastic-plastic stress analysis of rolling contact. Journal of Tribology, Transactions ASME, 2002, 124(4): 699-708.

[18] Sakaguchi T, Ueno K. Dynamic analysis of cage behavior in a cylindrical rearing. NTN Technical Review, 2004, 71: 8-17.

[19] Zhupanska O I, Ulitko A F. Contact with friction of a rigid cylinder with an elastic half-space. Journal of the Mechanics and Physics of Solids, 2005, 53(5): 975-999.

[20] Spence D A. Self similar solutions to adhesive contact problems with incremental loading. Proceeding of the Royal Society, Series A: Mathematical and Physical Sciences, London, 1968, 305(1480): 55-80.

[21] 王文建，郭俊，刘启跃．轨道结构参数对轮轨滚动接触应力影响．机械工程学报，2009，45（5）：39-44．

[22] 温泽峰，金学松．两种型面轮轨滚动接触蠕滑率/力的比较．工程力学，2002，19（3）：82-89．

[23] 金学松，温泽峰，张卫华．两种型面轮轨滚动接触应力分析．机械工程学报，2004，40（2）：5-11．

[24] 刘秀海. 高速滚动轴承动力学分析模型与保持架动态性能研究. 大连：大连理工大学博士学位论文，2011.

[25] Kalker J J. Three-dimensional Elastic Bodies in Rolling Contact. Dordrecht: Kluwer Academic Publishers, 1990.

[26] Popov V L. Contact Mechanics and Friction: Physical Principles and Applications. Berlin: Springer, 2011.

[27] 陶功权，李霞，温泽峰，等. 两种轮轨接触应力算法对比分析. 工程力学，2013，30（8）：229-235.

[28] 武倩倩，杨前明，张华宇，等. 微型钢球表面展开和缺陷检测装置控制系统的设计. 应用技术，2012，39（4）：47-50.

[29] 王义文. 钢球表面缺陷检测关键技术研究及样机研制. 哈尔滨：哈尔滨理工大学博士学位论文，2010.

[30] Chaudhry V, Kailas S V. Elastic-plastic contact conditions for frictionally constrained bodies under cyclic tangential loading. Journal of Tribology, Transactions of the ASME, 2014, 136(1): 249-256.

[31] Johnson K L. Contact Mechanics. Cambridge: Cambridge University Press, 2003.

[32] 赵彦玲，李积才，赵志强，等. 钢球展开机构的接触碰撞特性. 哈尔滨理工大学学报，2015，6：37-41.

[33] 潘洪平，董申，梁迎春. 钢球表面质量评价系统. 轴承，2000，7：30-35.

[34] 赵彦玲，车春雨，铉佳平，等. 钢球全表面螺旋线展开机构运动特性分析. 哈尔滨理工大学学报，2013，18（1）：37-40.

第 5 章　展开机构驱动面微结构摩擦磨损性能

钢球检测机构驱动面的摩擦磨损性能直接影响检测的精度。本章通过对检测机构驱动面摩擦力学特性和摩擦传动特性的分析，对驱动面磨损机理进行分析，确定驱动面磨损的原因。根据驱动面的磨损原因分析，提出改善驱动面摩擦性能的原理和方法，即通过在驱动面添加微结构的方法，达到提高驱动面抗磨损性能的目的。针对 45 钢和 T10A 材料基体驱动面微结构进行优选，获得各因素与磨损深度和摩擦系数的关系，同时在无润滑条件下，以滑动磨损使用最广泛的 Archard 模型为基础，结合驱动面受力特性及运动特性，建立驱动面的磨损模型；通过几何分析计算确定驱动面的磨损阈值，提出一种驱动面寿命预测的方法[1]。

5.1　检测机构摩擦动力学特性

5.1.1　展开机构运动特性

展开机构工作时，钢球与展开轮的两个工作表面分别有两个接触点 A、B，由于展开轮非对称圆锥面的结构，展开轮转动过程中，两个圆锥面与钢球存在两个极限接触位置，即左极限位置和右极限位置。其中，左极限位置是钢球与左侧圆锥面接触点到圆锥顶底的距离最大的位置，如图 5.1（a）所示；右极限位置是钢球与右侧圆锥面接触点到圆锥顶底的距离最大的位置，如图 5.1（b）所示，

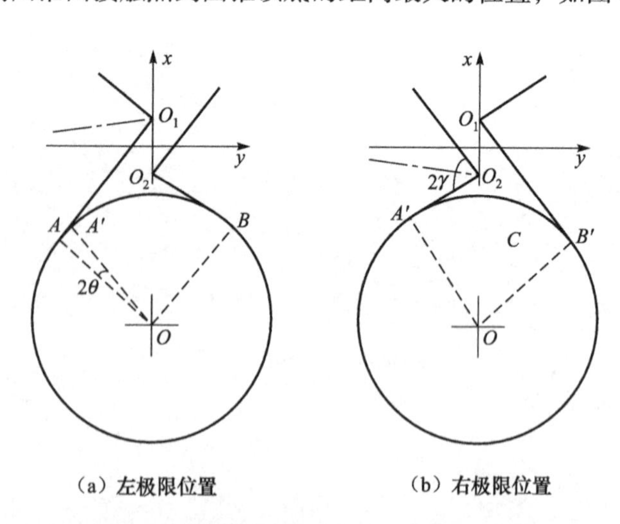

（a）左极限位置　　（b）右极限位置

图 5.1　球体与展开轮两极限接触位置示意图

两个位置关于展开轮的中线对称。这两个极限位置将展开轮转过一个周期 T（即展开轮转动一周的时间）的运动分成两个部分，即由左极限位置到右极限位置的过程，以及右极限位置回到左极限位置的过程，这两个过程是对称的反过程，每个过程历时都是展开轮转动周期 T 的 1/2。

由图 5.1（a）可知，接触点左、右极限位置关于 x 轴对称，若锥面顶角为 2γ 取 90°，锥面轴线偏角为 θ，则根据几何关系可以推得，钢球由左极限位置转到右极限位置的转角为 2θ（图中 OA 和 OA' 的夹角），即两个过程中，钢球相对于球心转过的角度都是 2θ，则展开轮转过一个周期的过程中，钢球在展开运动方向转过的角度为 4θ。

5.1.2　展开机构摩擦力学特性

由检测机构工作原理可知，钢球做展开运动的自由度由展开轮驱动面提供，因此本节以钢球和展开轮驱动面为对象，说明驱动面的摩擦受力特性，而不考虑钢球与驱动轮之间的摩擦作用。由于钢球与驱动面时刻接触，所以钢球受驱动面的摩擦力作用，且两侧摩擦力方向都指向下一个接触位置。如图 5.2（a）所示，假设机构初始运动位置位于钢球与展开轮左极限接触位置，则前 $T/2$ 的运动过程中，钢球受展开轮驱动面提供的两个摩擦力 F_1、F_2 以及关于球心的力矩 M_z，相当于使球体获得转速的动力矩，使球体具有绕 z 轴转动的角加速度 σ_z，并且当球体运动至右极限位置时，在 σ_z 的加速作用下，拥有绕 z 轴转动的最大角速度 ω_z。后 $T/2$ 的运动过程中，接触点的变化规律与前 $T/2$ 对称相反，因此在后 $T/2$ 运动过程中，钢球受驱动面摩擦力作用。如图 5.2（b）所示，此时这两个摩擦力相对于球心的转矩方向与前半周期结束时钢球的角速度方向相反，则在后半周期中，钢球受到的摩擦力矩相当于阻力矩，使球体继续绕 z 轴做减速运动，直到运动至初始位置时速度为零，即回到初始状态下一个周期开始。

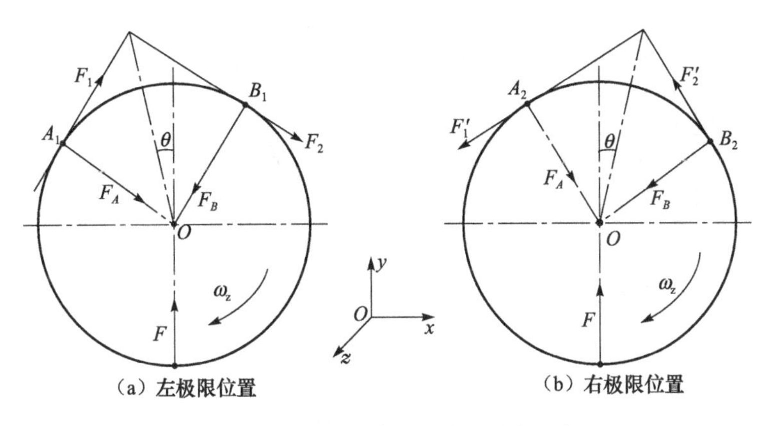

图 5.2　展开轮与球体极限位置受力示意图

任意时刻钢球受到的两驱动面及驱动轮的正压力满足静力平衡关系，此时假设钢球与展开轮接触位于左极限位置时偏角 θ 为正，且任意时刻展开轮驱动面轴与回转轴线夹角为 φ（取值范围 $-\theta\sim\theta$），则钢球受力的平衡关系为

$$\begin{cases}F_A\sin(\gamma+\varphi)=F_B\sin(\gamma-\varphi)\\F_A\cos(\gamma+\varphi)+F_B\cos(\gamma-\varphi)=F\end{cases}\tag{5.1}$$

式中，F_A 为 A 点正压力；F_B 为 B 点正压力；F 为驱动轮正压力。根据式（5.1）可以推得两接触点正压力分别为

$$\begin{cases}F_A=\dfrac{F\sin(\gamma-\varphi)}{\sin(2\gamma)}\\F_B=\dfrac{F\sin(\gamma+\varphi)}{\sin(2\gamma)}\end{cases}\tag{5.2}$$

驱动面给钢球的摩擦力对于球心的转矩 M_z 为

$$M_z=(F_A+F_B)\cdot f\cdot R\tag{5.3}$$

结合式（5.3）可以推得转矩 M_z 的表达式为

$$M_z=F\cdot f\cdot R\frac{\cos\varphi}{\cos\gamma}\tag{5.4}$$

式中，f 为驱动面摩擦系数；R 为钢球半径。

由展开轮的结构可知，当 $\theta=1°$ 时，M_z 的最大变化量 ΔM_z 为

$$\Delta M_z=F\cdot f\cdot R\,(\cos0°-\cos1°)\approx0.00015\cdot F\cdot f\cdot R\tag{5.5}$$

转矩变化量 ΔM_z 非常微小，因此可以近似认为在半周期内钢球受到的转矩不变，即半周期内角加速度不变，则钢球展开运动角速度曲线如图 5.3 所示。

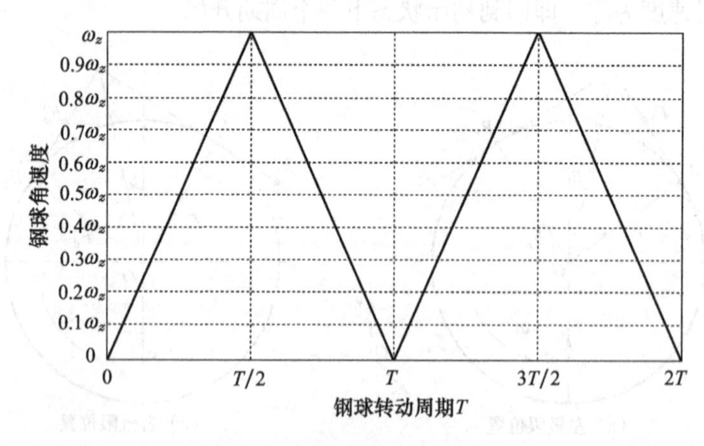

图 5.3　钢球角速度曲线

由运动分析可知，钢球在驱动面作用下半周期内转过的角度为 2θ，那么根据速度曲线的特性可以推得钢球转角 θ、转动周期 T 和角加速度 σ_z 应满足的关系为

$$2\theta = \frac{1}{2} \cdot \frac{T}{2}\omega_z \tag{5.6}$$

$$\omega_z = \sigma_z \cdot t \tag{5.7}$$

则由式（5.6）和式（5.7）可以推导出角加速度 σ_z 的计算公式为

$$\sigma_z = \frac{16\theta}{T^2} \tag{5.8}$$

根据图 5.3 中角速度曲线特性可以推得，角速度曲线同横轴夹角 β 与角加速度 σ_z 应满足的关系为

$$\tan\beta = \sigma_z \tag{5.9}$$

由机构分析可知，整个机构由驱动轮带动，通过接触摩擦力传递运动，因此在驱动轮高速转动的同时，展开轮与钢球同样具有很高的转速，所以展开轮转过一个周期的时间 T 非常小，根据实际驱动面的转速范围为 3000～6000r/min，取驱动面最小转速 3000r/min，θ 取 1°，则通过计算可以求得该夹角 $\beta = 89.98°$。

由于 β 值无线趋近于 90°并且钢球角速度变化周期极短，钢球展开角速度微分曲线如图 5.4 所示。

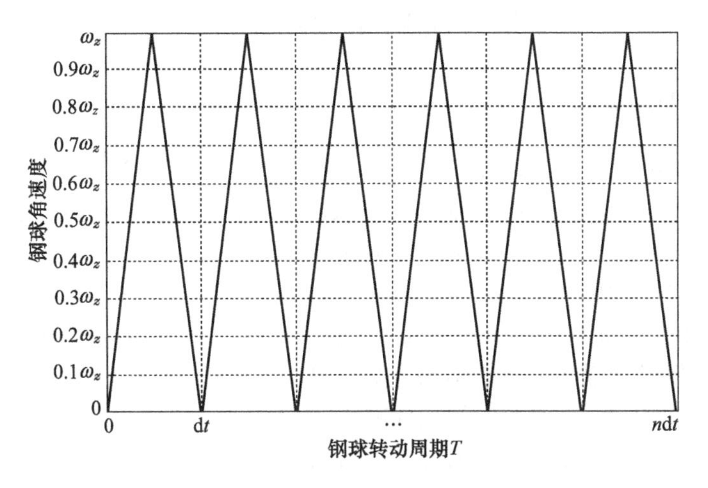

图 5.4　钢球角速度微分曲线

由图 5.4 可知，钢球在极小的时间间隔 dt 内获得角速度，该变化过程时间极短，相当于突变的过程，因此需要在短时间内获得较大的角加速度，角加速度也相当于突变，而角加速度由驱动面与钢球接触点的摩擦力矩提供，由此可知，

钢球与驱动面接触点处的正压力可以看做瞬时增加或减小的变化量很大的循环变化力[2, 3]。

5.1.3 驱动面摩擦形式

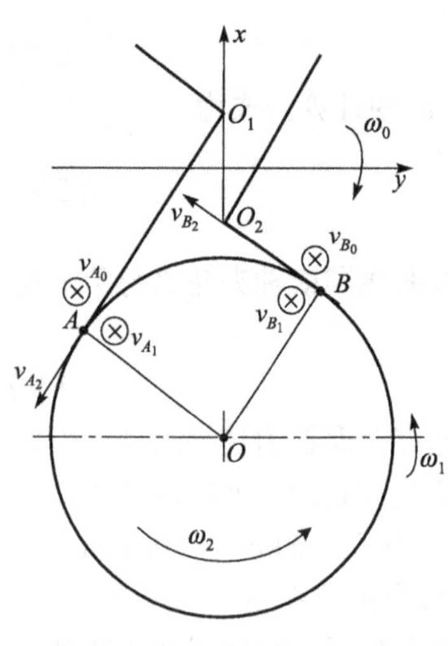

图 5.5　接触点速度示意图

钢球检测机构的驱动面是整个机构中最易损的表面，由于机构摩擦传动的特性，钢球与驱动面形成该机构特有的接触摩擦形式[4]。

由驱动面摩擦动力学特性可知，钢球与驱动面接触时，驱动面具有一个绕 y 轴转动的自由度 ω_0，该自由度使驱动面与钢球两个接触点处分别具有两个线速度 v_{A_0}、v_{B_0}。而在接触点处，钢球同时具有主运动自由度 ω_1 和展开运动自由度 ω_2，且这两个自由度方向垂直，则这两个自由度使钢球在与驱动面两个接触点处分别具有两个互相垂直的线速度，即 v_{A_1}、v_{A_2} 和 v_{B_1}、v_{B_2}，由此可知在接触点处，钢球与驱动面的瞬时速度不相同，存在切向滑动，即钢球与驱动面之间的运动形式为滚动兼滑动的摩擦运动，如图 5.5 所示。

5.2 检测机构摩擦传动特性分析

5.2.1 驱动面磨损形式及机理

由图 5.4 可以看出，钢球在极短的半周期 $\mathrm{d}t$ 内获得角速度 ω_z，根据角速度与角加速度的关系可知，半周期内产生该角速度 ω_z 的角加速度 σ_z 也很大。由图 5.2 可知，角加速度主要由驱动面与钢球间的摩擦力矩 M_z 提供。由式（5.4）可知，转矩 M_z 最终由驱动面与钢球间的正压力提供，而由机构摩擦动力学特性分析结果可知，驱动面与钢球间的正压力是瞬时增加或减小的循环变化力，因此根据作用力与反作用力的原理，可以推断驱动面同样受周期性循环变化的压力作用[5]。钢球与驱动面时刻为点接触形式，则钢球与驱动面接触面积可以由 Hertz 接触理论中的球体与面接触模型进行求解，如图 5.6 所示。

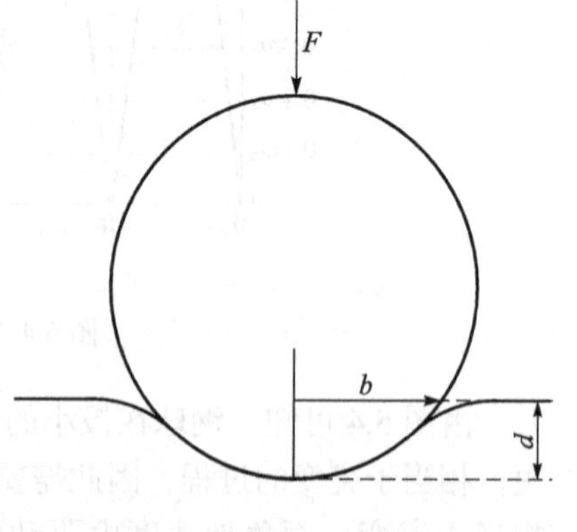

图 5.6　球体与面接触模型

由图 5.6 可知，一个半径为 R 的球体在一个弹性面上压出凹痕的深度为 d，产生的接触区域半径为 b 时，可以得到接触区域半径 b 为

$$b=\sqrt{Rd} \tag{5.10}$$

正压力 F 的计算公式为

$$F=\frac{4}{3}E^{*}R^{1/2}d^{3/2} \tag{5.11}$$

式中，E^{*} 为综合弹性模量，其计算公式为

$$\frac{1}{E^{*}}=\frac{1-\upsilon_1^2}{E_1}+\frac{1-\upsilon_2^2}{E_2} \tag{5.12}$$

式中，E_1、E_2 分别为两个接触体的弹性模量；υ_1、υ_2 分别为两个接触体的泊松比。

则由式（5.10）～式（5.12）可以求得接触面积 A 为

$$A=\pi\bullet\left(\frac{3F\bullet R}{4E^{*}}\right)^{2/3} \tag{5.13}$$

假设钢球与驱动面的弹性模量相同，均为 207GPa，泊松比均为 0.3，则根据式（5.13）可以求得钢球与驱动面的接触面积 A' 为

$$A'=\pi\bullet 3.3\times 10^{-10}(F\bullet R)^{2/3} \tag{5.14}$$

由式（5.14）可知，钢球与驱动面之间的接触面积非常小，这就导致接触点的应力很大，所以钢球相对运动过程中，驱动面时刻受周期性变化的很大的接触应力的作用，经过一定时间后必然导致磨损失效。

较钢球硬度，驱动面材料的硬度相对较小，因此驱动面在较大应力作用下极易造成黏着磨损，并且随着磨损过程的继续，产生的磨屑若不及时排出接触区域，又会使磨屑充当磨粒产生磨粒磨损[6]。所以，驱动面的磨损形式并不单一，是疲劳磨损、黏着磨损与磨粒磨损集中作用的综合表现。

疲劳磨损的机理主要是由于在循环接触应力的作用下，在表层内最大切应力位置处产生初始萌生裂纹，裂纹继续受到接触应力的作用，先沿着平行于表面的方向扩展，后向垂直于表面的方向扩展，最终以磨屑的形式剥落脱离表面形成凹坑，凹坑继续累积即为磨痕。检测机构驱动面就是由于在与钢球接触传动过程中受到了循环变化的接触应力，随着接触时间的增加产生疲劳磨损[7~9]。

黏着磨损主要是由于摩擦副表面相对滑动时，由于黏着效应形成的黏结点的剪切断裂，被剪切的材料脱落成磨屑，或者迁移到另一个表面形成磨痕。驱动面与钢球接触的过程中，由于驱动面的硬度比钢球小，所以在很大的接触应力作用下产生黏着磨损。

磨粒磨损主要是由于磨粒在载荷的作用下被压入摩擦表面，在材料表面形成

压痕，或在滑动时由于犁沟作用使表面形成槽形的磨痕。对于驱动面，随着疲劳磨损的加重，在接触位置或多或少地会产生磨屑，这些磨屑在接触点处应力的作用下再次压入驱动面，加重了驱动面的磨损程度。

5.2.2 驱动面磨损原因及解决方案

实际使用中，机构中驱动面磨损的剧烈程度远远大于一般滚动接触的摩擦副的磨损程度，这主要是由驱动面与钢球之间存在相对滑动造成的[10]。

由驱动面摩擦动力学及摩擦传动特性可知，钢球与驱动面速度不一致，存在切向滑动，导致钢球与驱动面之间的运动形式为滚动兼滑动的摩擦运动。

由疲劳磨损机理可知，材料表层最大切应力处首先形成初始萌生裂纹，如图 5.7 所示，由于驱动面存在切向滑动，将产生切向的摩擦力，该摩擦力使初始萌生裂纹更趋于表面，又由于摩擦力的方向与裂纹的扩展方向平行，这就加速了裂纹扩展的速度，进而更加快了疲劳磨损。另外，由于滑动的存在将同时伴有黏着磨损及磨粒磨损，所以较一般单纯滚动接触的摩擦副，其驱动面的磨损更为严重，寿命也更低，成为整个机构最易损的表面。

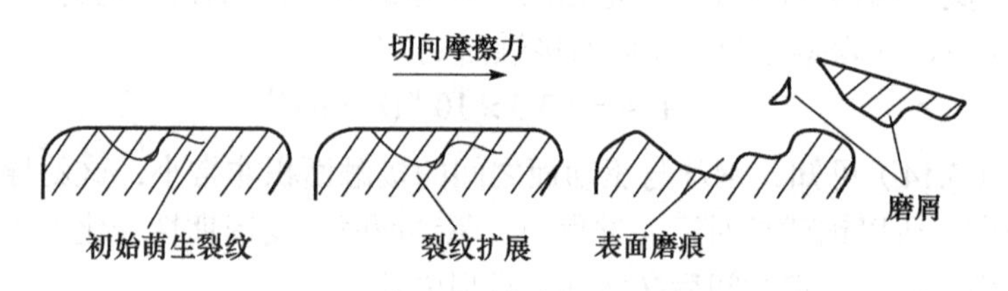

图 5.7　切向滑动摩擦力作用下的裂纹扩展

由钢球与驱动面的相对运动形式分析可知，导致驱动面磨损的主要因素有三个：第一是接触应力导致的初始萌生裂纹；第二是切向滑动摩擦导致裂纹的扩展；第三是因磨损产生的磨屑不能及时排除而导致的磨粒磨损。因此，降低驱动面的磨损需要从这三方面入手，即在保证足够的摩擦力使机构正常运转的前提下，减小驱动面的接触应力，并及时排除磨屑。

摩擦力 F_f 与接触点正压力 N 及摩擦系数 f 应满足的关系为

$$F_f = f \cdot N \tag{5.15}$$

根据式（5.15）可知，要保证足够的摩擦力又要减小接触正压力，则必须提高摩擦系数，并且要同时提高材料的抗磨损性能，使得在滚动兼滑动的摩擦运动条件下，驱动面磨损程度不会过高。

由驱动面磨损原因的分析，结合仿生摩擦学研究成果可知，在摩擦副表面添加微结构能够起到增强摩擦副抗磨损性能和提高摩擦系数的作用，并能够捕获一定量的磨屑。因此，将微结构添加于驱动面，通过对微结构参数的优选，使最优微结构驱动面起到增强材料表面抗磨损性能、提高摩擦系数，并及时排出磨屑的作用，进而改善驱动面的摩擦性能并提高寿命[11~13]。

考虑到加工精度问题，本章选用 45 钢和 T10A 这两种材料作为微结构摩擦磨损特性试件基体。其中，45 钢是常用的碳结构钢，经适当热处理后硬度可达到 55 HRC；T10A 是高级高碳工具钢，常用于制造车刀、刨刀、钻头等，耐磨性优良，经适当热处理后硬度可达到 58～64 HRC。

5.3　45 钢基体驱动面条纹微结构优选

依据驱动面磨损机理分析结果，保证驱动面正常传动的条件下降低驱动面的磨损，需要采用将微结构添加于驱动面的方法，达到提高表面摩擦系数和表面抗磨损性能的目的。因此，本节针对微结构的摩擦性能进行研究[14]，通过试验研究微结构参数对表面摩擦性能的影响规律，进而选择适用于驱动面的微结构最优参数。

5.3.1　45 钢微结构几何形态及参数选择

结合试验目的、前期试验条件及可加工性，以易于实现且效果较好的条纹微结构为对象，考察不同参数条纹微结构的摩擦性能[15]。

微结构参数的选择主要从以下几方面考察，首先从驱动面实际尺寸考虑，微结构的尺寸不宜过大，否则会影响材料表面的质量。其次考虑以往相关研究，对其进行参数的筛选及优选。最后考虑实际加工的可行性，使试件加工精度得以保证。结合以上因素，本试验中条纹微结构的参数如图 5.8 所示。其中，变量设定条纹倾角为 x_1，条纹边距为 x_2，条纹深度为 x_3，而条纹宽度 x_4 设为定值不作为因素进行考察，且 $x_4 = 0.2$mm。

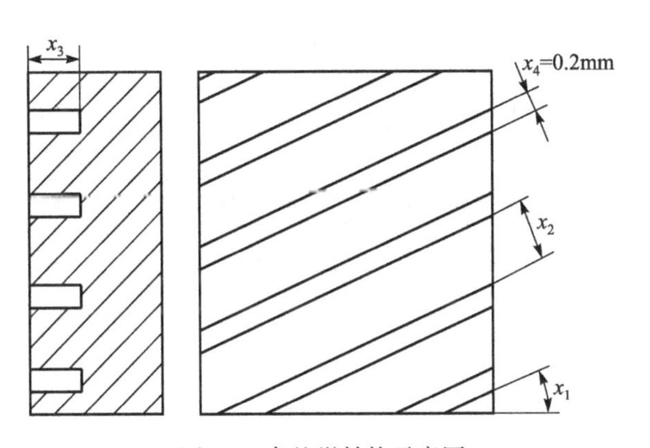

图 5.8　条纹微结构示意图

5.3.2 45 钢驱动面磨损试验

磨损试验属于损耗性试验，若试验方案不当，极易造成材料和时间的浪费，因此采用两种试验方法相结合的方式，即前期采用正交试验，根据前期试验结果优选试验参数再次进行试验。前期采用三因素四水平的正交试验形式即 $L_{16}(4^3)$，共计 16 种微结构参数的组合。

1. 试验因素及水平

根据试验研究所要应用的场合及试验目的，考察不同载荷、不同硬度下，微结构对材料表面摩擦性能的影响，因此试验以条纹的倾角（以下简称倾角）、条纹的边距（简称边距），以及条纹的深度（简称深度）作为因素[16]。

正交试验将 16 种参数的组合加工于 122 HB 硬度基体上，在 4 种载荷下进行考察，并以光滑试件作对比，正交试验因素及水平参数如表 5.1 所示。

表 5.1 正交试验因素水平表

水平	倾角 x_1/(°)	边距 x_2/mm	深度 x_3/mm
水平 1	0	0.2	0.1
水平 2	30	0.4	0.2
水平 3	60	0.6	0.3
水平 4	90	0.8	0.4

优选参数试验依据正交试验结果，将优选微结构参数加工于两种不同硬度基体上，在回转运动条件下对各参数进行考察。优选试验参数及试验条件如表 5.2 所示，每组试验均做 2 次取其平均值作为试验结果。

表 5.2 优选的微结构参数

硬度	122 HB			258 HB		
载荷/N	（1，2，3，4）			（2，4，5，7）		
编号	倾角 x_1/(°)	边距 x_2/mm	深度 x_3/mm	倾角 x_1/(°)	边距 x_2/mm	深度 x_3/mm
1	0	0.2	0.4	0	0.2	0.1
2	90	0.2	0.4	0	0.4	0.1
3	0	0.8	0.4	0	0.8	0.1
4	90	0.2	0.1	0	0.2	0.4
5	90	0.8	0.4	0	0.4	0.4
6	0	0.8	0.1	0	0.8	0.4

2. 试验材料及条件

正交试验试件材料及参数：钢球材料 GCr15，弹性模量 207GPa，泊松比 0.3，直径 $\Phi 6$；试件材料为 45 钢，整体为“凸”字形截面的板状结构，凸出部分为微结构区域，如图 5.9（a）所示。基体尺寸为 50mm × 38mm × 6mm，微结构区尺寸为 50mm × 10mm × 2mm，微结构区摩擦面经磨削处理，表面粗糙度 R_a = 0.2μm。

优选试验试件材料及参数：试件材料为 45 钢，整体为盘形，如图 5.9（b）和（c）所示，整体尺寸为 $\Phi 52 \times 9$mm，表面粗糙度 R_a = 0.2μm。

（a）正交试验试件

（b）122 HB硬度优化参数试验试件

（c）258 HB硬度优化参数试验试件

图 5.9　试件基体图

试验条件：干摩擦，温度 20℃。试验相对运动速度：往复滑动运动速度 0.2m/s，回转转速 800r/min。

3. 试验摩擦接触形式

驱动面与钢球之间的摩擦形式为滚动同时伴有滑动摩擦。由摩擦学原理可知，同等条件下滑动摩擦的磨损最为剧烈，滚动摩擦最小，而滚动兼滑动的摩擦介于二者之间。因此，本试验采用“放大”的思想，即考察微结构在滑动摩擦形式下的摩擦性能，此时所选择的最优微结构参数必然可以满足比滑动磨损程度小的滚动摩擦驱动面的摩擦性能要求[17~19]。

摩擦磨损试验的接触形式一般包括点接触和面接触，考虑钢球与驱动面为点接触形式，并且依靠摩擦进行传动，因此试验采用球与面的点接触，并选择无润滑的干摩擦试验。

4. 试验观察量及测定方法

试验中，对微结构尺寸参数的考察，以兼具较大的摩擦系数和较好的抗磨损性能为标准，而抗磨损性能由磨损量体现，即相同条件下磨损量小的微结构，抗磨损性能更好，因此试验考察量为摩擦系数和磨损量。

由于试验采用滑动摩擦形式，摩擦系数可以根据摩擦力与载荷的比值获得。在试验过程中，摩擦力由试验机的数据采集系统实时采集。磨损量需要在试验后，通过测量仪器、合理的测量方法以及必要的计算获得。

目前，测量磨损量的方法主要包括失重法、尺寸变化法、形貌测定法、刻痕测定法以及放射性同位素测定法等。考虑到试件材料为钢，测量失重法不适用，因此采用测量磨损深度的方法，分别测量磨损面与非磨损面的平均高度，再取其差值近似为磨损深度。

5.3.3　45 钢试验设备及装置

1. 摩擦磨损试验机

试验分别采用往复式摩擦磨损试验机（图 5.10）和回转式摩擦磨损试验台（图 5.11）。两种试验机均由机械部分、控制部分以及数据采集部分组成。

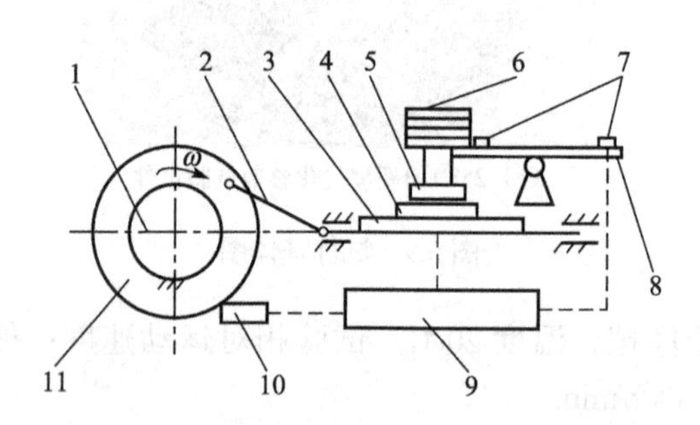

图 5.10　往复式摩擦磨损试验机示意图

1. 步进电机；2. 传力杆；3. 往复式工作台；4. 下试件；5. 上试件；6. 砝码；7. 传感器；8. 平衡杆；9. 计算机控制系统；10. 转速器；11. 偏心凸轮机构

往复式试验机机械部分主要由砝码盘、平衡杆、中间立柱、往复式工作台、传力杆及基体等组成；控制部分主要包括步进电机和偏心凸轮机构；数据采集部分包括与传力杆相接触的传感器及相关软件处理程序。摩擦力通过试件及传力杆传递给传感器，由相关处理程序进行采集和处理。

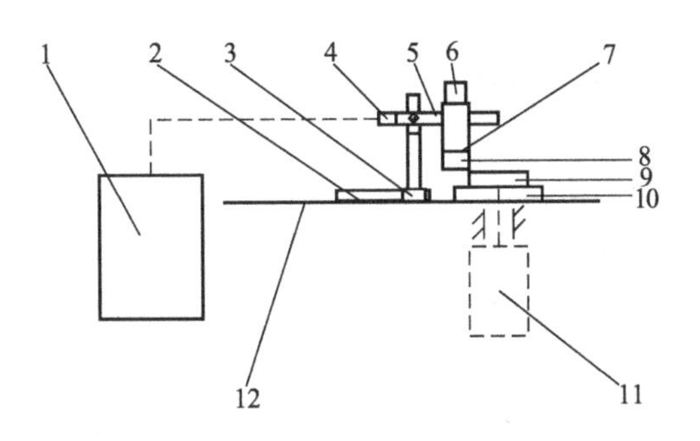

图 5.11　回转式摩擦磨损试验台示意图

1. 计算机控制系统；2. 调节丝杠；3. 滑块；4. 传感器；5. 传力杆；6. 砝码；7. 固定套；8. 上试件；9. 下试件；10. 试件紧固件；11. 电机；12. 工作台

回转式试验机机械部分主要由砝码盘、传力杆、工作台及调节丝杠等组成；控制部分是电机及其启动装置；数据采集部分包括与传力杆相接触的传感器及相关软件处理程序。传感器固连于调节丝杠的滑块上，可以通过调节滑块实现对不同尺寸试件的试验。试验中的摩擦力数据由传感器传递给数据采集系统，获得实时数据。

2. 磨损量测量设备

磨损量由磨损深度表征，磨损深度即磨损面与未磨损面的高度差。磨损面与未磨损面的高度由超景深三维数码显微镜测量（图 5.12），该显微镜可以进行二维测量及三维立体扫描，并且拥有配套的数据采集与处理系统，可以通过选择其自带的多种不同测量方式进行测量，精度最高可达 0.01μm。

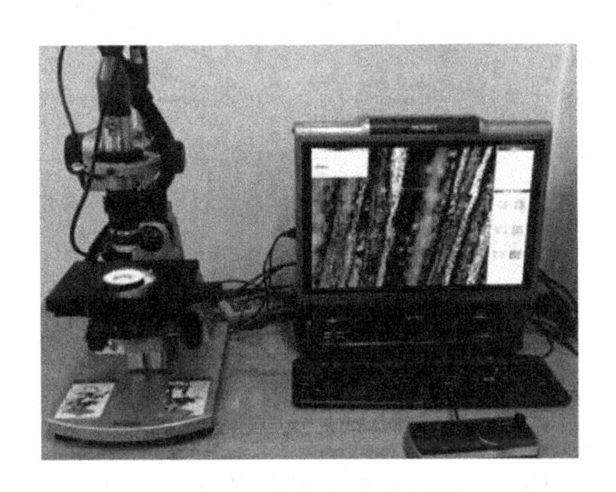

图 5.12　磨损面高度测量

采用拉线测量的方法，获得磨损面与非磨损面高度数据，并采用多次多位置测量取均值的方法减小测量误差。

5.3.4　45 钢试验结果及分析

1. 正交试验结果及分析

在三因素四水平正交试验中，取试件编号与试验号相同，则 17 组试件在 4 种不同载荷下的平均磨损深度和摩擦系数值随载荷的变化曲线如图 5.13 所示。

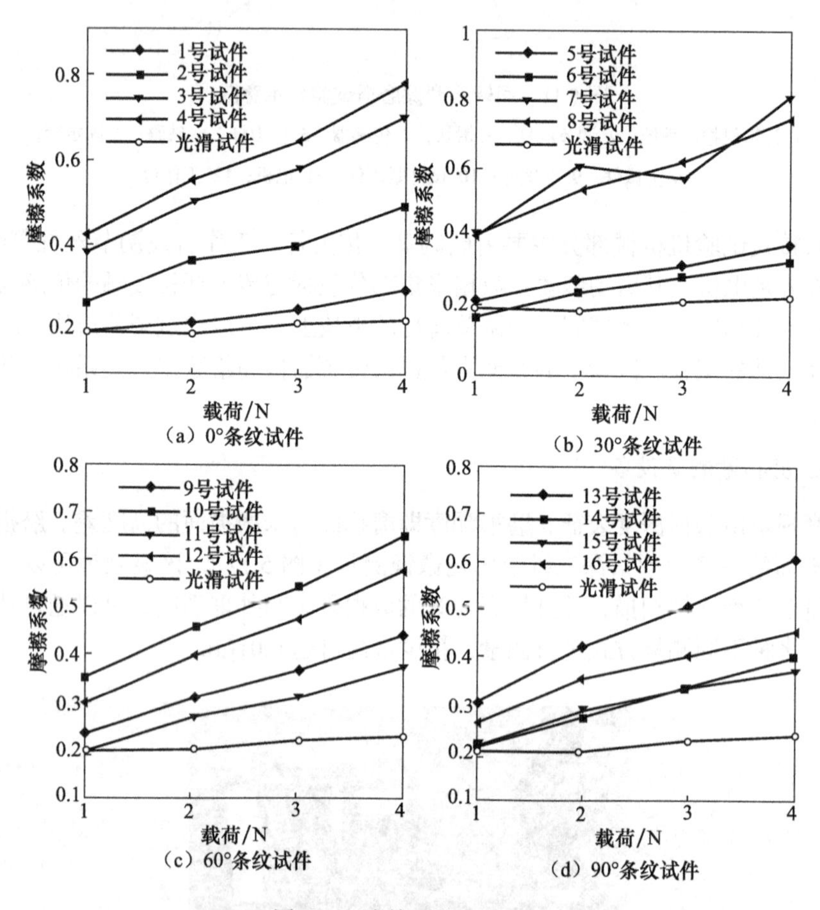

图 5.13　摩擦系数变化曲线

由图 5.13 可以看出，同一参数微结构试件的摩擦系数随着载荷的增加均有所增加；相同载荷下，不同微结构试件的摩擦系数各不相同；各个载荷条件下，微结构试件的摩擦系数均大于相同载荷下光滑试件的摩擦系数，由此可知微结构能够提高试件表面的摩擦系数[20~23]。

正交试验获得的数据均是有限的、离散的，因此采用多元线性回归分析方法处理试验数据，获得各因素与平均磨损深度和摩擦系数的回归方程，进而更直观地分析各因素对平均磨损深度和摩擦系数影响的规律。

依据试验获得的平均磨损深度结果，利用多元线性回归分析及 F 检验法，建立微结构试件的平均磨损深度 h 的回归方程。试件在 1～4N 载荷下平均磨损深度 h 的回归方程为

$$h_1 = -14.975 + 16.765x_1 + 14.38x_2 - 8.905x_3 \tag{5.16}$$

$$h_2 = -17.438 + 20.013x_1 + 17.728x_2 - 10.668x_3 \tag{5.17}$$

$$h_3 = -19.838 + 24.148x_1 + 20.753x_2 - 12.908x_3 \tag{5.18}$$

$$h_4 = -20.813 + 26.712x_1 + 22.873x_2 - 14.252x_3 \tag{5.19}$$

依据摩擦系数试验结果，同样采用多元线性回归分析及 F 检验法建立摩擦系数的回归方程。试件在 1～4N 载荷下摩擦系数 f 的回归方程为

$$f_1 = 0.084 - 0.023x_1 + 0.042x_2 + 0.062x_3 \tag{5.20}$$

$$f_2 = 0.121 - 0.030x_1 + 0.054x_2 + 0.079x_3 \tag{5.21}$$

$$f_3 = 0.116 - 0.031x_1 + 0.065x_2 + 0.098x_3 \tag{5.22}$$

$$f_4 = 0.155 - 0.041x_1 + 0.073x_2 + 0.118x_3 \tag{5.23}$$

以上方程的 F 统计量分别为 24.89、29、25.15、24.83、38.91、32.96、32.01、40.33。在显著性水平 α=0.01 时，查 F 分布表，得到 F 统计量为

$$F_{1-\alpha}(p, n-p-1) = F_{0.99}(3, 12) = 5.95 \tag{5.24}$$

由式（5.24）可知，各回归方程均是显著的，能够较好地反映试件磨损深度和摩擦系数随着条纹倾角、条纹边距和条纹深度的变化规律。

从回归方程可以看出，微结构参数对试件平均磨损深度的影响程度由大到小依次为倾角、边距和深度，并且平均磨损深度随着倾角和边距的增大而增大，随着深度的增大而减小；微结构参数对试件摩擦系数的影响程度由大到小依次为深度、边距和倾角，其中摩擦系数随着深度和边距的增大而增大，随着倾角的增大而减小。

2. 优选参数试验结果及分析

为了验证正交试验结果的可靠性，同时为了研究微结构参数对磨损深度和摩擦系数的影响规律随试件基体硬度的变化，采用优化参数试验进行验证和研究，即在正交试验后，依据试验结果优选出相应的试验参数在回转式试验台上进行试验。优化试验参数及条件已在试验因素及水平表 5.1 中列举，此处不再重复。122 HB 试件试验结果显示，在试件基体硬度 122 HB 条件下，各组微结构试件的磨损深度均小于相同载荷条件下光滑试件的平均磨损深度，同时相同载荷下，微结构试件的摩擦系数较光滑试件均有不同程度的提高。各组试件平均磨损深度和摩擦系数曲线如图 5.14 所示。

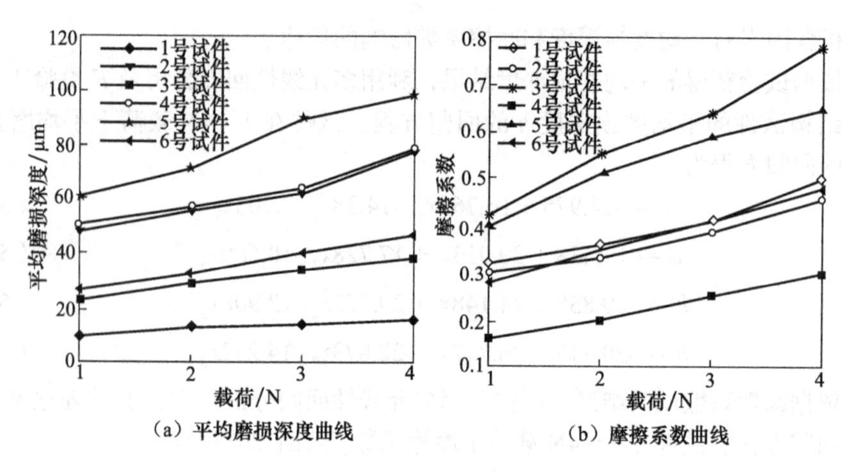

（a）平均磨损深度曲线　　（b）摩擦系数曲线

图 5.14　122 HB 试件结果曲线

随着载荷的增加，各组试件的平均磨损深度和摩擦系数都有所增加，但增加的幅度各不相同。为了考察各参数对平均磨损深度和摩擦系数的影响规律，将不同参数试件试验结果进行对比，对比参数及结果如表 5.3 所示。

表 5.3　122 HB 硬度试件试验结果对比表

<table>
<tr><th>对比组</th><th>变化量</th><th colspan="2">对比结果</th><th colspan="2">结论</th></tr>
<tr><td>1→2　3→5</td><td>倾角↑</td><td>磨损↑</td><td>系数↓</td><td colspan="2">若倾角↑，则磨损↑系数↓</td></tr>
<tr><td>1→3　2→5</td><td>边距↑</td><td>磨损↑</td><td>系数↑</td><td colspan="2">若边距↑，则磨损↑系数↑</td></tr>
<tr><td>2→4　3→6</td><td>深度↓</td><td>磨损↑</td><td>系数↓</td><td colspan="2">若深度↓，则磨损↑系数↓</td></tr>
<tr><td>4→5</td><td>边距↑深度↑</td><td colspan="2">磨损↑</td><td>边距>深度</td><td rowspan="2">磨损的影响程度
倾角>边距>深度</td></tr>
<tr><td>2→3</td><td>倾角↓边距↑</td><td colspan="2">磨损↓</td><td>倾角>边距</td></tr>
<tr><td>1→6</td><td>边距↑深度↓</td><td colspan="2">系数↓</td><td>深度>边距</td><td rowspan="2">系数的影响程度
深度>边距>倾角</td></tr>
<tr><td>1→5</td><td>倾角↑边距↑</td><td colspan="2">系数↑</td><td>边距>倾角</td></tr>
</table>

由表 5.3 中对比可知，在基体硬度 122 HB 时，试件平均磨损深度随着倾角和边距的增加而增加，随着深度的增加而减小，微结构参数对磨损深度的影响程度由大到小依次为倾角、边距和深度。摩擦系数随着倾角的增加而减小，随着深度和边距的增加而增加，各参数对摩擦系数的影响程度由大到小依次为深度、边距和倾角。该结果与正交试验结果一致，验证了正交试验结果的正确性。

在优选参数试验基础上进行 258 HB 硬度试件试验。根据试验结果绘制的各试件平均磨损深度和摩擦系数曲线如图 5.15 所示。

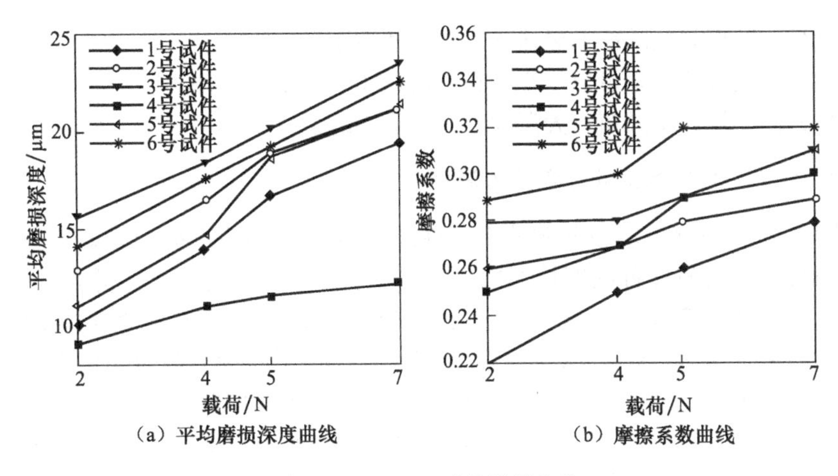

图 5.15 258 HB 试件结果曲线

各组试件的磨损深度和摩擦系数均随着载荷的增加而有所增加，但摩擦系数的增加幅度远小于 122 HB 硬度试件增加的幅度。

为了分析 258 HB 硬度下微结构参数对平均磨损深度和摩擦系数的影响规律，对该硬度试件的试验参数及结果进行对比，具体参数及结果如表 5.4 所示。

表 5.4 258 HB 硬度试件试验结果对比表

对比组	变化量	对比结果		结论
1→2→3 4→5→6	边距↑	磨损↑	系数↑	若边距↑，则磨损↑系数↑
1→4 2→5 3→6	深度↑	磨损↓	系数↑	若深度↑，则磨损↓系数↑
4→3	边距↑深度↓	磨损↑	系数↑	系数影响程度：边距>深度
6→1	边距↓深度↓	磨损↓	系数↓	磨损影响程度：边距>深度

由表 5.4 中对比可知，在基体硬度 258 HB 时，试件平均磨损深度随着边距的增加而增加，随着深度的增加而减小，对磨损深度的影响边距大于深度。摩擦系数随着深度和边距的增加而增加，对摩擦系数的影响程度边距大于深度，当边距由最大降低到最小，深度由最小到最大时，磨损量最大降幅为 11μm，而相同条件下微结构试件相对于光滑试件磨损深度的最小降幅为 21μm，表明试件微结构倾角是降低磨损深度的主要因素。同时，通过对摩擦系数的对比可知，相同条件下微结构试件的摩擦系数相差不大，但均大于光滑试件的摩擦系数，表明倾角同样是影响摩擦系数最大的因素。

两组优选参数试件试验结果分析表明，对于基体硬度 12 HB 和 258 HB 两种试件，微结构对试件平均磨损深度的影响规律一致，且均与正交试验结果相同。试件硬度 122 HB 时，深度对摩擦系数的影响程度更大；在试件硬度为 258 HB

时，倾角对摩擦系数的影响更显著，深度和边距影响较小。

根据两次试验结果可以推知，在不同试验条件下，适用于驱动面的微结构匹配类型相同，均为小倾角、大深度及中等边距的条纹。

3. 微结构对摩擦系数稳定性的影响

图 5.16 为正交试验不同载荷下试件的摩擦系数时间历程。可以看出，相同载荷条件下，光滑试件的摩擦系数小于微结构试件的摩擦系数，并且载荷较大时，光滑试件的摩擦系数振荡变化幅度较大，运动稳定性不及微结构试件。同时，在载荷分别为 3N 和 4N 时，光滑试件均出现了摩擦系数急剧增大的现象，即 3N 载荷时在 1500s 处摩擦系数由 0.3 突变至 0.9，4N 载荷时在 1400s 处摩擦系数由 0.26 突变至 0.85。这是由于表面层金属被磨掉，里层金属参与摩擦而导致的失效。相比之下，微结构试件在此时间段内依然保持在原摩擦系数变化范围内没有产生失效，说明同等条件下微结构试件的抗磨损性能更好。

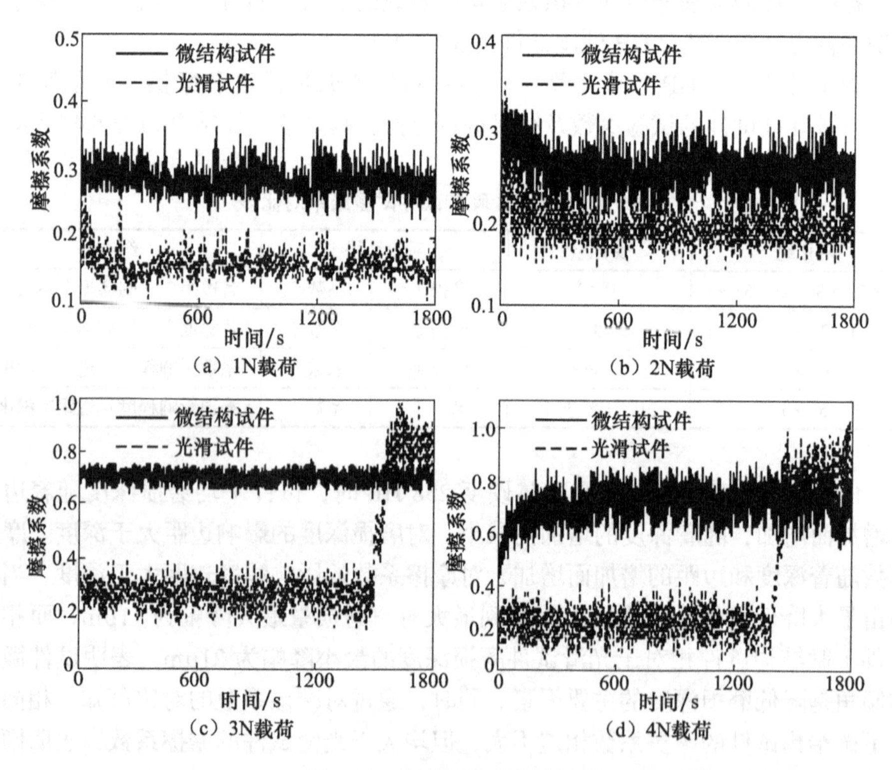

图 5.16 摩擦系数时间历程

4. 微结构改变材料摩擦性能的原因分析

条纹微结构改变材料摩擦性能的原因主要有以下几方面，首先，条纹微结构对裂纹的扩展具有阻碍作用，减小了由裂纹扩展导致的过度磨损。其次，条纹微结构的存在破坏了磨粒和磨屑运动的连续性，对磨屑的持续运动起到拦截的作用，减小了磨粒和磨屑对表面的划伤和犁沟作用，进而减轻了磨损程度。同时，凹陷试件表面的条纹微结构具有捕获磨屑的作用，进而减轻了由磨屑造成的三体磨损，增加了运动的稳定性并使得试件表面的磨损深度较光滑试件有所降低。同时，一方面试件表面的条纹微结构相当于增加了试件表面的粗糙度，在一定程度上使试件表面摩擦系数增大；另一方面条纹微结构使得试件表面被切割成许多非光滑单元体，在载荷的作用下这些单元体有被“压入”的趋势，使得摩擦副的实际接触面积增大，进而使得摩擦系数增加。但不同的微结构参数产生的作用有所不同，因此造成了不同参数微结构试件的平均磨损深度和平均摩擦系数不同[24]。

摩擦运动时，条纹微结构对裂纹的扩展起到了阻碍作用，条纹与运动方向夹角越大，这种阻碍作用越显著，磨损量越大，因此小倾角的条纹试件磨损量更小。边距越大意味着相邻条纹的间距越大，而间距的增大导致磨屑不能及时被捕获，使得磨损加剧。条纹深度越大，微结构捕获磨屑的量越大，因此条纹深度也对减轻磨损有一定作用，但影响小于前两个因素。

对于硬度较小的试件，摩擦运动中条纹深度越大，在载荷的作用下试件被“压入”的深度越大，即变形量越大，进而对摩擦运动的阻碍作用越大，摩擦系数相对较大。同等条件下，边距越大试件的磨损量越大，此时产生的磨屑更多，导致磨屑不能及时被捕获，使得摩擦系数随之增大。微结构的倾角也对摩擦运动起到一定的阻碍作用，这种作用使得摩擦系数增大，条纹与运动方向夹角越小，这种阻碍作用越小，因此倾角较大时摩擦系数相对较小。而对于硬度较大的试件，由于相同条件下磨损量较小，进而产生的磨屑相对较少，所以边距和深度对其摩擦系数影响很小，而条纹倾角对摩擦系数的影响则更大一些[25]。

5.4　T10A 基体驱动面微结构优选

5.4.1　T10A 微结构几何参数设计及性能表征

1. 微结构设计与测量

通过阅读相关文献，发现在凹坑微结构摩擦学性能研究中，探讨凹坑形状差异对表面干摩擦性能影响的文献极少，因此本节选择凹坑形状为研究变量。众所周知，表面形态直接影响干摩擦条件下摩擦副接触状态，进而影响摩擦行为，故在保证单坑面积一致的前提下，以凹坑形状、面积为研究变量，凹坑形状选取圆形、正方形、菱形为研究对象，其中菱形夹角为 60°，单坑面积分别为

7850μm²、17663μm² 和 31415μm²，下面分别以 S_1、S_2 和 S_3 替代。具体设计参数如表 5.5 所示。

表 5.5　凹坑微结构设计参数

试件编号	凹坑形状	凹坑尺寸/μm	单坑面积/μm²	凹坑深度/μm
1	圆形	100（直径）	7850	50
2	圆形	150（直径）	17663	50
3	圆形	200（直径）	31415	50
4	正方形	88.6（边长）	7850	50
5	正方形	132.9（边长）	17663	50
6	正方形	177.2（边长）	31415	50
7	菱形	164.9/95.2（长轴 / 短轴）	7850	50
8	菱形	246.9/148.5（长轴 / 短轴）	17663	50
9	菱形	329.8/195.4（长轴 / 短轴）	31415	50

在条纹微结构沟槽宽度不变的前提下，保证条纹间距相同，以条纹深度为变量，在 0～200μm 范围内安排了 3 种深度。具体参数如表 5.6 所示。

表 5.6　条纹微结构设计参数

试件编号	条纹宽度/μm	条纹深度/μm
10	230～250	50
11	230～250	100
12	230～250	150

网纹微结构保证沟槽宽度不变，且任意相邻沟槽间距不变，分别以深度、夹角为变量，根据摩擦运动形式选取 30°、60°、90°三种夹角，每种夹角的网纹微结构分别了安排了三种深度，具体参数如表 5.7 所示。

表 5.7　网纹微结构设计参数

试件编号	网纹夹角/(°)	网纹深度/μm	网纹宽度/μm
13	30	50	230～250
14	30	100	230～250
15	30	150	230～250

续表

试件编号	网纹夹角/(°)	网纹深度/μm	网纹宽度/μm
16	60	50	230～250
17	60	100	230～250
18	60	150	230～250
19	90	50	230～250
20	90	100	230～250
21	90	150	230～250

为保证表面粗糙度，所有微结构试件进行微加工前均留有加工余量以便进行磨削加工，退磁后用 1000 目砂纸研磨试件表面，摩擦试验试件如图 5.17 所示。

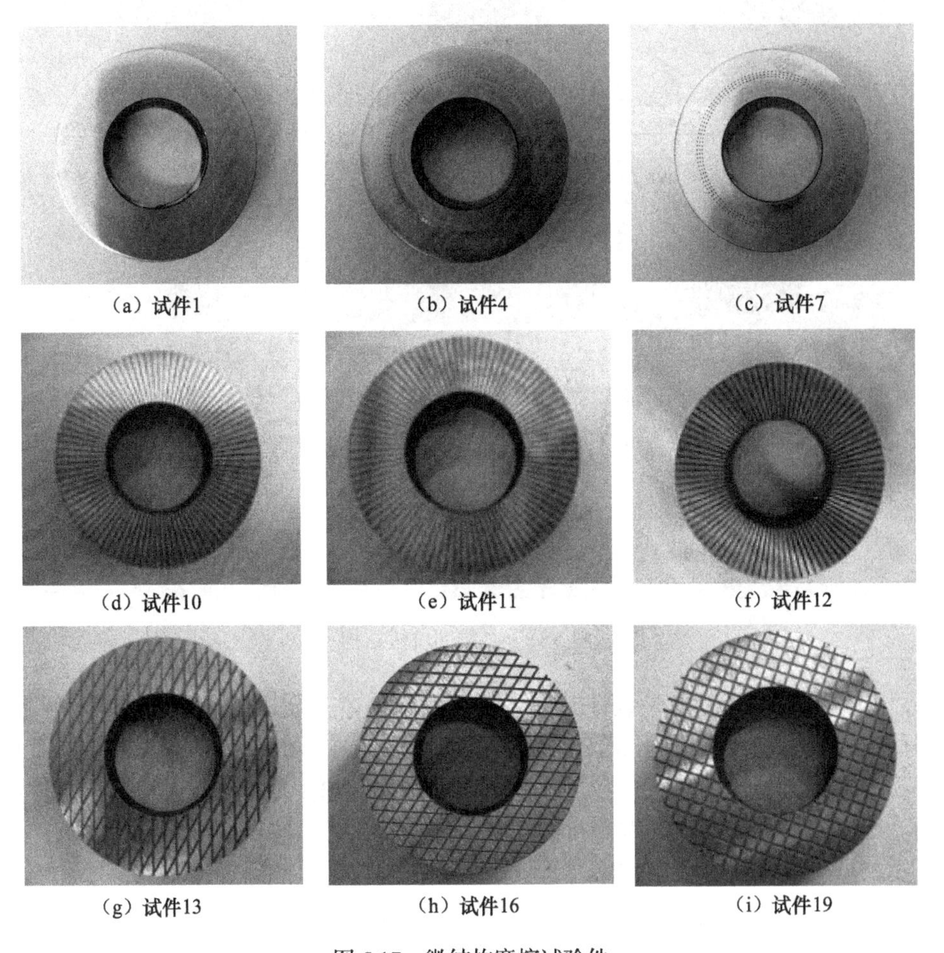

（a）试件1　（b）试件4　（c）试件7

（d）试件10　（e）试件11　（f）试件12

（g）试件13　（h）试件16　（i）试件19

图 5.17　微结构摩擦试验件

采用超景深数码显微镜 VHX-1000 测量微结构试件形位公差，测量前需要把试件清洗干净，以免微结构底部存在残留污染物导致测量结果不可靠。采用 KQ5200E 超声波清洗器，在无水乙醇中超声清洗 20min，吹干后将试件按编号封装。由于微结构在试件表面呈阵列分布，选择抽样检测方式，每个试件表面随机确定六个数据采集点，取测量数据的平均值。

针对凹坑微结构，由于试验设计变量为形状，采用二维图像测量功能观察微结构形状并记录尺寸测量值。凹坑微结构尺寸实测如图 5.18 所示。由图可知，凹坑微结构形状分明，边缘清晰，可认为形状特征良好。通过拉线法测得圆孔直径、方形孔边长、菱形孔对角线数值，说明凹坑微结构径向尺寸一致性良好。

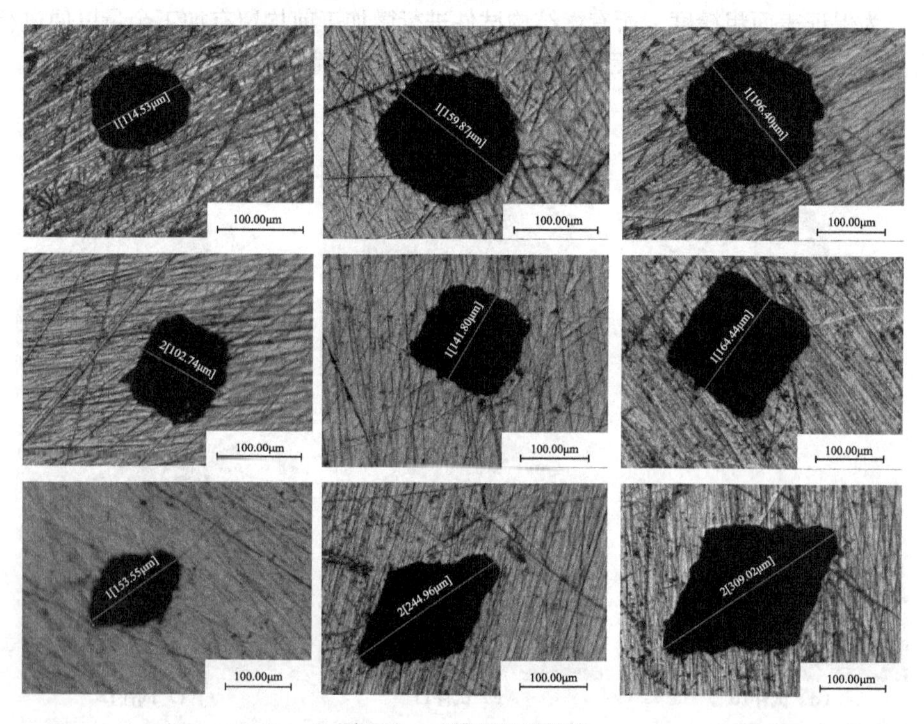

图 5.18　二维凹坑微结构

此外，凹坑深度也是设计参数之一，采用快速三维扫描功能采集深度数据。凹坑微结构深度实测如图 5.19 所示。可以看到，各形状凹坑具有共同点，孔底中心不规则区域深度最大，各形状凹坑底部均存在深度梯度，具有尖锥形孔底结构。凹坑底部结构对表面摩擦行为影响不大，故认为凹坑试件达到形状要求。

凹坑微结构测量参数如表 5.8 所示。由表中数据可知，径向公差最小 12μm、最大 20μm，深度公差 15μm。凹坑微结构几何特征良好，形状清晰，径向公差达到设计要求，由于加工工艺限制，深度公差稍大，但一致性良好，满足试验要求。

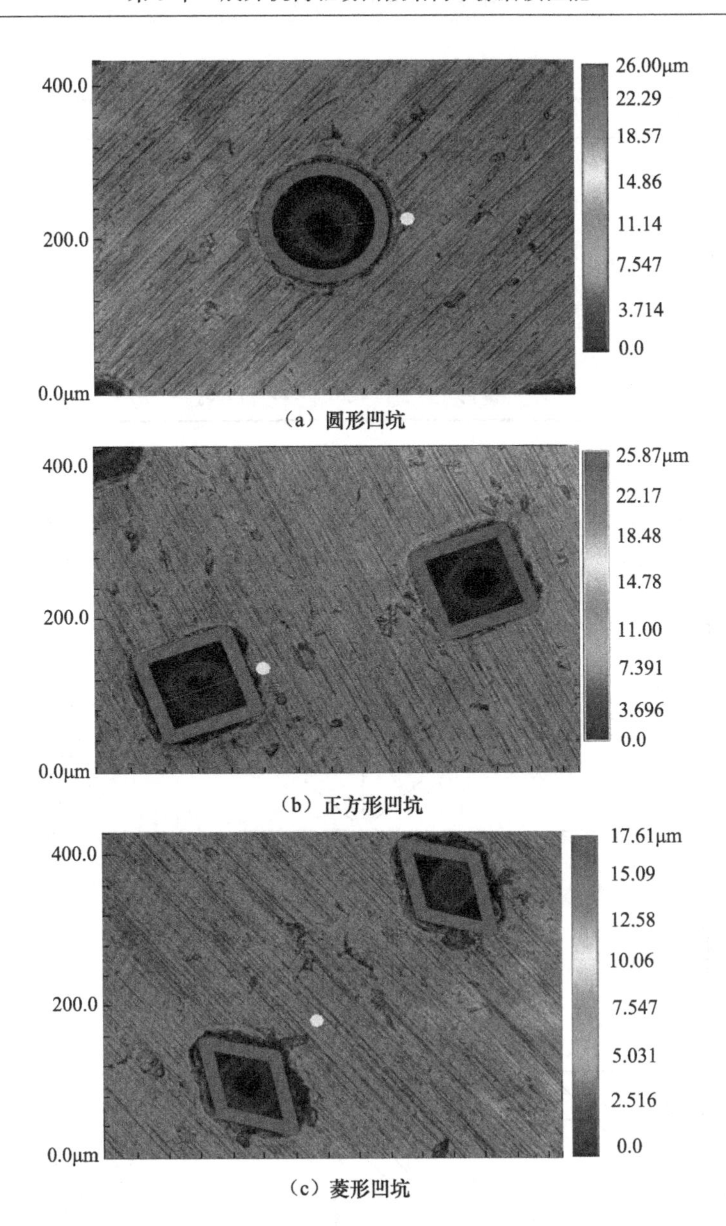

（a）圆形凹坑

（b）正方形凹坑

（c）菱形凹坑

图 5.19　凹坑微结构单坑形貌三维图

表 5.8　凹坑微结构测量参数

试件编号	凹坑形状	凹坑直径/μm	凹坑深度/μm
1	圆形	100_{0}^{+20}	50_{-15}^{0}
2	圆形	150_{0}^{+10}	50_{-15}^{0}
3	圆形	200_{-10}^{0}	50_{-15}^{0}

续表

试件编号	凹坑形状	凹坑直径/μm	凹坑深度/μm
4	正方形	88_{0}^{+16}	50_{-15}^{0}
5	正方形	133_{0}^{+12}	50_{-15}^{0}
6	正方形	177_{-12}^{0}	50_{-15}^{0}
7	菱形	$164_{-12}^{0}/95_{0}^{+12}$	50_{-15}^{0}
8	菱形	$247_{-10}^{0}/148_{0}^{+20}$	50_{-15}^{0}
9	菱形	$329_{-20}^{0}/195_{0}^{+20}$	50_{-15}^{0}

由图 5.19 可知，各形状凹坑微结构底部呈锥形，这是激光加工的特点，熔化和气化是激光打孔中必然出现的现象。如图 5.20 所示，把瞬时的激光脉冲分成 5 个连续的小段，1 段为前缘，2、3、4 段为稳定输出，5 段为尾缘。

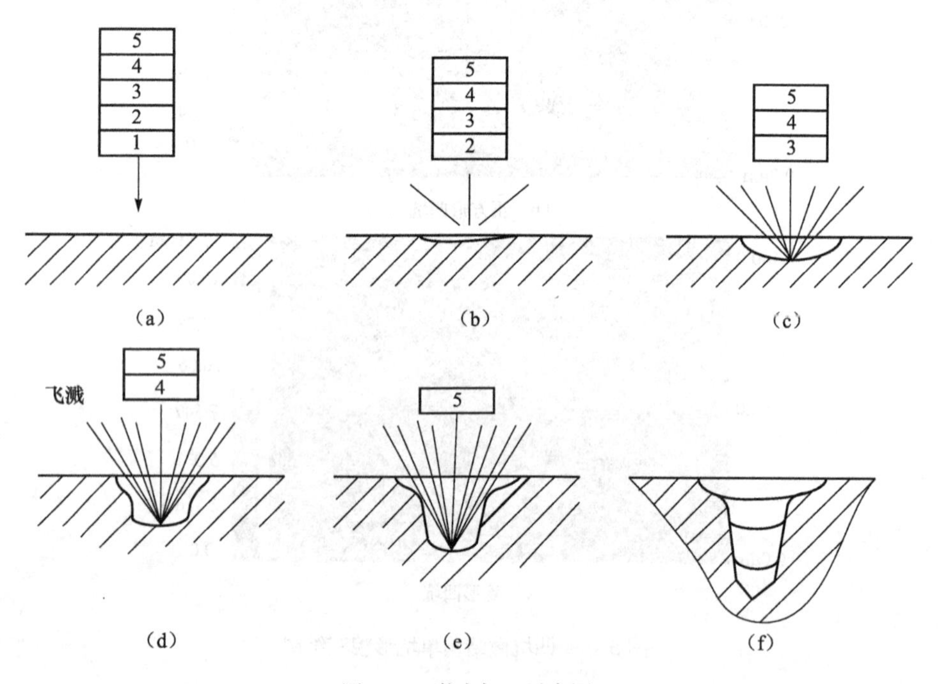

图 5.20　激光加工示意图

当 1 段进入材料时，材料开始被加热，由于材料表面有反射，加热速度缓慢，随后热向材料内部传导，造成材料较大区域温升，产生以熔化为主的相变，相变区面积大而深度浅；当 2 段进入材料后，因材料相变而剧烈加热，熔融区面积比相变区缩小而深度增加，开始形成小的孔径；当 3、4 段进入材料后，打孔过程相对稳定，材料的气化比例增加至最大程度，形成了孔的圆柱段；当5段进入材料后，材料的加热已临近终止，随后气化及熔化迅速趋于结束，从而形成孔的尖锥形孔底[26~29]。

针对条纹及网纹微结构，对形状无特殊设计要求，主要通过快速三维扫描功能获得三维图片，通过拉线法测量沟槽宽度与深度，条纹及网纹微结构尺寸实测如图5.21所示。

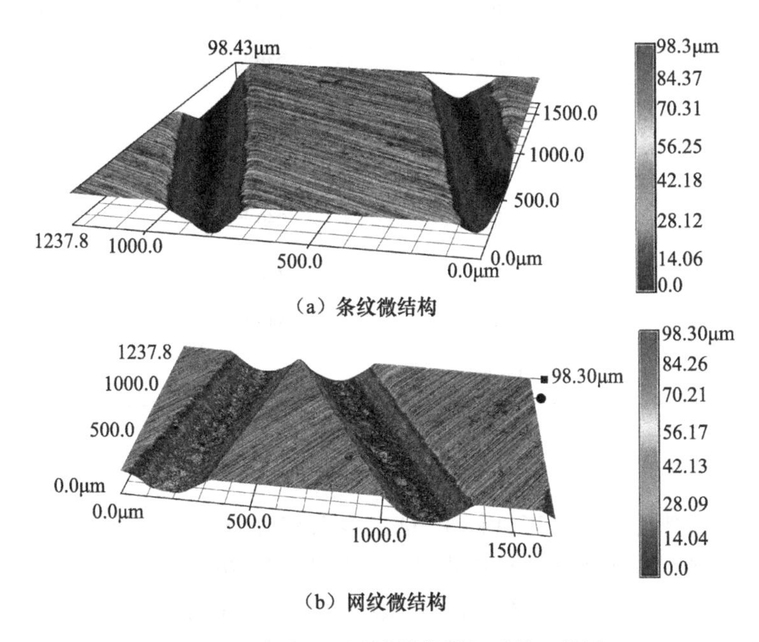

（a）条纹微结构

（b）网纹微结构

图5.21 条纹及网纹微结构单坑形貌三维图

沟槽底部形状呈圆弧形，这是采用电火花加工方式导致的。电火花线切割加工即一种用线状电极靠火花放电对工件进行切割的形式。通常情况下，加工对象主要是贯穿的平面形状，不需要像电火花成形加工一样制造特定形状电极，只需要输入程序控制电极丝轨迹。沟槽类微结构将直径为0.25mm的铜丝作为成形部件，直接用于成形塑件，故沟槽底部呈圆弧形。

条纹及网纹微结构测量参数如表5.9所示，编号10～12为条纹微结构，其余为网纹微结构。由表中数据可知，沟槽宽度公差为37μm，沟槽深度公差最小值为25μm、最大值为30μm，网纹微结构夹角公差为40′。

表5.9 条纹及网纹微结构测量参数

试件编号	深度/μm	宽度/μm	夹角/(°)
10	50^{+10}_{-15}	240^{+12}_{-15}	—
11	100^{+10}_{-20}	240^{+12}_{-15}	—

续表

试件编号	深度/μm	宽度/μm	夹角/(°)
12	150^{+20}_{-5}	240^{+12}_{-15}	—
13	50^{+10}_{-15}	240^{+12}_{-15}	30±20′
14	100^{+10}_{-20}	240^{+12}_{-15}	30±20′
15	150^{+20}_{-5}	240^{+12}_{-15}	30±20′
16	50^{+10}_{-15}	240^{+12}_{-15}	60±20′
17	100^{+10}_{-20}	240^{+12}_{-15}	60±20′
18	150^{+20}_{-5}	240^{+12}_{-15}	60±20′
19	50^{+10}_{-15}	240^{+12}_{-15}	90±20′
20	100^{+10}_{-20}	240^{+12}_{-15}	90±20′
21	150^{+20}_{-5}	240^{+12}_{-15}	90±20′

2. 性能表征

试件基体材料为耐磨工具钢 T10A，表面淬火处理，设计硬度要求为 51～56 HRC，基体尺寸根据试验标准设计，外径 D =31.7mm，内径 d =16mm，厚度10mm。无微结构试件表面精磨加工，并经过退磁处理。图 5.22 为无微结构摩擦试件。由于设计硬度较高，采用 TH300 洛氏硬度计测量无微结构摩擦试件硬度，硬度达到 57 HRC。

图 5.22　无微结构摩擦试件

激光加工和电火花加工均会在材料表面形成变质层，为考察摩擦试验件微结构单元体周围材料硬度，在 HXD-1000 显微硬度计上测量表面微结构单元体之间的硬度值。图 5.23 为 HXD-1000 显微硬度计。

由于材料基体硬度较高，调节变荷圈取 500gf 载荷以获得清晰压痕，为防止工作台左移或右移时出现“欠位”，导致视场内找不到所打压痕，在左移或右移时应保证平稳缓慢，以免产生碰撞。

试验条件：加载力为 500gf，保持时间为 15s，加载与卸载方式均为自动，微结构单元体间等分测量六点硬度值，计算微结构单元体间距离并通过横向微分筒与纵向微分筒实现等分打压痕。图 5.24 为显微硬度压痕在超景深显微镜下放大 500 倍的照片，从图中可以看到，显微硬度压痕边缘清晰。

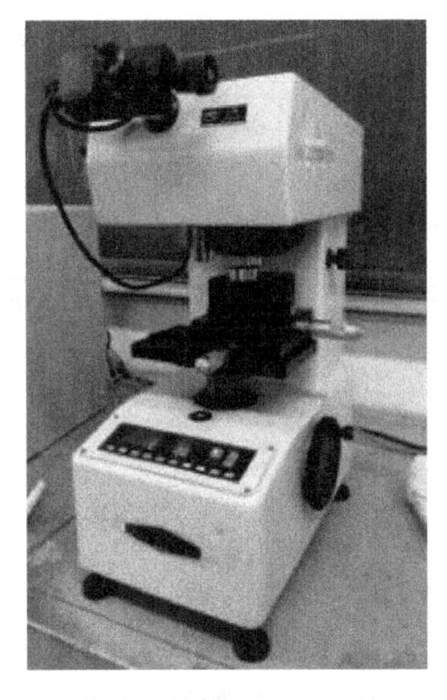

图 5.23　表面微结构单元体硬度值测量

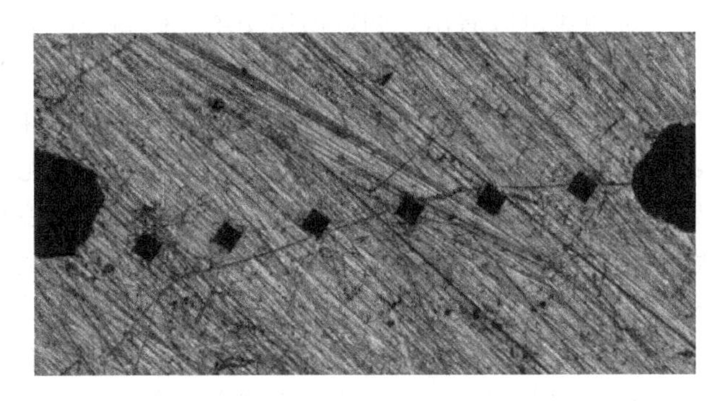

图 5.24　显微硬度压痕

由于不同形状凹坑微结构均采用激光加工，且加工方式相同，可随机抽取凹坑微结构试件进行硬度测量，每个试件测量三个数据点取平均值。条纹微结构与网纹微结构均采用电火花加工，分别抽取部分试件进行测量。此外，由于不同硬度计在不同载荷下测得硬度存在误差，有必要将无微结构试件设置为对照组，故借助显微硬度计对无微结构试件进行重新标定，结果如图 5.25 所示。从图中可以看出，沟槽类微结构单元体间硬度无显著差异，与基体相近。电火花加工过程中，形成变质层，这一变质层包括熔凝层和热影响层，熔凝层在放电时被瞬时高温熔化而又滞留下来，被工作介质快速冷却而凝固，是一种晶粒细小的淬火铸造组织。热影响层位于熔凝层与基体之间，受高温影响金相组织发生了变化，通常情况下电火花加工表面硬度高于基体表面，若表面经过淬火处理，则无显著变化。由于本书所设计的 T10A 试件基体均经过淬火处理，且沟槽尺寸在微米级，

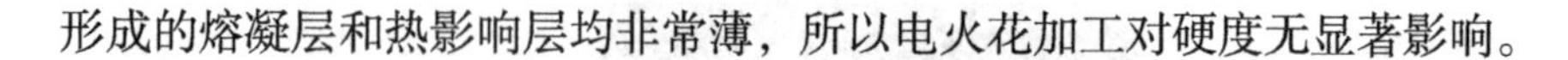

形成的熔凝层和热影响层均非常薄，所以电火花加工对硬度无显著影响。

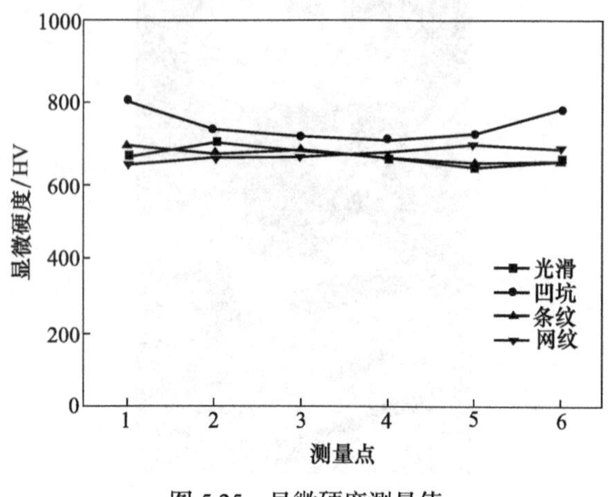

图 5.25　显微硬度测量值

从图 5.25 中凹坑曲线可以看出，凹坑微结构单元体间硬度分布存在一定规律，硬度压痕与凹坑距离越小，硬度越大，与凹坑距离增大，则硬度逐渐减小至与基体相近，两凹坑中间硬度最低。激光加工以高能密度的激光束聚焦于被加工表面，被加工表面迅速吸收光能并立即转化为热能，进而使激光作用区温度急剧上升到相变温度以上，工具钢 T10A 中铁素体遵循非扩散型转变规律形成奥氏体，此时工件基体仍处于冷态且与加热区之间温度梯度极高，因此一旦停止激光照射，加热区因急冷实现凹坑边缘的自冷淬火，奥氏体迅速转化为细密的针状马氏体。激光加工凹坑微结构单元体，由于冷却时熔池内与基体接触的单元体区域冷却速度较快，称为相变层，1 号测量点与 6 号测量点打在凹坑边缘，显微硬度较高，凹坑边缘相变层抵抗局部塑性变形能力较强。

5.4.2　T10A 驱动面磨损试验

1. 试验方案

本试验采用标准摩擦磨损试验机，参考国家标准 GB/T 12444—2006 相关试验规范，采用单因素试验法获得更直观的数据。根据钢球与展开轮工作面接触形式选取点接触试验，由于钢球检测过程中并非纯滚动，展开轮工作面提供侧翻运动的自由度，根据摩擦传动特性分析展开运动形式为滚动兼滑动，且钢球进入检测区时滑动摩擦不可避免。综合考虑，展开过程中滚动摩擦的能量消耗及磨损远小于滑动摩擦，提高展开轮寿命的重点在于增强滑动摩擦磨损性能，试验形式采用滑动摩擦。钢球检测中不允许展开摩擦传动过程添加润滑，故试验采用干摩擦形式，即未经过人为润滑的摩擦形式。根据钢球检测过程实际工况，确定施加载荷 15N，转速 400r/min。

试验方案：干摩擦，载荷 15N，转速 400r/min，时间 20min，每组试验重复 4 次，室温。

2. 试验观察量及测定方法

本试验的目的为获得既能提供较大摩擦系数又能保证良好耐磨性的微结构形式，耐磨性即为材料抵抗磨损的能力，属于摩擦系统性质，本试验中耐磨性由磨损量体现，相同试验条件下，磨损量越小，耐磨性越强，故本试验考察量为摩擦系数及磨损量。

磨损量即由磨损引起的材料损失量，常用的磨损量表征参量有线磨损量、体积磨损量、质量磨损量等。

1）线磨损量

一定条件下，材料磨损前后摩擦表面法线方向尺寸的变化量，称为线磨损量。材料的线磨损量可表示为

$$\Delta L = \left(\sum_{i=1}^{n} L_{i0} - \sum_{i=1}^{n} L_{i1} \right) \Big/ n \tag{5.25}$$

式中，ΔL 为材料的线磨损量；L_{i0} 为材料磨损前摩擦表面法线方向第 i 次测量长度；L_{i1} 为材料磨损后摩擦表面法线方向第 i 次测量长度；n 为重复测量次数。

线磨损量的主要测量方法为测长法，常用测量长度仪器，如千分尺、显微镜等测量磨损深度，即磨损面与未磨损面的高度差。本试验通过 VHX-1000 超景深数码显微镜三维扫描功能，测量磨损前后高度差值。

2）体积磨损量

在一定条件下，材料磨损前后体积的变化量称为体积磨损量。通常体积磨损量用式（5.26）表示为

$$\Delta V = \Delta G / d \tag{5.26}$$

式中，d 为磨损材料的密度；ΔG 为材料磨损前后失去的质量。

3）质量磨损量

在一定条件下，材料磨损前后质量的变化量称为质量磨损量，即材料的质量损失。一般用式（5.27）表示为

$$\Delta G = \left(\sum_{i=1}^{n} G_{i0} - \sum_{i=1}^{n} G_{i1} \right) \Big/ n \tag{5.27}$$

式中，G_{i0} 为磨损前第 i 次测量材料的质量；G_{i1} 为磨损后第 i 次测量材料的质量；n 为重复测量材料质量的次数。

磨损重量计量最简单实用的方法为称重法，用称量试件在试验前后的质量变

化来确定磨损量，此方法应用最普遍。通常采用精密分析天平称重，测量精度为0.1mg，由于天平测量范围的限制，仅适用于小试件。本试验设计试件较小，采用电子分析天平测量磨损前后试件质量。为保证称重精度，试件在称重前采用超声清洗器清洗20min并用吹风机吹干，避免表面湿气影响重量的变化。借助FEI-Sirion扫描电子显微镜对磨损形貌进行观察，摩擦现象发生在表面层，根据表层组织结构的变化揭示摩擦及磨损规律，如图5.26所示。

图5.26　磨损形貌测量

3. 试验设备及装置

摩擦试验在MMW-1立式万能试验机上进行，其主要用途与功能均与美国FALEX6#型多功能试样测试试验机相似，可完成球盘、销盘、四球等多种摩擦副试验。表5.10为试验机的主要技术规格。

表5.10　试验机的主要技术规格

序号	项目名称	
1	轴向试验力工作范围（无级可调）	0～1000N
2	试验力示值相对误差	±1%
3	试验力示值零点感量	±0.5N
4	试验力长时自动保持示值相对误差	±1%（满量程）
5	测定最大摩擦力矩	2500N · mm
6	摩擦力矩示值相对误差	±2%
7	摩擦力荷重传感器	50N
8	摩擦力臂范围	50mm
9	单级无级变速系统	1～3000r/min
10	主轴转速误差	±5r/min
11	加热器工作范围	室温至260℃
12	盘式加热板	Φ65，220V
13	Φ3铂电阻	R_0=(100±0.1)Ω
14	温度控制精度	±2℃
15	试验机主轴锥度	1：7
16	试验机时间显示与控制范围	1～9999s
17	试验机转速周期显示与控制范围	1～999999r/min
18	试验机主电机输出最大力矩	6.3N · m
19	试验机外形尺寸（$L\times B\times H$）	860mm×740mm×1560mm
20	试验机净重	600kg

立式万能摩擦磨损试验机是由主轴驱动系统、摩擦副专用夹具及试件、油盒与加热器、试验力传感器、摩擦力矩测定系统、摩擦副下副盘升降系统、弹簧式微机施力系统、操纵面板系统等部分组成的，它们都安装在以焊接机座为主体的机架内。图 5.27 为 MMW-1 型立式万能试验机示意图。

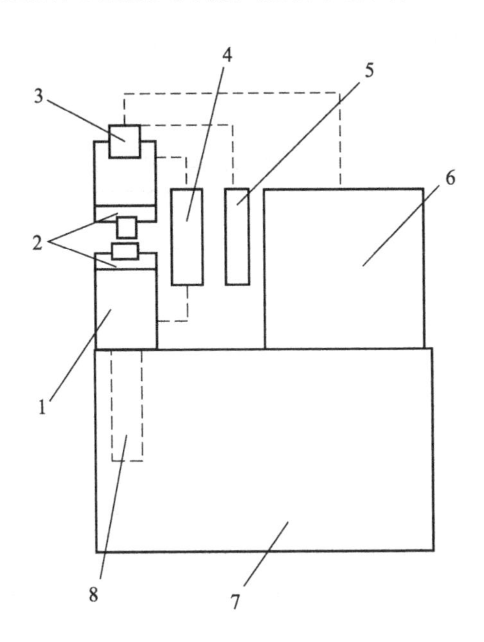

图 5.27　MMW-1 型立式万能试验机示意图

1. 摩擦副下副盘升降系统；2. 摩擦副专用夹具及试件；3. 试验力传感器；4. 油盒与加热器；5. 摩擦力矩测定系统；6. 操作面板系统；7. 控制箱；8. 弹簧式微机施力系统

试验机通过传感系统得到摩擦力矩数值，载荷由试验机自动加载并进行微调。根据摩擦力矩、接触点轨迹半径与载荷的方程自动输出摩擦系数值，本试验机力值标定是由专用工具和标准牛顿砝码检定，使摩擦力矩按计量法规定传递，以确保本试验机的精度准确可靠[30~32]。试验机试验力的施加是通过弹簧式施力结构与微机控制步进电机系统自动进行的，保证加载稳定精确。

5.4.3　凹坑微结构试验结果及分析

1. 磨损特性分析

在凹坑微结构摩擦试验中，令试件编号与试验号相同，每组试验重复 4 次，测量上试件钢球与下试件环形件的质量磨损量。单位载荷（N）及摩擦行程（m）的磨损量称为磨损率。本试验中磨损量计量方式为质量磨损，质量磨损率表达式如下：

$$W_m = \frac{M}{PL} \tag{5.28}$$

式中，W_m 为质量磨损率，mg/(N · m)；M 为质量磨损量；P 为施加的载荷；L 为相对滑动距离。

将无微结构对照组设置为 0 号试验组，9 组凹坑试件质量磨损量与光滑试件磨损特性如表 5.11 所示。

表 5.11　凹坑微结构磨损特性

试验编号	下试件		上试件	
	磨损量/mg	磨损率/(10^{-4}mg/(N · m))	磨损量/mg	磨损率/(10^{-4}mg/(N · m))
0	48.6	54.23	1.3	1.45
1	10.1	11.27	1.7	1.89
2	4.2	4.68	2.1	2.34
3	3.2	3.57	1.2	1.33
4	4.1	4.55	1.2	1.33
5	3.1	3.48	0.9	1.06
6	2.8	3.15	0.6	0.06
7	4.6	5.13	0.9	1.06
8	3.7	4.12	1.0	1.11
9	2.1	2.34	0.6	0.06

由表 5.11 中磨损量及磨损率数据可明显看出，上试件钢球磨损量均小于下试件磨损量，这是由于钢球材料 GCr15 硬度较高，试验所用钢球为上海钢球厂生产，达到试验用钢球标准，硬度达到 62～65 HRC，故点面接触干摩擦试验中，与试验件相比，钢球更为耐磨。无微结构试件磨损量明显高于凹坑微结构，不同参数凹坑微结构质量磨损量各不相同，且所有凹坑微结构试件的质量磨损量及磨损率均小于无微结构试件[33]，这说明凹坑微结构可降低点面接触干滑动摩擦条件下材料表面的磨损，凹坑微结构形状与面积参数均对材料磨损性能产生影响。为直观反映不同微结构参数质量磨损情况，更便于观察不同微结构参数的磨损规律，图 5.28 反映了磨损率与微结构形状的关联性。

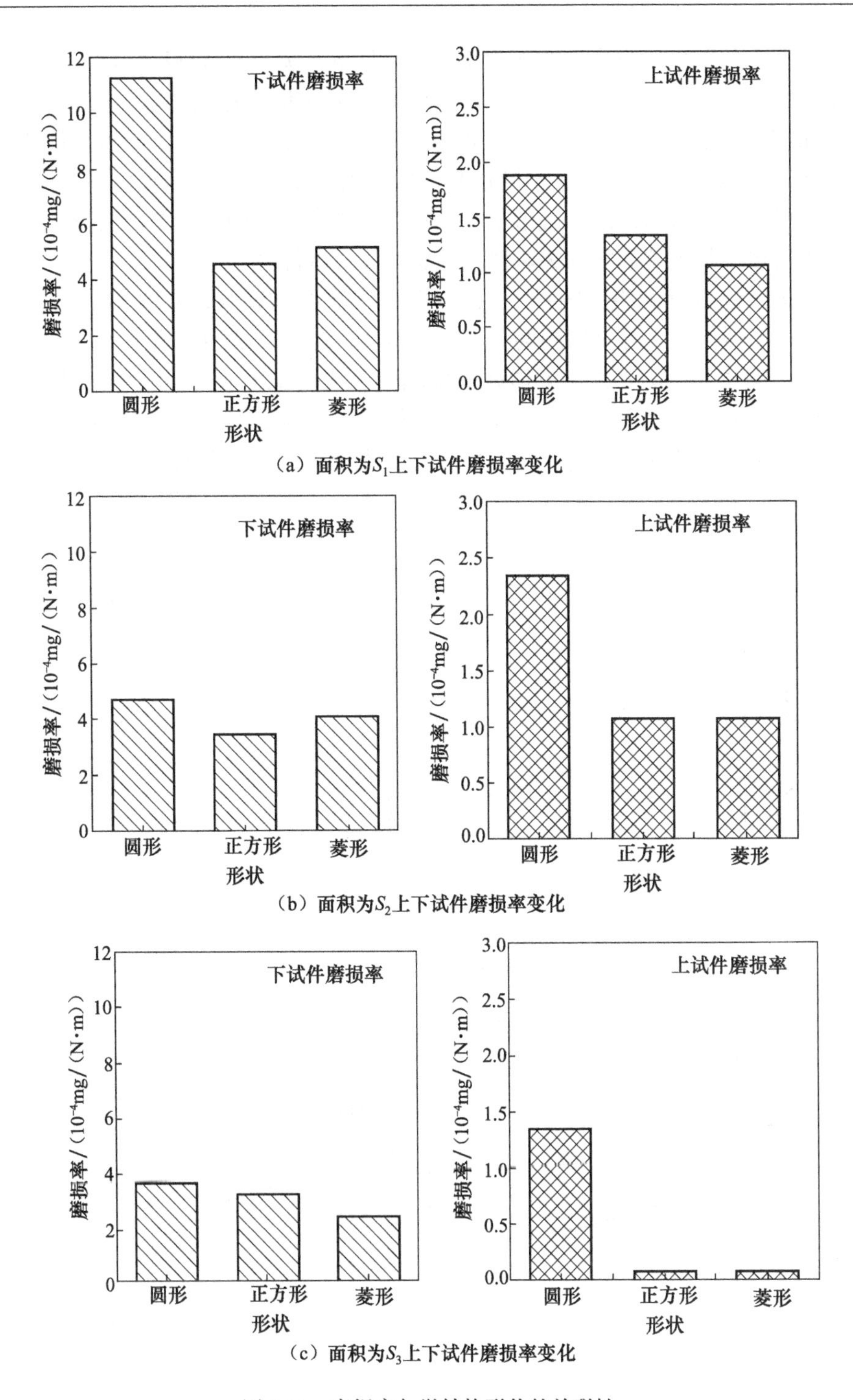

（a）面积为S_1上下试件磨损率变化

（b）面积为S_2上下试件磨损率变化

（c）面积为S_3上下试件磨损率变化

图 5.28　磨损率与微结构形状的关联性

根据柱状图可以看出，在面积相同的条件下，圆形凹坑微结构试件磨损率均大于正方形与菱形微结构，相应的上试件磨损率也大于正方形与菱形微结构。在相同面积下，上试件钢球的磨损率变化与下试件磨损率变化基本一致。从图中可以看出，面积为 S_3 条件下，不同形状试验组磨损率均取得最小值，菱形微结构磨损率最小，正方形次之，圆形最大。存在磨损率最小的最优单坑面积。图 5.29 反映了磨损率与单坑面积的关联性，试验编号与试件编号相同。

根据试验设计编组，编号 1、2、3 为圆形微结构试验，从图 5.29（a）可以看出，圆形微结构 1 号试验组磨损率异常偏大，随着凹坑面积增大，磨损率有变小趋势。编号 4、5、6 为正方形微结构试验，从图 5.29（b）可看出，上试件与下试件磨损率变化趋势一致，均随凹坑面积增大逐渐变小。编号 7、8、9 为菱形微结构试验，从图 5.29（c）可以看出，上试件磨损率在单坑面积为 17663μm^2 时略有上浮，总体与下试件类似，随凹坑面积增大，磨损率呈下降趋势。

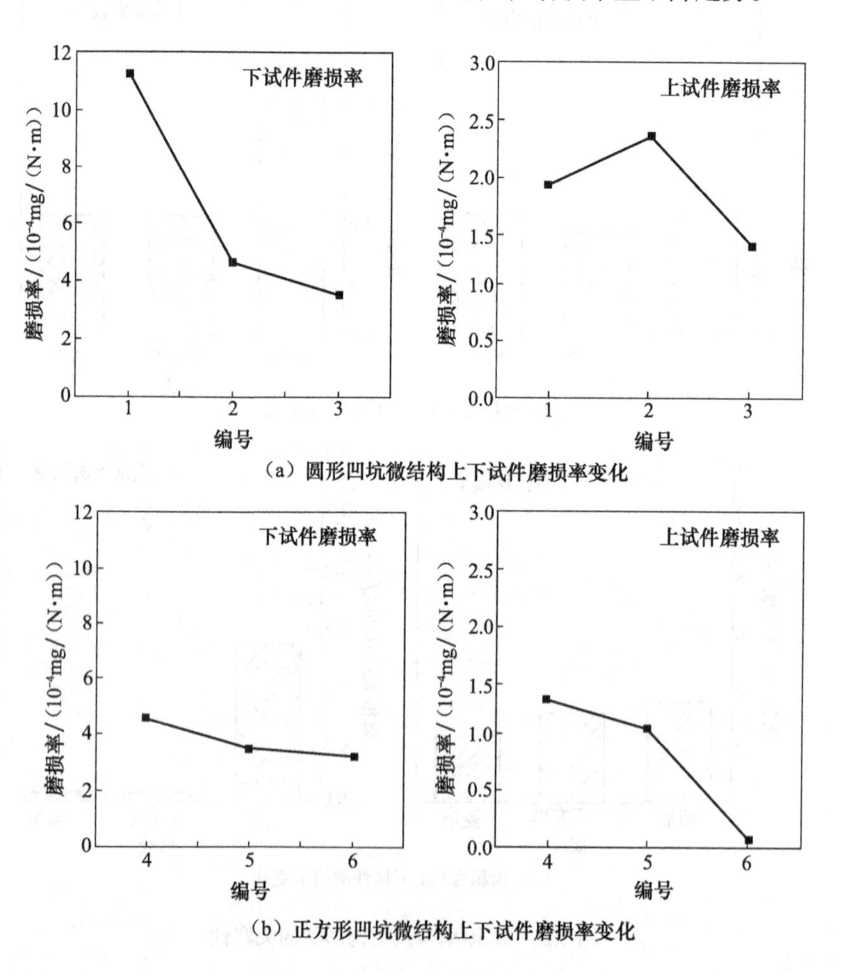

（a）圆形凹坑微结构上下试件磨损率变化

（b）正方形凹坑微结构上下试件磨损率变化

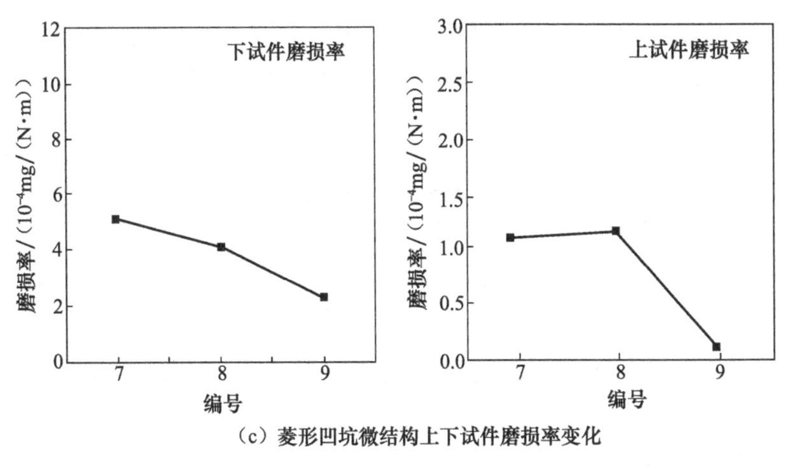

（c）菱形凹坑微结构上下试件磨损率变化

图 5.29　磨损率与单坑面积关联性

2. 摩擦系数分析

摩擦系数数据由试验机实时采集，输出摩擦系数时间历程变化曲线如图 5.30 所示。根据 2 号试验组摩擦系数时间历程曲线可以看出，试验前 200～300s 这段时间，摩擦系数逐渐上升至稳定状态，可认为 300s 以后为稳定磨损阶段，以稳定磨损阶段摩擦系数为观察量进行比较。由于摩擦形式为干摩擦，摩擦系数振动较大，且接触形式为点面接触，磨损过程中可能产生偏磨造成接触应力不均匀，产生的摩擦力较大[34]。

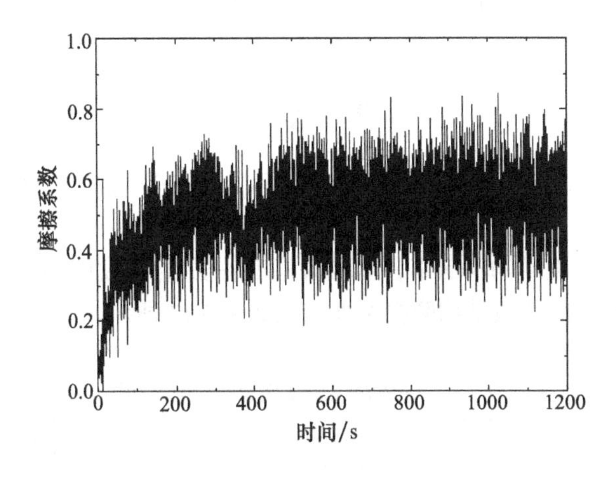

图 5.30　2 号试验组摩擦系数时间历程曲线

凹坑微结构摩擦系数结果如表 5.12 所示，摩擦系数以 μ 表示。根据表中数据可知，凹坑微结构试件摩擦系数均大于无微结构试件，以无微结构试件为基准，圆形凹坑微结构提升摩擦系数 13%～26%，正方形凹坑微结构提升摩擦系数 6%～26%，菱形凹坑微结构提升摩擦系数 14%～26%。这说明凹坑微结构具有提高材料表面摩擦系数的特性。

表 5.12　凹坑微结构摩擦系数结果

编号	0	1	2	3	4	5	6	7	8	9
μ	0.61	0.69	0.71	0.77	0.77	0.65	0.75	0.77	0.70	0.71

摩擦系数属于摩擦系统特性，受多方面因素影响。摩擦与表面接触状态息息相关，试验设计的微米级凹坑增大了接触表面的波纹度，根据摩擦学理论，摩擦力与名义接触面积无关，与真实接触面积有关，真实接触面积仅占名义接触面积的 0.01%～0.1%。平面与球体接触时实际上是某些表面的微凸体相互接触，由于材料表面的凹坑微结构在一定程度上减少了摩擦副的接触面积，所以法向压力较高，摩擦力较大。

5.4.4　条纹及网纹微结构试验结果及分析

1. 磨损特性分析

在条纹及网纹微结构摩擦磨损试验中，同样令试验编号与试件编号相同，每次试验重复 4 次。由于条件限制，采用超景深显微镜测量环形试件与钢球的线磨损量，单位载荷（N）及摩擦行程（m）的磨损深度称为线磨损率，线磨损率表达式如下：

$$W_h = \frac{H}{PL} \tag{5.29}$$

式中，W_h 为线磨损率，mm/(N · m)；H 为线磨损量；P 为施加的载荷；L 为相对滑动距离。

试验编号 0 为无微结构对照组，试验编号 10～12 为条纹微结构，13～21 号为网纹微结构，条纹及网纹微结构磨损特性结果如表 5.13 所示。

表 5.13　条纹及网纹微结构磨损特性结果

微结构形式	编号	线磨损量 /(10^{-3}mm)	线磨损率/(10^{-5}mm/(N · m))
无	0	68.6	0.79
条纹深 50μm	10	112.9	1.29
条纹深 100μm	11	132.8	1.52
条纹深 150μm	12	127.6	1.46

续表

微结构形式	编号	线磨损量/(10^{-3}mm)	线磨损率/(10^{-5}mm/(N·m))
网纹 30°，深 50μm	13	93.8	1.07
网纹 30°，深 100μm	14	98.6	1.13
网纹 30°，深 150μm	15	113.6	1.30
网纹 60°，深 50μm	16	88.1	1.01
网纹 60°，深 100μm	17	102.7	1.17
网纹 60°，深 150μm	18	96.7	1.11
网纹 90°，深 50μm	19	73.2	0.84
网纹 90°，深 100μm	20	85.2	0.98
网纹 90°，深 150μm	21	79.1	0.91

1）条纹微结构磨损特性

由表 5.13 中的数据可以看出，与无微结构试件比较，条纹及网纹微结构试件磨损均较为剧烈，线磨损率均大于无微结构试件。条纹微结构试件磨损率高于无微结构试件，但对条纹深度变化不敏感。已有研究表明：钢 - 钢接触副的摩擦行为，在低速、低接触应力条件下以黏着磨损与磨粒磨损为主。对条纹微结构磨损形貌进行观察以便进一步分析微结构磨损机理。条纹微结构试件磨损形貌如图 5.31 所示。

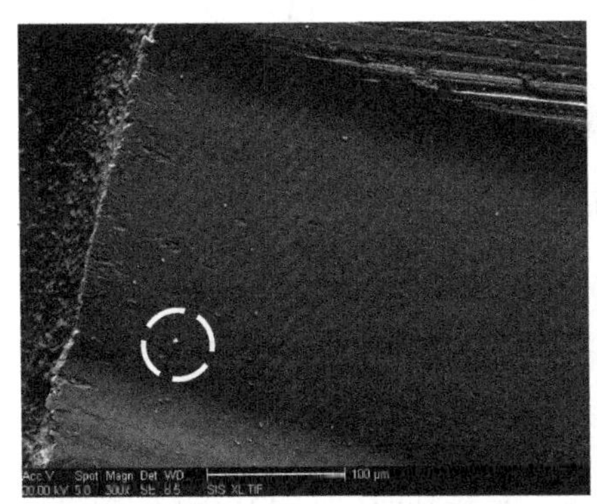

（a）磨损形貌放大300倍照片

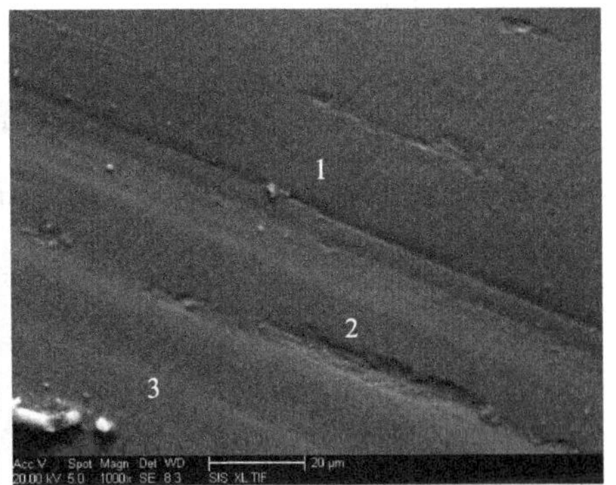

（b）磨损形貌放大1000倍照片

图 5.31　条纹微结构试件磨损形貌

从图 5.31（a）可以看出，条纹边缘有一定弧度，说明随着摩擦过程进行，接触形式渐渐由点接触变为面接触，沟槽附近磨痕处存在明显的磨损现象，而且向沟槽边缘集中，沟槽附近材料剥落现象较为严重。这说明沟槽的存在或许导致内部应力集中，造成沟槽边缘的磨损破坏。图 5.31（a）白色圈内区域放大 1000 倍即得到图 5.31（b）。从图 5.31（b）中可以看出，材料表面 1 处存在划痕，2 处呈现材料剥落现象，此为犁沟作用和黏着现象的特征表现。在试验条件下，上下试件相对滑动速度较小，点接触形式在下试件接触面上产生很大的接触应力，导致下试件表面的凸起点产生塑性变形，形成黏结点，随着上下试件的相对运动，超过材料剪切强度时凸起点材料发生撕裂，形成材料被剥落的现象。3 处存在明亮白色物质，考虑存在氧化磨损，对该点进行能谱分析，能谱分析结果如图 5.32 所示。结果显示，亮白色点为铁的氧化物和碳化物，可推测条纹微结构试件与钢球摩擦过程中产生温升导致氧化磨损，试验产生磨屑为红棕色推测为铁的氧化物。

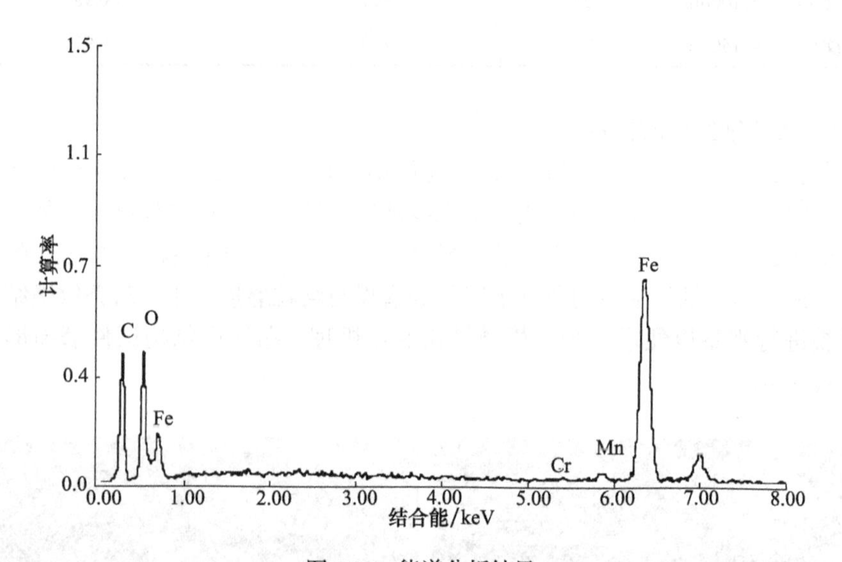

图 5.32　能谱分析结果

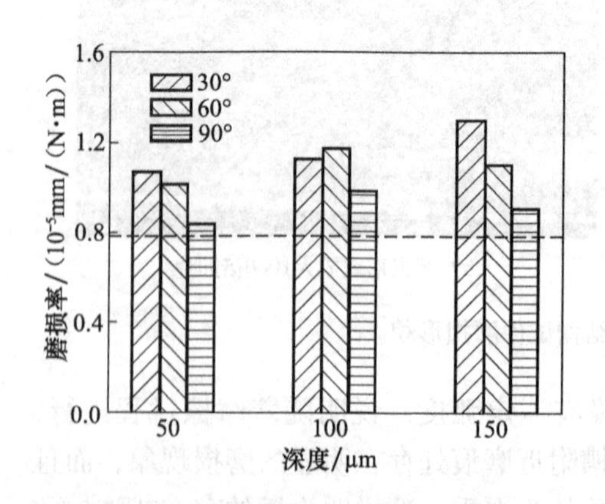

图 5.33　网纹微结构试件磨损率结果

2）网纹微结构磨损特性

网纹微结构试件磨损率如图 5.33 所示，图中虚线为 0 号无微结构磨损率参考线。从图中可以明显看出，不同夹角、深度的网纹微结构磨损率均大于无微结构试件，网纹微结构未起到增强耐磨性的作用。为进一步研究这一现象，采用扫描电镜观察网纹微结构磨损形貌。图 5.34 为网纹微结构试件磨损形貌。图 5.34（a）为放大 300 倍时网纹微结构试件沟槽附近磨损形貌，网纹微结构试件沟槽附近磨损形貌放大 1000 倍得到图 5.34（b）。

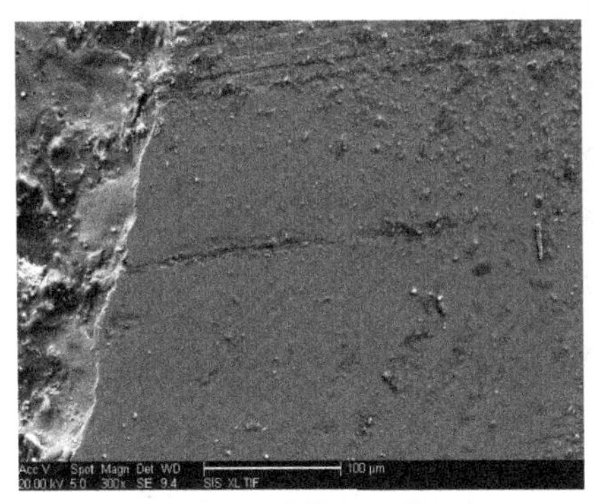

（a）磨损形貌放大300倍照片

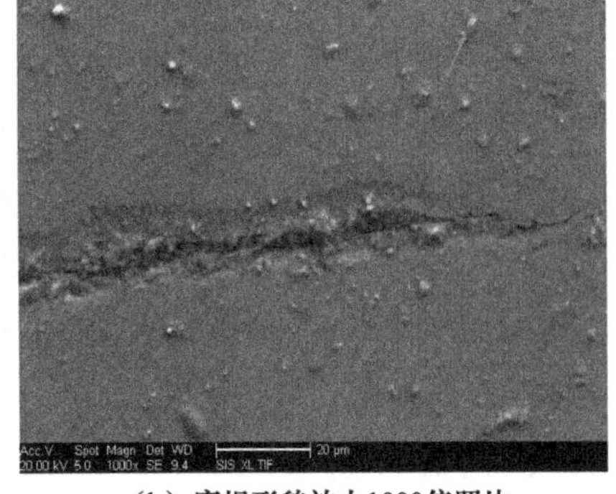

（b）磨损形貌放大1000倍照片

图 5.34　网纹微结构试件磨损形貌

由图 5.34 可以看到，材料表面产生了裂纹，该观察点位于沟槽附近，裂纹一直延伸至沟槽内。结合图 5.31 对条纹微结构试件磨损形貌的观察可发现沟槽附近材料剥落现象较为严重，说明沟槽未能起到强化作用，甚至可能造成了应力集中从而产生了材料剥落与裂纹现象。根据前面的分析，沟槽由线切割方式加工获得，以电极丝充当线状电极。电火花加工过程中，形成变质层，变质层包括熔凝层和热影响层，熔凝层在放电时被瞬时高温熔化而又滞留下来，被工作介质快速冷却而凝固，是一种晶粒细小的淬火铸造组织。由于试验设计试件均经过淬火处理，淬火产生的金相组织较线切割产生的变质层具有更强的抗局部塑性变形能力。由此看出干摩擦条件下，材料表面微结构耐磨损性能与材料加工方式息息相关。

2. 摩擦系数分析

试验前 200～300s 这段时间，摩擦系数逐渐上升至稳定状态，可认为 300s 以后为稳定磨损阶段，以稳定磨损阶段摩擦系数为观察量进行比较。沟槽类微结构试验摩擦系数结果如表 5.14 所示。

表 5.14　条纹及网纹微结构摩擦系数结果

微结构形式	试验编号	摩擦系数 μ
无	0	0.61
条纹深 50μm	10	0.77
条纹深 100μm	11	0.84
条纹深 150μm	12	0.74

续表

微结构形式	试验编号	摩擦系数 μ
网纹 30°，深 50μm	13	0.75
网纹 30°，深 100μm	14	0.75
网纹 30°，深 150μm	15	0.76
网纹 60°，深 50μm	16	0.74
网纹 60°，深 100μm	17	0.67
网纹 60°，深 150μm	18	0.72
网纹 90°，深 50μm	19	0.75
网纹 90°，深 100μm	20	0.73
网纹 90°，深 150μm	21	0.71

根据表 5.14 中数据，所有微结构试验组摩擦系数均大于无微结构试件，沟槽类微结构提升摩擦系数效果显著，以无微结构试验组为基准，条纹微结构提升摩擦系数 21%～37%，网纹微结构提升摩擦系数 10%～24%。条纹微结构试件产生摩擦力较大，与沟槽单元体密度及分布有关，条纹微结构试件所有沟槽单元均垂直于相对滑动方向，相对运动过程中，条纹微结构起到了一定拦截作用，产生了摩擦阻力。

图 5.35 反映出条纹微结构深度与摩擦系数的关联性，由图中可以看出，条纹微结构深度与摩擦系数变化并无明显规律，说明条纹微结构试件摩擦系数对沟槽深度并无依赖性。

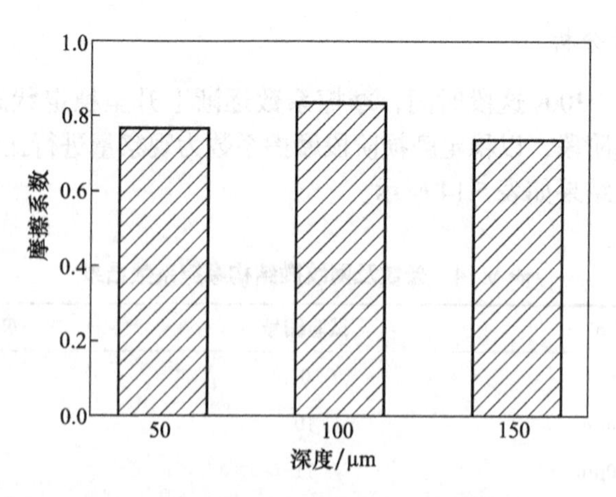

图 5.35　条纹微结构深度与摩擦系数的关联性

本章研究的条纹微结构深度分别为 50μm、100μm、150μm，宽度为定值 250μm。上试件钢球直径为 Φ12.7。图 5.36 为钢球与沟槽单元体接触示意图，上下试件接触摩擦过程中，钢球陷入凹槽单元体的高度远小于微结构深度，故深度对上下试件接触摩擦的影响不大。根据式（5.30）计算，得到钢球陷入沟槽的深度为

$$h = R - \sqrt{R^2 - (B/2)^2} \tag{5.30}$$

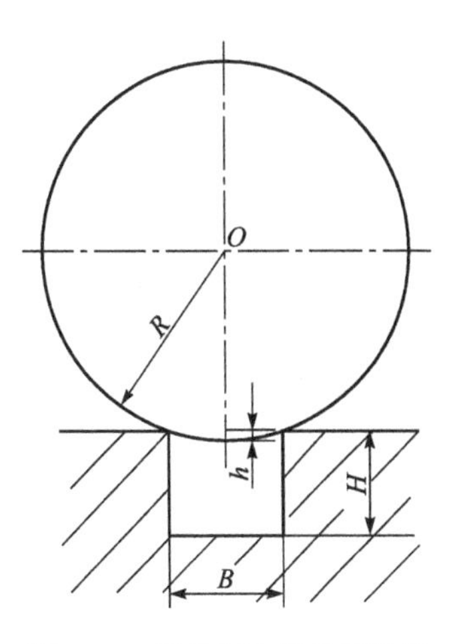

图 5.36　钢球与沟槽单元体接触示意图

图 5.37 为网纹微结构深度与摩擦系数的关联性。根据图中曲线走势，夹角为 30°时，随着微结构深度增大，摩擦系数呈上升趋势；夹角为 60°时，深度为 100μm 时取得最小值，随微结构深度增大呈上升趋势；夹角为 90°时，随着微结构深度增大有缓慢下降趋势。不同夹角下，摩擦系数随深度变化趋势各不相同，故摩擦系数与网纹微结构深度无确定关系。

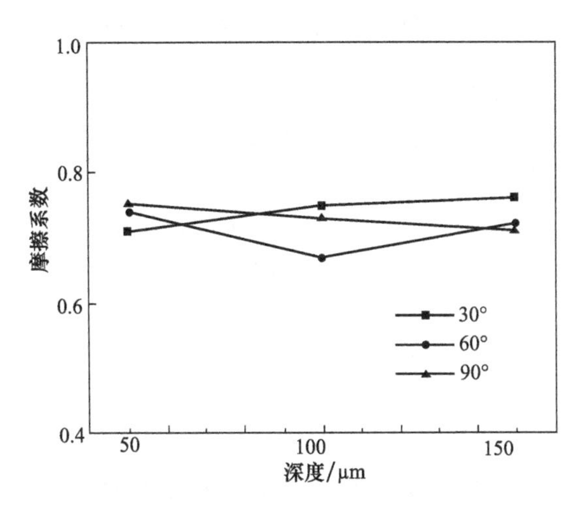

图 5.37　网纹微结构深度与摩擦系数的关联性

网纹微结构试验设计仍以网纹夹角为试验变量，图 5.38 为网纹微结构夹角与摩擦系数的关联性。根据图中曲线走势，深度为 50μm 的网纹微结构试件摩擦系数随着微结构夹角增大呈下降趋势；深度为 100μm 的网纹微结构试件摩擦系数在夹角为 60°时取得最小值，随微结构夹角增大总体呈下降趋势；深度为 150μm 的网纹微结构试件摩擦系数随着微结构夹角增大呈缓慢下降趋势。

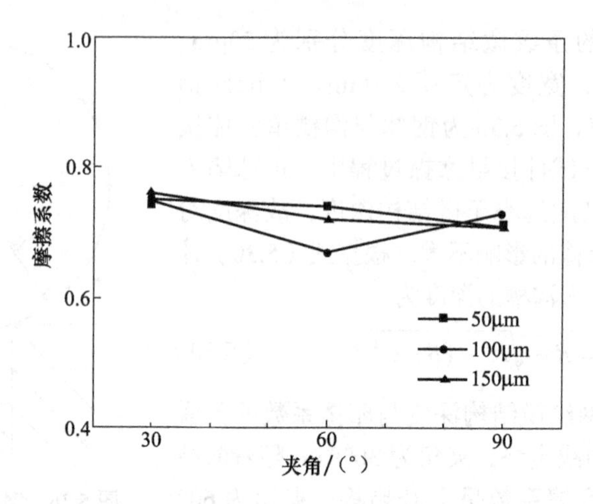

图 5.38　网纹微结构夹角与摩擦系数的关联性

表面织构可视为由两部分组成：凸起平面和深度远大于表面粗糙度的凹坑或凹槽。由接触摩擦理论可知，摩擦系数与材料配对性质、接触表面情况密切相关，故微结构试件与钢球摩擦副的摩擦特性与凸起平面有关。图 5.39 为网纹微结构局部放大示意图，b 为相邻沟槽的间距，φ 为网纹夹角。

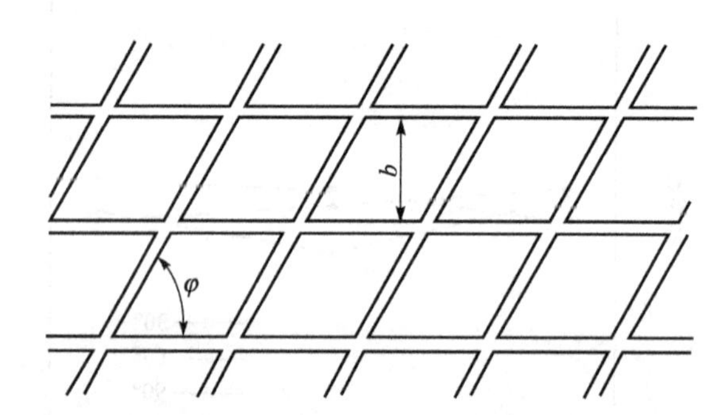

图 5.39　网纹微结构局部示意图

凸起平面为平行四边形，众所周知，平行四边形面积为底乘以高，沟槽间距 b 相当于平行四边形单元的高，令 φ 为网纹夹角，根据三角关系可获得平行四边形底边长度，则凸起平面面积表达式如式（5.31）所示。结合正弦曲线可知，在 0～90°范围内，随着网纹夹角增加，微小凸起单元面积降低，接触面积下降。

$$A_i = \frac{b^2}{\sin\varphi} \tag{5.31}$$

M. Shafiei 等基于 Tabor 接触摩擦理论得到微结构表面摩擦系数 μ_t 与无微结构表面摩擦系数 μ_{unt} 的比值与真实接触面积之比有关，如式（5.32）所示，随着夹角增大，凸起网格面积减小，摩擦行程经过凸起面积减小，摩擦系数呈下降趋势。因此，随着网纹夹角的增大，摩擦系数减小。

$$\frac{\mu_t}{\mu_{\text{unt}}}=\frac{A_t^{\text{real}}}{A_{\text{unt}}^{\text{real}}} \tag{5.32}$$

5.4.5　表面微结构形状优选

试验研究发现，凹坑微结构及条纹、网纹微结构均具有提升摩擦系数的效果，提升效果各不相同。以无微结构试件摩擦系数为基准，圆形凹坑微结构提升摩擦系数 13%～26%，正方形凹坑微结构提升摩擦系数 6%～26%，菱形凹坑微结构提升摩擦系数 14%～26%，条纹微结构提升摩擦系数 21%～37%，网纹微结构提升摩擦系数 10%～24%。条纹微结构提升摩擦系数效果最优异，凹坑微结构与网纹微结构摩擦系数提升效果相当。

根据凹坑微结构及条纹、网纹微结构摩擦试件试验结果，以无微结构试件磨损率为基准，条纹及网纹微结构未起到增强材料耐磨性效果。条纹及网纹微结构由于采用电火花线切割方式加工，沟槽表面组织未得到强化且可能导致了应力分布不均。经扫描电镜观察发现，条纹微结构沟槽附近材料剥落现象严重，网纹微结构裂纹延伸至沟槽内部，故电火花加工的沟槽类微结构未能起到增强耐磨性的效果。

凹坑微结构增强材料耐磨性效果良好，根据前期试验观察可以认为，凹坑微结构良好的耐磨损性能与激光加工方式密不可分。激光熔凝后凹坑单元体发生马氏体转变，基体与单元体相交处存在晶格畸变现象，储存了较大的应变能，阻碍了位错运动，限制了裂纹的扩展。激光加工凹坑微结构裂纹扩展机理如图 5.40 所示。激光加工的二次淬火效应对材料表面做进一步强化，凹坑边缘的高硬质点耐磨性能良好，从而减轻了磨损。凹坑边缘高硬质点的多少影响织构表面的耐磨性。

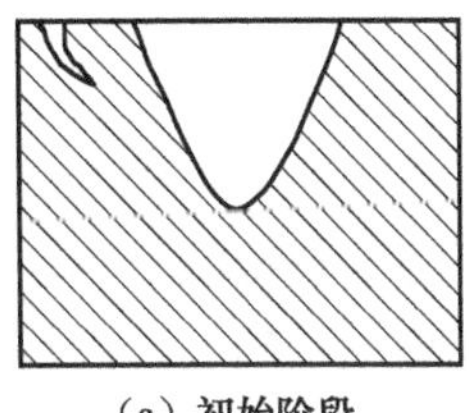
（a）初始阶段

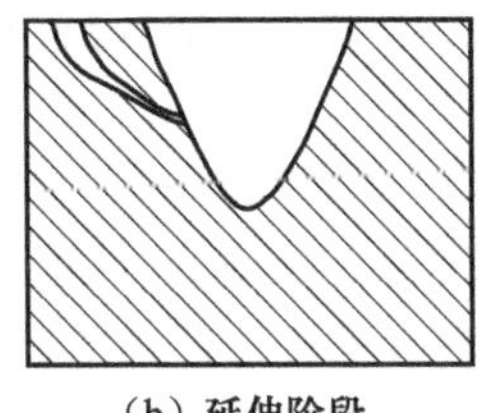
（b）延伸阶段

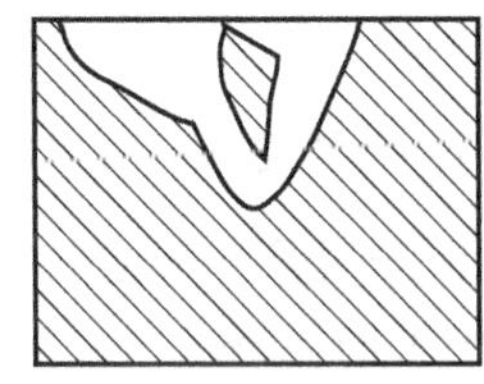
（c）物料脱落

图 5.40　激光加工凹坑微结构裂纹扩展机理

根据试验结果，凹坑面积相同条件下，圆形凹坑微结构试件磨损率均大于正方形及菱形凹坑微结构试件。面积相同条件下，不同形状凹坑周长表达式如表 5.15 所示，表中磨损率 1 为单坑面积 0.00785mm^2 条件下磨损率数值，磨损率 2 为单坑面积 0.01766mm^2 条件下磨损率数值，磨损率 3 为单坑面积 0.03141mm^2 条件下磨损率数值。其中，α 为菱形夹角，正方形可视为特殊菱形（$\alpha = 90°$），故正方形凹坑织构与菱形凹坑织构表面耐磨性相差较小。

表 5.15　凹坑微结构磨损率与周长

凹坑形状	磨损率 1	磨损率 2	磨损率 3	周长 l
圆形	11.27	4.68	3.57	$2\sqrt{\pi S}$
正方形	4.55	3.48	3.15	$4\sqrt{S}$
菱形	5.13	4.12	2.34	$4\sqrt{S/\sin\alpha}$

在目前试验范围内，从图 5.29 可以看出，磨损率随单坑面积增大逐渐减小，激光加工条件下凹坑面积的增大意味着加工成本降低。然而，是否存在“凹坑微结构面积越大磨损率越低，耐磨性越强”的关系，需要扩大试验样本进行进一步研究。

5.4.6　表面微结构磨损模型建立及数值模拟

由上述试验结果分析可知，凹坑表面微结构获得优异的抗磨损性能，凹坑形状相同条件下，磨损率随着凹坑单坑面积的增大而下降。为获得磨损性能最优的凹坑单坑面积，寻求微结构单坑面积阈值，本节采用磨损仿真试验方法，基于试验数据确定磨损模型并进行有限元分析，研究微结构单坑面积与磨损率的关联性。

表面微结构的磨损性能是微结构参数与表面物理品质耦合作用的结果，凹坑微结构与条纹、网纹微结构具有不同的几何品质即表面微结构形貌，以及不同的物理品质，如激光强化作用，导致两者磨损性能出现差异。

1. 模型建立

根据试验分析结果，参考相关文献研究，确定黏着磨损为点接触干摩擦试验过程中的主要磨损形式，伴随存在磨粒磨损。在黏着磨损理论基础上，依照试验分析结果建立干摩擦微结构磨损模型。

Archard 黏着磨损方程应用广泛，基本形式为

$$W = K\frac{PL}{3\sigma_s} = K\frac{PL}{H} \tag{5.33}$$

式中，W 为体积磨损量；P 为载荷；L 为相对滑动距离；H 为硬度；K 可理解为微凸体产生磨屑的概率，与滑动摩擦副材料及配合有关，与摩擦条件也有关。

通过以钢为基体的疲劳强度试验研究发现，激光加工微结构单元体令试件表面屈服强度得到提高。微结构试件表面提高的屈服强度（σ_s）可根据双相结构的混合定律计算，如式（5.34）所示：

$$\sigma_s = \sigma_A f_A + \sigma_B (1 - f_A) \tag{5.34}$$

式中，σ_A 为激光相变马氏体的屈服强度；f_A 为马氏体所占的体积分数；σ_B 为基体铁素体的屈服强度。

激光加工使材料表面形成针状马氏体，马氏体所占体积分数的增加影响试样的屈服强度，使试件局部获得较好的机械性能。马氏体主要存在于激光加工的凹坑外缘区域，则马氏体所占体积分数与凹坑边缘长度所呈比例关系为

$$f_A \propto l \tag{5.35}$$

根据 Archard 方程磨损率公式，将式（5.34）代入式（5.33）得

$$W = K\frac{PL}{3\sigma_s} = K\frac{PL}{3[\sigma_A f_A + \sigma_B (1 - f_A)]} \tag{5.36}$$

由弹性材料 $\sigma_s \approx H/3$，采用硬度值表征材料屈服强度。根据显微硬度测量结果，将硬度值代入得到如下公式：

$$W = K\frac{PL}{H_A f_A + H_B (1 - f_A)} \tag{5.37}$$

式中，H_A 为微结构单元体硬度；H_B 为基体硬度。

由显微硬度测量结果可知，由于加工方式不同，激光加工微结构单元体显微硬度达到 670～698 HBS，电火花加工微结构单元体显微硬度仅达到 598～627 HBS，与基体硬度相近，基体显微硬度为 599～630 HBS。

由于微结构单元体形状不同，激光加工的凹坑试样的边长各不相同，具有 $l_{圆} < l_{方} < l_{菱}$ 的关系，所以不同形状试样存在 $f_{A圆} < f_{A方} < f_{A菱}$ 的关系。

采用 Archard 磨损理论建立模型，磨损系数是一个至关重要的参数，磨损系数是表征材料在磨损过程中磨损难易程度的无量纲量。磨损模型计算应用中，磨损系数值通常通过试验方法获得。本节根据点接触干滑动磨损试验的磨损量计算确定磨损系数。

在工程实际应用中，零件的磨损深度比磨损体积更为重要且容易测量。Archard 曾试图通过接触面积 A 将磨损方程转化为磨损深度变化率方程：

$$\dot{d} = \frac{d}{t} = \frac{W}{A \times t} = \frac{K}{H} \times \frac{W}{A} \times \frac{L}{t} = \frac{KPV}{H} \tag{5.38}$$

由式（5.38）可推知，菱形凹坑微结构试样磨损率较小。为便于应用于钢球

检测机构寿命预测中，以磨损深度为求解目标，以试验数据为基础，计算模型中磨损系数。令 $H'=H_A f_A+H_B(1-f_B)$，得到磨损率方程如下：

$$\dot{d}=\frac{KPV}{H'} \tag{5.39}$$

f_A 不仅与凹坑微结构设计参数有关，还与激光打孔主要工艺参数（脉冲能量、聚焦镜头、偏焦量以及光脉冲波形）息息相关。由于条件限制，根据凹坑微结构设计参数，对试验接触部分的 f_A 进行简单推算。将试验相关数据代入式（5.33），计算得微凸体产生磨屑的概率为

$$K=\frac{WH'}{PL}=\frac{W\times[H_A f_A+H_B(1-f_A)]}{PL} \tag{5.40}$$

2. 微结构磨损模型可行性分析

目前摩擦磨损方面的研究主要集中于试验研究，在某种选定条件下进行大量的试验，耗费大量资源且成本较高。基于所建立的磨损模型，利用有限元软件模拟试验条件，完成模型建立、相关边界条件设置及磨损子程序写入。

根据所建立的微结构磨损模型对优选出来的正方形及菱形凹坑微结构试件进行磨损量有限元模拟，并将微结构试件磨损量数值模拟结果与试验得到的磨损量进行对比，验证微结构磨损模型理论的有效性。

正方形凹坑微结构三种单坑面积下磨损量数值计算结果如图 5.41 所示。表 5.16 为正方形凹坑微结构三种单坑面积下模拟与试验分别得到的磨损量误差对比。滑动磨损属于非线性分析，计算量较大，由于计算机运算能力限制，模拟的摩擦行程较短，根据磨损理论，磨损量与相对滑动距离成正比，该结论已在前人试验研究中得到证实。

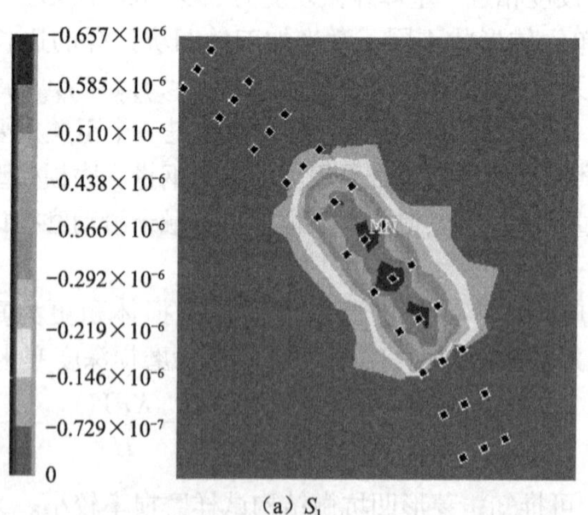

(a) S_1

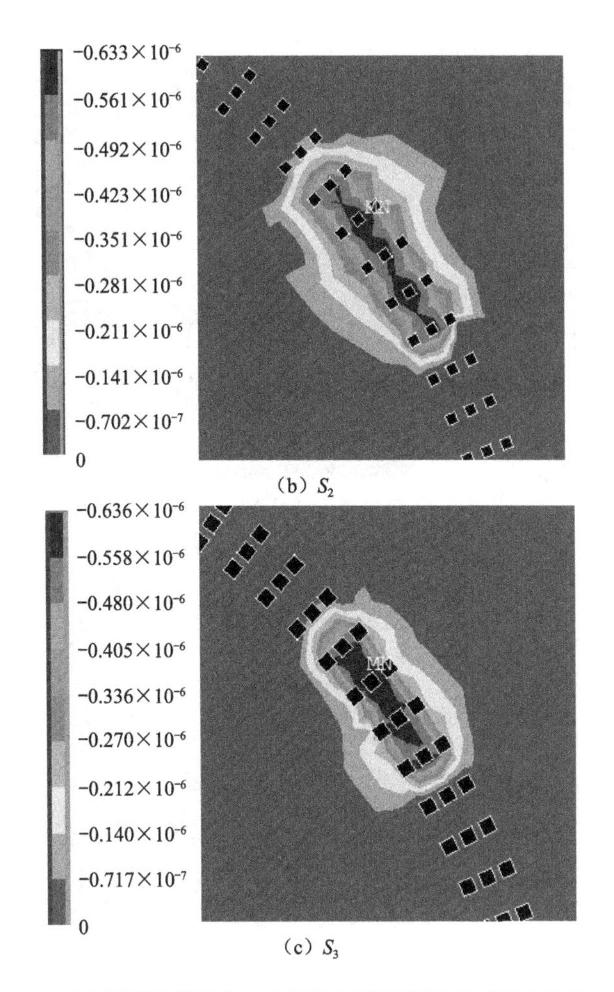

（b）S_2

（c）S_3

图 5.41　正方形凹坑微结构三种单坑面积下磨损量云图（单位：mm）

表 5.16　正方形凹坑微结构三种单坑面积下磨损模拟与试验误差

单坑面积	S_1	S_2	S_3
数值分析磨损深度/（10^{-7}mm）	6.57	6.33	6.36
试验测量磨损深度/（10^{-7}mm）	6.4	6.625	6.225
模拟与试验误差百分比/%	2.66	4.45	2.17

菱形凹坑微结构三种单坑面积下磨损量数值计算结果如图 5.42 所示，其三种单坑面积下的模拟与试验分别得到的磨损量误差对比如表 5.17 所示。

根据表 5.16 和表 5.17 中模拟与试验结果误差分析可知，模拟与试验结果最大误差是单坑面积为 S_2 的菱形凹坑微结构，误差值为 6.95%。正方形凹坑微结

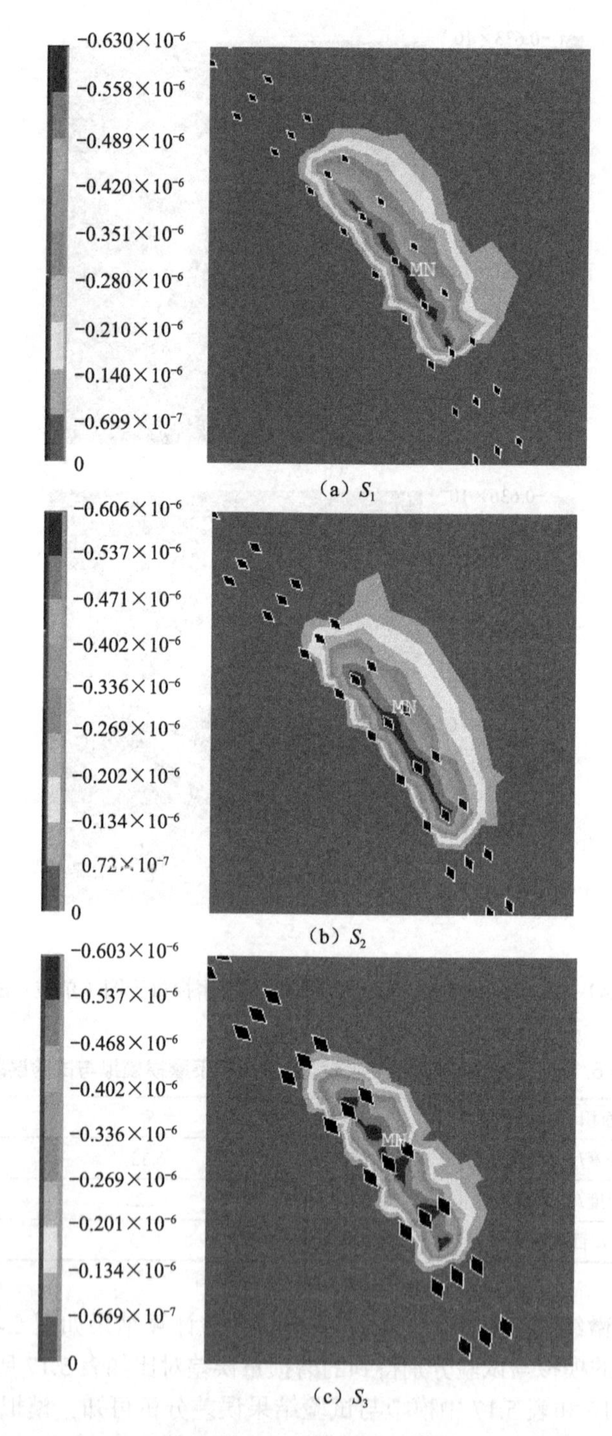

图 5.42　菱形凹坑微结构三种单坑面积下磨损量云图（单位：mm）

表 5.17　菱形凹坑微结构三种单坑面积下磨损模拟与试验误差

单坑面积	S_1	S_2	S_3
数值分析磨损深度/(10^{-7}mm)	6.3	6.06	6.03
试验测量磨损深度/(10^{-7}mm)	6.6	6.5125	6.225
模拟与试验误差百分比 /%	4.55	6.95	3.13

构模拟与试验结果平均误差为 3.09%，菱形凹坑微结构模拟与试验结果平均误差为 4.88%，则正方形与菱形凹坑微结构模拟与试验结果平均误差为 4.0%。考虑到干摩擦具有系统特性，影响因素较为复杂，有限元模拟误差与实际误差在可接受范围内，故利用所建立的微结构磨损模型对点接触干滑动摩擦工况进行磨损数值模拟是有效可行的，可以根据所建立的微结构磨损模型进行微结构试件磨损的模拟分析，探讨凹坑面积与磨损量的关联性，进一步完善微结构磨损理论，为获得磨损性能最优的凹坑单坑面积、寻求微结构单坑面积阈值提供参考，为摩擦磨损研究方向提供磨损数值模拟新思路。

3. 凹坑微结构数值模拟

选取 0.05mm^2、0.07mm^2、0.09mm^2 和 0.12mm^2 四种单坑面积（下面分别用 S_4、S_5、S_6、S_7 表示）进行点面接触干滑动摩擦过程数值模拟，研究不同单坑面积下摩擦过程中磨损特性的变化规律，寻求微结构耐磨损设计单坑面积阈值。对四种单坑面积下正方形凹坑微结构试件分别进行有限元分析，得到四种面积下的磨损量云图，如图 5.43 所示。

由于计算设备限制，不能实现试验过程的完全模拟，根据磨损理论，磨损量与相对滑动距离成正比，所以可以根据模拟结果进行对比。由四种单坑面积下正

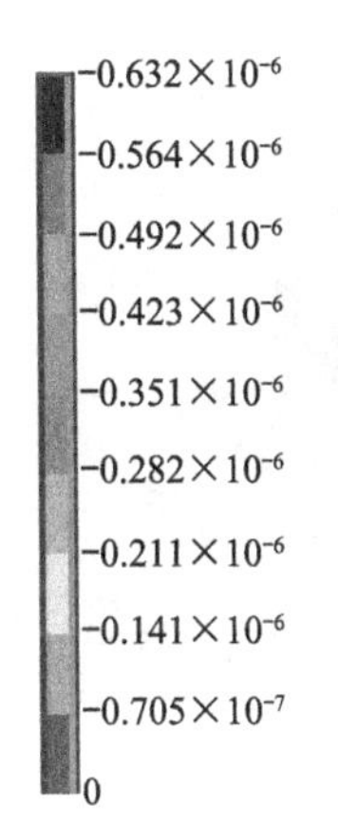

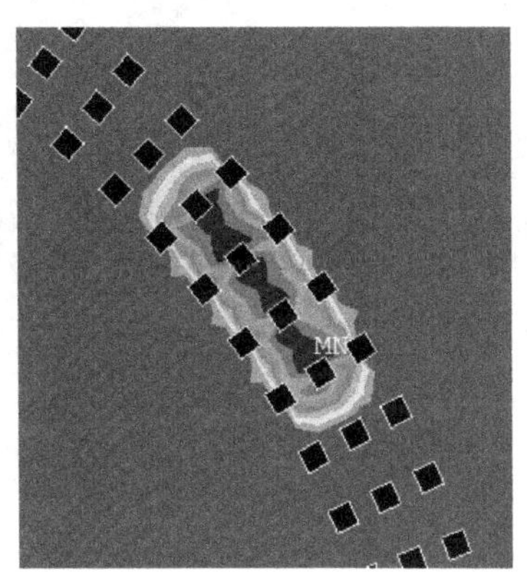

(a) S_4

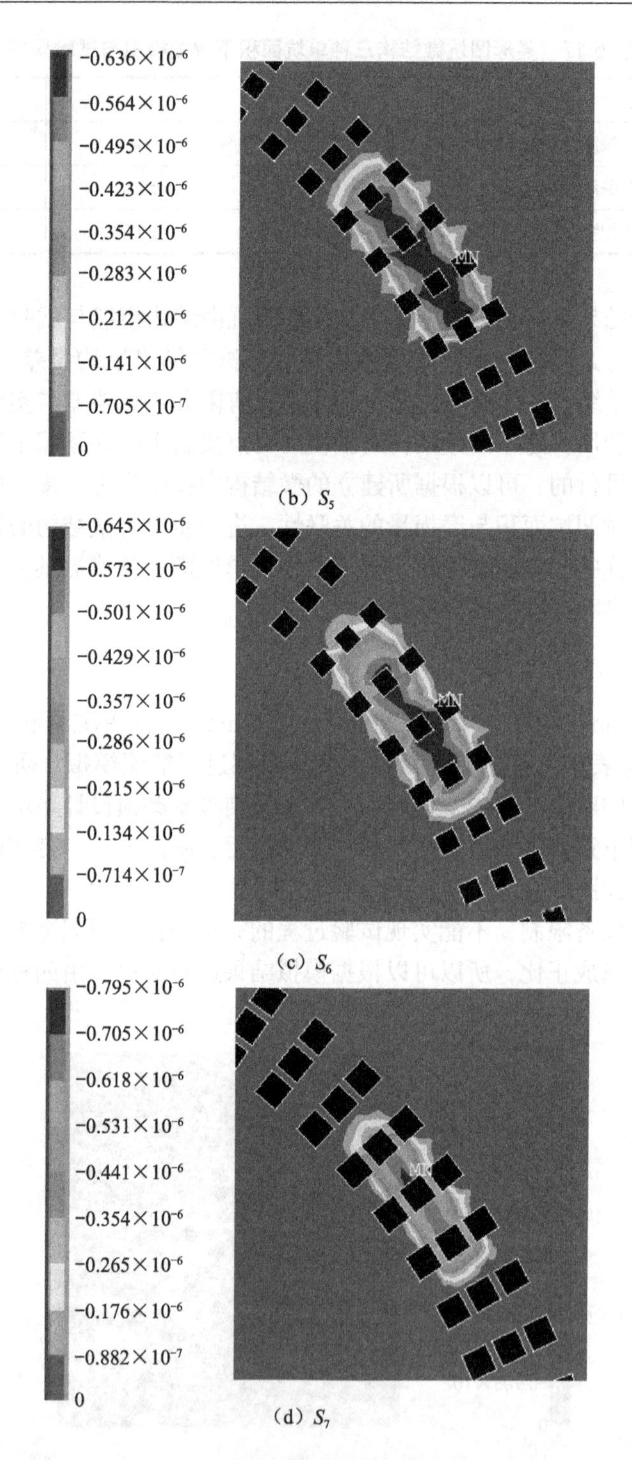

图 5.43　正方形凹坑微结构四种单坑面积下磨损量云图（单位：mm）

方形凹坑微结构试件磨损量云图可知，三排小孔均受到磨损，磨损集中在中间一排小孔区域，因为这排小孔正好位于钢球运动轨迹处。为了更直观地反映磨损量与单坑面积的关联性，根据有限元模拟的磨损量值绘制磨损量曲线，如图 5.44 所示，以观察单坑面积对磨损量的影响。

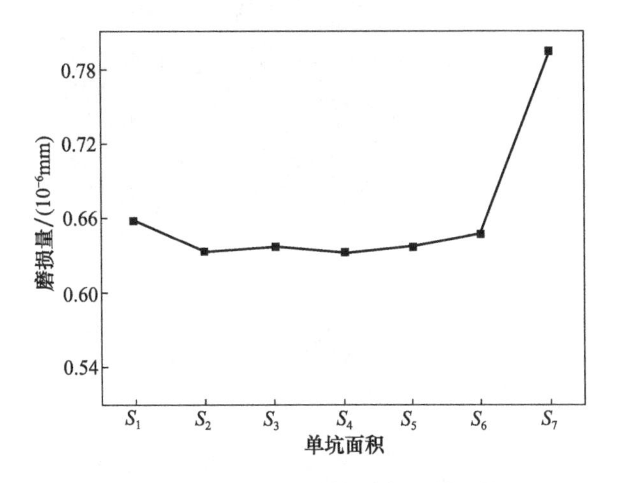

图 5.44　正方形凹坑微结构磨损量模拟结果

根据有限元磨损模拟结果，S_1～S_6 微结构试件磨损量均在一定范围内波动，S_7 微结构试件磨损量较大，说明在单坑面积为 0.12mm^2 条件下，正方形凹坑微结构降低磨损效果较差，微结构面积占有率过大，造成磨损加剧。

对四种单坑面积下菱形凹坑微结构试件分别进行有限元分析，得到四种单坑面积下的磨损量云图，如图 5.45 所示。由图可知，磨损集中在中间一排菱形凹坑

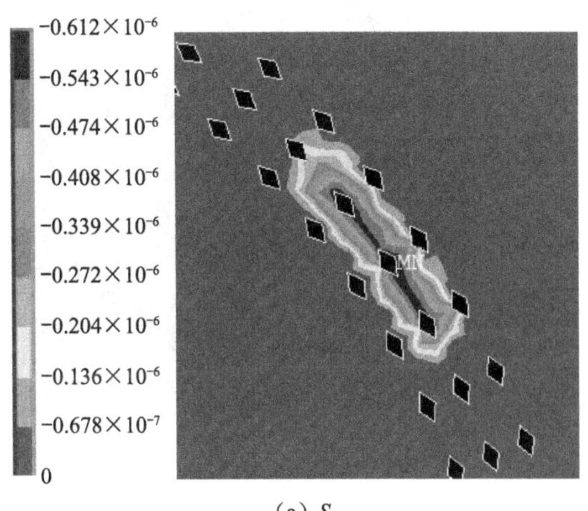

（a）S_4

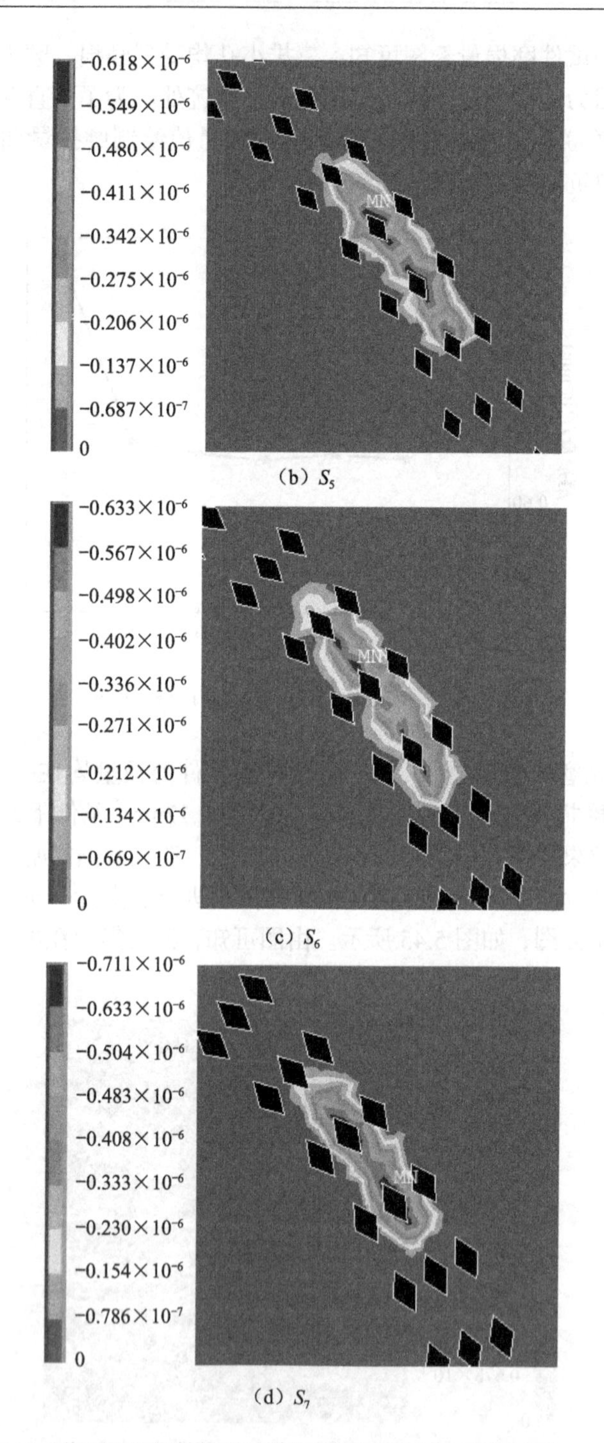

（b）S_5

（c）S_6

（d）S_7

图 5.45　菱形凹坑微结构四种单坑面积下磨损量云图（单位：mm）

处，比正方形凹坑微结构更为集中。根据有限元模拟的磨损量值绘制磨损量曲线，如图 5.46 所示，以观察单坑面积对磨损量的影响。

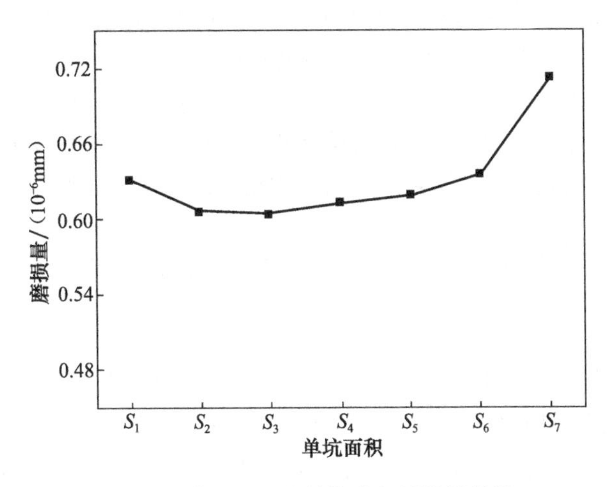

图 5.46　菱形凹坑微结构磨损量模拟结果

由图 5.46 可以看出，与正方形凹坑微结构试件模拟磨损量结果类似，S_1～S_6 微结构试件磨损量差值不大，S_7 微结构试件磨损量较大，说明单坑面积为 0.12mm^2 时，微结构磨损性能明显降低。因此，可根据模拟结果，在该值范围内，考虑加工成本，限制单坑面积在 0.12mm^2 以内，设计凹坑微结构尺寸，通常情况下凹坑尺寸越小，加工难度越大，成本越高。对无微结构光滑试件进行磨损数值模拟，为微结构优选提供参考，无微结构试件磨损量模拟结果如图 5.47

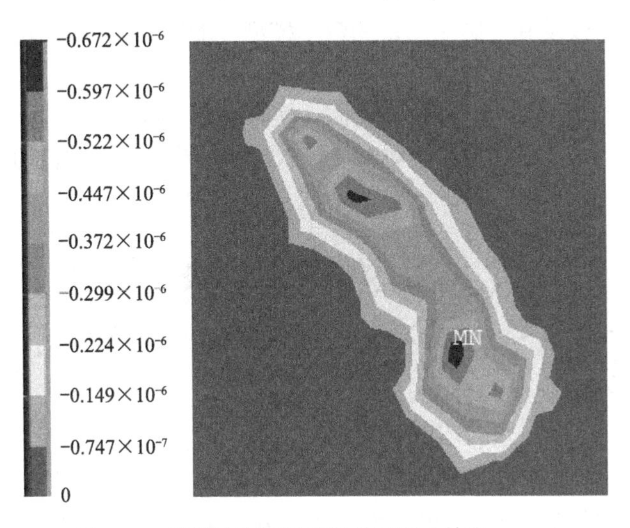

图 5.47　无微结构试件磨损量云图（单位：mm）

所示，磨损量最大值为 6.72×10^{-7}mm，均大于 $S_1\sim S_6$ 下凹坑微结构磨损量，而 S_7 下凹坑微结构磨损量大于光滑试件，微结构反而增大了磨损。

通过建立微结构磨损方程，提供了一种快速预测微结构磨损性能的方法。该模型考虑了微加工造成的材料改性对磨损特性的影响。为完成凹坑表面微结构尺寸设计，需进行进一步模拟试验，通过有限元分析方法进行数值模拟，验证微结构磨损模型的可行性，凹坑微结构有限元模拟与试验结果平均误差为 4%；基于微结构磨损模型及数值模拟，得到凹坑微结构耐磨设计最佳面积在 0.12mm^2 以内。

5.5 检测机构驱动面磨损理论分析及寿命预测

钢球生产企业由于缺乏寿命预测模型，大多数驱动面存在超期服役的现象，这将严重影响检测的精度，进而影响钢球的品质，因此本节以微结构驱动面为对象，以 Archard 模型为基础，将驱动面的磨损视为综合的表面损伤现象，通过建立驱动面磨损过程中微结构影响参数模型、载荷函数以及滑动速度函数，最终获得检测机构驱动面磨损模型，并依据所建立的模型，采用数值仿真方法对不同条件下驱动面进行寿命预测[35]。

5.5.1 Archard 模型介绍

机械材料的磨损计算公式当中，Archard 模型的应用最为广泛，Archard 模型是由英国莱斯特大学工程系 J. F. Archard 教授于 1953 年提出的理论模型，最早应用于计算黏着磨损，后拓展应用于一般滑动摩擦导致的磨损中。该模型由试验获得，即根据无润滑条件下绝大多数金属摩擦副试验数据，建立关于接触力、滑动速度、材料硬度以及其他影响因素的数学模型，能够较为全面地反映各试验参数及条件对材料磨损量的影响[36]。

摩擦副的表面均为名义平滑表面，实际上都存在微观的凸峰和凹谷，如图 5.48 所示，当两个凸峰元相接触时，较软材料的凸峰元将被剪切，与基体脱离，形成磨屑。

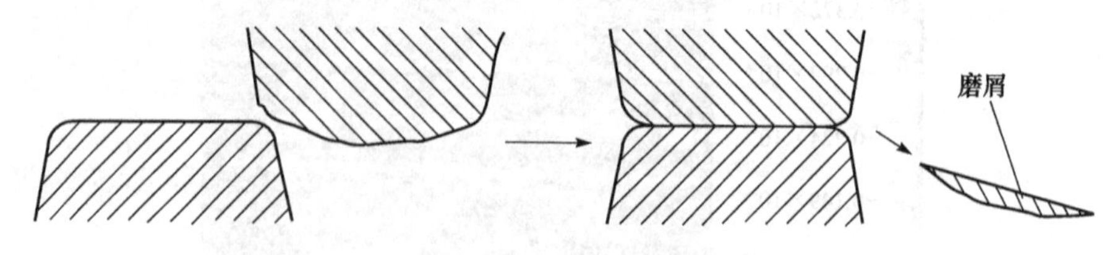

图 5.48　Archard 磨损模型

Archard 模型将凸峰元理想化为半径为 a 的半球形，其硬度为 H，受到的法

向载荷为 δN，单个磨屑截面面积 δA 可表示为

$$\delta A=\pi a^2=\frac{\delta N}{H} \tag{5.41}$$

一次滑动产生单个磨屑的体积 δV 为

$$\delta V=\frac{2}{3}\pi a^3 \tag{5.42}$$

由图 5.48 可以看出，一次滑动产生单个磨屑的滑动行程 δL 恰好等于磨屑直径时，磨屑处于刚好与基体完全脱离的状态，则滑动行程 δL 为

$$\delta L=2a \tag{5.43}$$

结合式（5.43）可以求得单元体积磨损率 δr 为

$$\delta r=\frac{\delta V}{\delta L}=\frac{1}{3}\pi a^2=\frac{1}{3}\frac{\delta N}{H} \tag{5.44}$$

则对于整个摩擦接触面，总体积磨损率 r 为

$$r=\sum\delta r=\frac{1}{3}\frac{\sum\delta N}{H}=\frac{1}{3}\frac{N}{H} \tag{5.45}$$

由于实际磨损过程中，并非所有磨屑的形状都是半球形，因此引入无量纲磨损系数 K，则磨损体积 r 可表示为

$$r=\frac{1}{3}K\frac{N}{H} \tag{5.46}$$

将式（5.46）中的系数合并，则最终磨损体积 r 为

$$r=K_s\frac{N}{H} \tag{5.47}$$

由于实际的磨损现象当中，磨损形式往往不是单一的，而是几种磨损形式综合作用的结果，一般以一两种磨损形式为主，同时伴随几种不同的磨损形式。因此，模型中的磨损系数 K_s 实际上包含了除法向载荷 N、滑动行程 L 和材料硬度 H 的所有影响因素，该系数需要通过物理实验获得，在不同条件下相差很大，有时甚至是几个数量级的差别，它也是影响磨损深度的主要参数之一。

1. 检测机构驱动面磨损模型建立

由 Archard 模型可知，连续稳定磨损过程中连续磨损体积 r 可表示为

$$\frac{W}{s}=K_s\frac{N}{H} \tag{5.48}$$

式中，W 为体积磨损量；s 为滑动距离。然而，实际应用中磨损深度比磨损体积

更容易通过测量等方式获得，则该式可转化为

$$\frac{h}{s}=K_s\frac{N}{H} \tag{5.49}$$

对于稳定连续磨损过程，滑动距离 s 的表达式为

$$s=vt \tag{5.50}$$

式中，v 为滑动速度；t 为滑动时间。

结合式（5.50）可以得到磨损深度 h 的表达式为

$$h=K_s\frac{N}{H}vt \tag{5.51}$$

在展开机构运动过程中，钢球与驱动面的接触点位置是随着时间不断变化的，所以接触点载荷及滑动速度也时刻变化。因此，展开机构驱动面的磨损深度模型应采用微分的形式，将整个过程中的非线性过程离散化为准静态过程，表示为

$$\frac{\mathrm{d}h}{\mathrm{d}s}=K_s\frac{N}{H} \tag{5.52}$$

将式（5.52）左侧的参数分别对时间求导数，则公式转化为

$$\frac{\mathrm{d}h/\mathrm{d}t}{\mathrm{d}s/\mathrm{d}t}=K_s\frac{N}{H} \tag{5.53}$$

则根据式（5.53）得到磨损深度对时间的微分公式为

$$\frac{\mathrm{d}h}{\mathrm{d}t}=K_s\frac{N}{H}v \tag{5.54}$$

分别对式（5.54）两边取积分，则公式转化为

$$h=\int_t^{t+\Delta t}K_s\frac{N}{H}v\mathrm{d}t \tag{5.55}$$

由于公式中的载荷 N、滑动速度 v 都随时间变化，所以还要确定在这个过程中其随时间变化的函数，同时考虑微结构参数与磨损系数 K_s 的计算关系模型，最终得到的驱动面磨损深度模型为

$$h=\int_t^{t+\Delta t}K_s'\frac{N(t)}{H}v(t)\mathrm{d}t \tag{5.56}$$

2. 磨损系数 K_s' 计算模型的建立

微结构具有改变材料表面摩擦性能的作用，因此将原 Archard 模型中磨损系数 K_s 定义为关于光滑材料表面磨损系数 K_0 和微结构影响系数 k 的函数形式，则磨损系数 K_s' 为

$$K_s' = k \cdot K_0 \tag{5.57}$$

式中，K_0 的意义同原模型中磨损系数意义相同；k 是由微结构的特性决定的微结构参数影响系数。

光滑表面磨损系数 K_0 及各个微结构试件的微结构影响系数 k 根据试验结果进行求解，对微结构影响系数 k 进行最小二乘法和多元线性回归分析，建立微结构影响系数 k 的模型为

$$k = 0.0725 + 0.0078\beta + 0.6369d - 0.4933h \tag{5.58}$$

式中，β 为条纹微结构倾角；d 为相邻条纹边距；h 为条纹深度。

经过显著性检查方程的显著性水平 $\alpha = 0.005$，显著性水平为 99.5%，通过显著性检验回归方程是显著的，该方程能够较好地反映各参数与 k 的关系。所以，检测机构驱动面磨损模型中磨损系数 K_s' 的计算模型为

$$K_s' = k \cdot K_0 = (0.0725+0.0078\beta + 0.6369d - 0.4933h) \cdot K_0 \tag{5.59}$$

3. 驱动面载荷函数 $N(t)$ 的建立

由检测机构动力特性分析可知，展开轮驱动面受力呈反对称关系，则单侧受到的载荷 F_A 为

$$F_A = \frac{F\sin(\gamma - \varphi)}{\sin(2\gamma)} \tag{5.60}$$

式中，F 为驱动轮的正压力；γ 为展开轮圆锥半顶角；φ 为任意时刻展开轮回转轴线与圆锥轴线的夹角。

由运动分析可知，φ 在 $[-\theta, \theta]$ 范围内以正弦函数规律变化，因此可以得到 φ 关于时间 t 的函数 $\varphi(t)$ 为

$$\varphi(t) = \theta\sin\left(\frac{2\pi}{T} \cdot t\right) \tag{5.61}$$

式中，T 为展开轮转动周期。

根据式（5.61）可以得到展开轮驱动面载荷函数 $N(t)$ 为

$$N(t) = \frac{F\sin[\gamma - \varphi(t)]}{\sin(2\gamma)} = \frac{F}{\sin(2\gamma)}\sin\left[\gamma - \theta\sin\left(\frac{2\pi}{T} \cdot t\right)\right] \tag{5.62}$$

4. 驱动面滑动速度函数 $v(t)$ 的建立

由检测机构运动分析可知，钢球与驱动面间的相对滑动由驱动面对钢球的摩擦力矩 M_z 提供，该摩擦力矩视为定值，即由此产生的角加速度 σ_z 大小不变，方向随着加速半周期和减速半周期而呈现负对称的关系，因此球体与驱动面间的相对角速度 ω_z 是随着钢球加速半周期和减速半周期的交替而呈现周期性变化的函

数。假设展开轮转动周期为 T，则在加速半周期内角速度 $\omega(t)$ 为

$$\omega(t)=\sigma_z t,\quad t \leqslant \frac{T}{2} \tag{5.63}$$

减速半周期内角速度 $\omega(t)$ 为

$$\omega(t)=-\sigma_z(t+T),\quad \frac{T}{2}<t \leqslant T \tag{5.64}$$

则由式（5.63）和式（5.64）可以求得驱动面滑动速度函数 $v(t)$ 为

$$v(t)=\begin{cases}\sigma_z Rt, & t \leqslant \dfrac{T}{2} \\ -\sigma_z R(t+T), & \dfrac{T}{2}<t \leqslant T\end{cases} \tag{5.65}$$

5.5.2 检测机构驱动面磨损寿命预测

1. 磨损阈值确定

对检测机构驱动面进行磨损寿命的预测，首先应确定驱动面的磨损阈值。针对检测机构驱动面，磨损阈值定义为在一定的检测时间内，检测机构不足以保证球体被全表面检测时的极限磨损量。

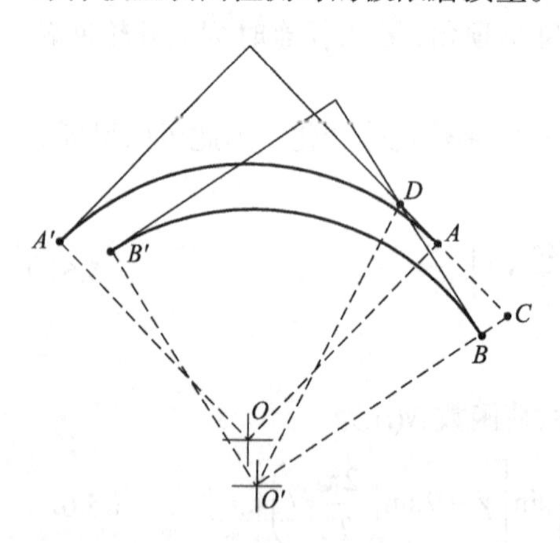

图 5.49　磨损阈值计算示意图

两侧驱动面运动规律呈反对称关系，因此仅对一侧进行磨损分析，磨损阈值计算示意图如图 5.49 所示。驱动面与钢球在平衡位置与最大极限位置两次接触的接触点分别为 A 和 B，当驱动面被磨损时，最大极限位置与平衡位置的体积差（即图中 ΔBCD 部分）将逐渐减小，即 l_{BC} 逐渐减小。此时驱动面与钢球接触的最大与最小极限位置将逐渐向平衡位置靠近，起到展开作用的偏角 θ 逐渐减小，直到减小为零，即磨损深度达到 l_{BC} 时，钢球不做展开运动，此时磨损阈值为 l_{BC}。通过几何关系计算得到的阈值 $h_{\max}$ 为

$$h_{\max}=2R\sin\theta\tan\theta \tag{5.66}$$

2. 寿命预测条件与方法

驱动面磨损寿命预测是根据驱动面工作状况分析其磨损程度，进而预测驱动

面达到磨损阈值时所工作的时间，即驱动面磨损寿命。驱动面寿命预测流程如图 5.50 所示。

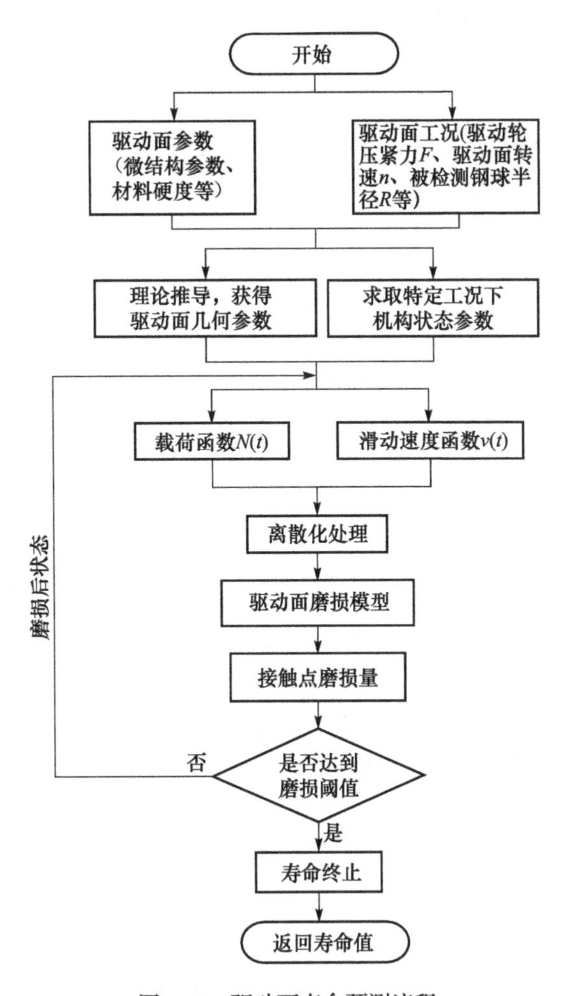

图 5.50　驱动面寿命预测流程

根据驱动面磨损模型可知，驱动面的寿命是关于被检测钢球半径 R、驱动面转速 n 及驱动轮压紧力 F 的函数，因此驱动面寿命 L 用公式表示为

$$L = f(R, n, F) \tag{5.67}$$

由机构摩擦动力学特性分析可知，保证钢球做展开运动需要满足的条件是驱动面提供的转矩产生的角加速度不小于球体半周期内加速所需的角加速度，因此 σ_z 需满足的条件为

$$\frac{M_z}{J} \geqslant \sigma_z \tag{5.68}$$

式中，J是被检测钢球的转动惯量。

结合式（5.2）、式（5.4）和式（5.8）可以推得驱动轮压紧力 F 与驱动面转速 n 及被检测钢球半径 R 的函数关系为

$$F = An^2 R^4 \tag{5.69}$$

式中，A 为常数。

由式（5.67）和式（5.69）即可求得驱动面在压紧力 F、转速 n 以及被检测钢球半径 R 不同时的寿命。

3. 算例分析

依据微结构参数规律分析结果，选择一组最优的条纹微结构参数，采用驱动面磨损寿命预测方法[37]进行数值仿真，以求得驱动面的磨损寿命。展开轮及驱动面微结构的基本参数如表 5.18 和表 5.19 所示。

表 5.18　展开轮基本参数

材料	硬度 H/HB	偏角 θ/(°)	圆锥半顶角 γ/(°)
45 钢	258	1	45

表 5.19　条纹微结构参数

倾角 β/(°)	边距 d/mm	深度 h/mm
0	0.4	0.4

由于本书中轮式展开机构针对被检测钢球的尺寸范围为 Φ10～Φ30，所以本节选取该尺寸范围内圆整后的标准钢球直径进行研究，依据阈值计算公式求得的被检测钢球阈值如表 5.20 所示。

表 5.20　被检测钢球驱动面计算阈值

直径/mm	10	11	12	13	14	15	16	17	18	19
阈值/μm	3.04	3.35	3.66	3.96	4.26	4.57	4.87	5.18	5.48	5.79
直径/mm	20	21	22	23	24	25	26	27	28	29
阈值/μm	6.09	6.40	6.70	7.00	7.31	7.62	7.92	8.23	8.53	8.83

由于机构实际工作中，一个驱动面能够同时检测几组不同尺寸的钢球，所以将相邻尺寸钢球进行分组，以组内最小计算阈值作为该组驱动面的实际阈值进行研究，分组后的驱动面阈值如表 5.21 所示。

表 5.21　驱动面实际阈值

直径/mm	10	11	12	13	14	15	16	17	18	19
阈值/μm	3.0	3.0	3.0	3.0	4.2	4.2	4.2	5.1	5.1	5.1
直径/mm	20	21	22	23	24	25	26	27	28	29
阈值/μm	6.0	6.0	6.0	6.0	7.6	7.6	7.6	8.2	8.2	8.2

选择转速范围 1000～10000r/min，步长 500r/min，根据钢球做展开运动条件式（5.65）和式（5.66）进行计算，获得各尺寸钢球在各转速下全表面展开所需的最小驱动轮计算压紧力。考虑机构实际工作情况，依据被检测钢球尺寸对计算压紧力进行分组，取组内最大压紧力为该组实际压力。

依据驱动面寿命公式（5.64），按照驱动面寿命预测流程对所选尺寸范围的钢球进行寿命值预测[38]。

根据计算结果[39]可知，被检测钢球尺寸和驱动面转速越大，则检测时所需的驱动轮压紧力越大；同时，驱动面的磨损寿命随着钢球尺寸和转速的增加而降低，并且随着转速的增加，驱动面寿命的降低速度逐渐减小，在高转速下（9000～10000r/min），驱动面寿命变化量极小，几乎可近似成不变。由此可知，在低速下检测尺寸较小的钢球时驱动面的寿命更高，在极高转速下，相同条件时驱动面转速的变化对驱动寿命影响很小。

参 考 文 献

[1] 潘冬，赵阳，李娜，等. 齿轮磨损寿命预测方法. 哈尔滨工业大学学报，2012，44（9）：29-33.

[2] 李媛，刘小君，张彦，等. 面接触条件下织构表面摩擦特性研究. 机械工程学报，2012，48（19）：109-115.

[3] 温诗铸，黄平. 摩擦学原理. 2 版. 北京：清华大学出版社，2002.

[4] Klink U, Flores G, et al. New technologies of honing. Society of Manufacturing Engineer, 1998, (4): 98-210.

[5] 苏为华. 多指标综合评价理论与方法问题研究. 厦门：厦门大学博士学位论文，2000.

[6] 赵彦玲，夏成涛，向敬忠，等. 钢球检测机构驱动面磨损寿命预测方法. 哈尔滨理工大学学报，2015，3：8-12.

[7] 谢恒星，张一清，李松仁，等. 钢球的应用状况与磨损机理. 武汉化工学院学报，2002，24（1）：42-48.

[8] 赵彦玲，黄平，夏成涛，等. 一种用于测量滚动摩擦力的装置：中国，ZL 201402124403.2. 2014.7.23.

[9] Menezes P L, Kshore, Kailas S V, et al. Role of surface texture, roughness, and hardness on friction during unidirectional sliding. Tribology Letters, 2011, 41(1): 1-15.

[10] Wong H C, Umehara N, Kato K. The effect of surface roughness on friction of ceramics sliding in water. Wear, 2001, 218(2): 237-243.

[11] 从茜，张宏涛，金敬福，等. 仿生非光滑通孔耐磨机制有限元分析. 润滑与密封，2007，32（1）：31-33.

[12] Dong L C, Han Z W, Lv Y, et al. Anti-wear properties of ring model with bionic concave morphology. Journal of Jilin University (Engineering and Technology Edition), 2011, 41(6): 1660-1662.

[13] 宋起飞，刘勇兵，周宏，等. 激光制备仿生耦合制动毂的摩擦磨损性能. 吉林大学学报（工学版），2007，37（5）：1069-1073.

[14] Zhao Y L, Yun Z Y, Xiang J Z, et al. Modeling of the whole surface unfolding mechanism of a steel ball and its motion analysis. Journal of Harbin Engineering University, 2015, 36(2): 237-242.

[15] Xu P F, Zhou F, Wang Q Z, et al. Influence of meshwork pattern grooves on the tribological characteristics of Ti-6Al-4V alloy in water lubrication. Journal of Tribological, 2012, 32(4): 377-383.

[16] Krupka I, Poliscuk R, Hartl M. Behavior of thin viscous boundary films in lubricated contacts between micro textured surfaces. Tribology International, 2009, 42(4): 535-539.

[17] Zhao Y L, Che C Y, Xuan J P, et al. Kinematic analysis on spiral line unfolding mechanism of steel-ball whole surface. Journal of Harbin University of Science and Technology, 2013, 18(1): 37-40.

[18] Chen D C, Jiang B L, Shi H Y, et al. Investigation of microstructure and performance of C/W multilayer coatings with W interlayer. Journal of Materials Engineering, 2011, 4: 33-37.

[19] 张振夫，周飞，王晓雷，等. 滑动表面仿生微结构的摩擦学效应. 机械制造研究，2009，38（3）：65-70.

[20] Ma C B, Zhu H. An optimum design model for textured surface with elliptical-shape dimples under hydrodynamic lubrication. Tribology International, 2011, 44(9): 987-995.

[21] Hamilton D B, Walowit J A, Allen C M. A theory of lubrication by micro-irregularities. Journal of Basic Engineering, 1966, 88: 177-185.

[22] Nanbu T, Ren N, Yasuda Y, et al. Micro-textures in concentrated conformal-contact lubrication: Effects of texture bottom shape and surface relative motion. Tribology Letters, 2008, 29(3): 241-252.

[23] 赵彦玲，车春雨，铉佳平，等. 球面轮式展开机构用的表面织构化展开轮：中国，ZL201320326058.6. 2013.12.4.

[24] 王霄，张广海，陈卫，等. 不同微细造型几何形貌对润滑性能影响的数值模拟. 润滑

与密封，2007，32（8）：66-73.

[25] 胡天昌，胡丽天，丁奇. 45#钢表面激光织构化及其干摩擦特性研究. 摩擦学学报，2010，30（1）：46-52.

[26] 汪博文，尹必峰，卢振涛，等. 激光表面织构技术在球墨铸铁凸轮表面的应用试验研究. 燕山大学学报，2014，38（4）：306-311.

[27] Linku K. Laser honing on the surface of the cylinder. Internal Combustion Engine, 1998, (2): 50-53.

[28] 刘会霞，袁春俭，司辉，等. 规则微造型表面磨损过程的有限元分析. 润滑与密封，2008，33（2）：1-34.

[29] 封贝贝，汪家道，陈大融. 微米级沟槽表面薄膜的制备及减阻性能研究. 功能材料，2012，43（9）：1173-1176.

[30] 韩中领，汪家道，陈大融. 凹坑表面形貌在面接触润滑状态下的减阻研究. 摩擦学学报，2009，29（1）：10-15.

[31] Zhao Y L, Wang H B, Xuan J P, et al. Research on reverse movement characteristics of defective detection mechanism for steel balls. Journal of Harbin University of Science and Technology, 2014, 19(5): 61-65.

[32] Brunetiere N, Tournerie B. Numerical analysis of a surface-textured mechanical seal operating in mixed lubrication regime. Tribology International, 2012, 49: 80-88.

[33] Rong Q A. Research and manufacture of the instrument of bearing ball's nondestructive testing. Aviation Precision Manufacturing Technology, 2005, 41(4): 52-54.

[34] 连峰，张会臣，庞连云. Ti6Al4V 表面激光织构化及其干摩擦特性研究. 润滑与密封，2011，36（9）：1-5.

[35] Wang P, Zhao Y L, Liu X L, et al. The key technology research for vision inspecting instrument of steel ball surface defect. Key Engineering Materials, 2008, 392-394(4): 818-820.

[36] 张永振，贾利晓. 材料干滑动摩擦磨损性能的研究进展. 润滑与密封，2010，35（9）：1-7.

[37] Yuan Y F. Analysis of multi-target orthogonal experiment. Journal of Hubei Automotive Industries Institute, 2005, 19(4): 53-56.

[38] Li G P, Zhang Y K, Ai C S, et al. Defects inspection of steel ball based on optical fiber sensing technique. Applied Mechanics and Materials, 2011, 55-57: 658-663.

[39] 车春雨. 钢球检测机构驱动面微结构优选及摩擦性能研究. 哈尔滨：哈尔滨理工大学硕士学位论文，2014.

第 6 章　基于图像的盘式钢球缺陷检测机构

本章针对尺寸较小的钢球（一般小于 12mm）表面缺陷检测进行研究，设计基于图像的盘式展开机构，可同时检测若干个钢球，检测效率高。钢球表面缺陷检测的过程，是使钢球以固定的球心转动，以固定的观察点对钢球表面进行拍照，从获得的图像中处理分析钢球表面的缺陷。图像检测区别于其他检测方法，其检测范围是空间的某一区域，而不是单个点或线[1]。每次采集的钢球图像只是其表面的一部分，即一个球冠面，因此需要进行多次图像采集，才能使球冠将钢球的表面全部覆盖，不会遗漏钢球表面的缺陷信息[2]，为此要解决两个关键问题：①如何将钢球表面全部展开；②采集图像的次数以及获得的图像是否将钢球表面全部覆盖。

6.1　盘式展开机构设计

球面展开机构是确保钢球表面能够完全展开，使整个表面在受检过程中不产生遗漏现象的装置，因此是整个检测系统的核心[3]。

如图 6.1 所示，理想状态下钢球以 y 轴为回转中心转动一周，角速度为 ω_1，则整个钢球除两侧之外的所有表面都在正上方视野中出现一次；同理，将钢球以 x 轴为回转中心转动一周，角速度为 ω_2，则钢球的所有面将在正上方视野中出现，只要将正上方安装一个摄像头，每隔一段时间拍摄一幅照片，那么钢球表面的所有信息将被摄像机采集到[4]。

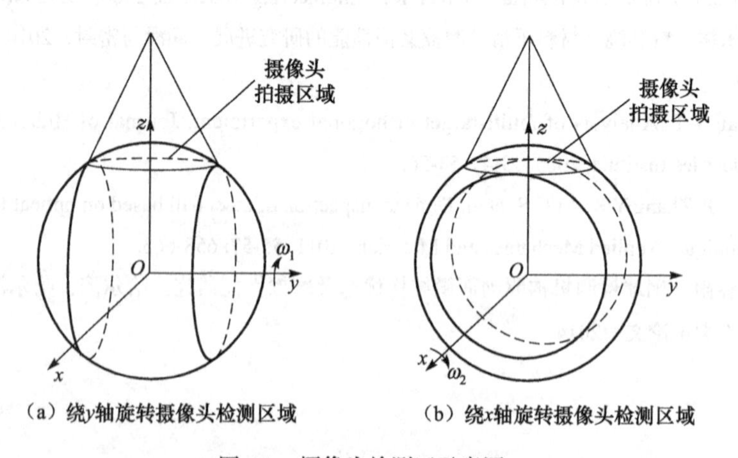

（a）绕y轴旋转摄像头检测区域　（b）绕x轴旋转摄像头检测区域

图 6.1　摄像头检测区示意图

基于以上图像采集原理，设计钢球表面缺陷检测仪展开机构，主要由摩擦盘、展开盘和待检钢球组成。结构简图如图 6.2（a）所示，其中展开盘固定安装由电机带动以角速度 $\omega_{展}$旋转，摩擦盘装在移动导轨上，可以实现往复式移动，并且由步进电机控制以角速度 $\omega_{摩}$旋转。对待检钢球进行受力分析，如图 6.2（b）所示，该机构主要是通过摩擦盘与展开盘的相对运动展开的，当展开盘转动将待检钢球带入检测视野后，摩擦盘转动，在钢球自身重力的影响下，摩擦盘会对钢球产生一个摩擦力 F_1，通过摩擦给钢球底面一个沿摩擦点 A 的切线速度 V，使钢球沿 y 轴以角速度 ω_2 转动一周（此时展开盘腔孔内壁会产生阻碍钢球旋转的摩擦力 F）后，步进电机控制摩擦盘停转，摩擦盘下的凸轮机构带动摩擦盘向展开盘方向搓动，摩擦盘对钢球的摩擦力 F_2 又带动钢球沿 x 轴以角速度 ω_1 转动一周，从而实现钢球表面的完全展开。

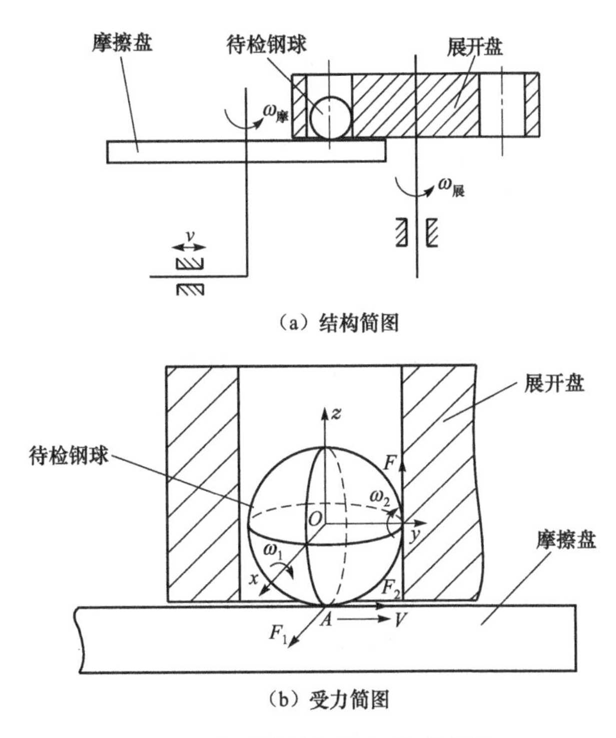

图 6.2　钢球检测盘式展开机构简图

6.2　钢球运动状态分析

6.2.1　球冠中心点的运动轨迹分析

一个球体以恒定的球心转动时，在一定点 M 观察到球体表面区域实际是一个球冠面，由于钢球大小固定，从而在不同时刻观察到的球冠是等大的，只要确定球冠中心就可以确定所观察的区域。当钢球转动时，球冠中心在球体表面形成相应的轨迹。确定这个轨迹后，就可以根据时间确定该时刻拍到的球冠对应钢球表面的位置[5]。如图 6.3 所示，P 点是所拍摄到的钢球表面的球冠中心[6]。根据相对运动原理，可以视钢球是静止的，球冠中心是运动的，这样球冠中心在球体表面运动形成的轨迹与钢球转动时的相对运动不变，即 P 点在球体表面形成的轨迹是不变的，因此将钢球的转动转化为质点在固定球体表面的运动[7, 8]。将这个动点在球体表面的运动分解为竖直和水平两个方向的运动，如图 6.4 所示。

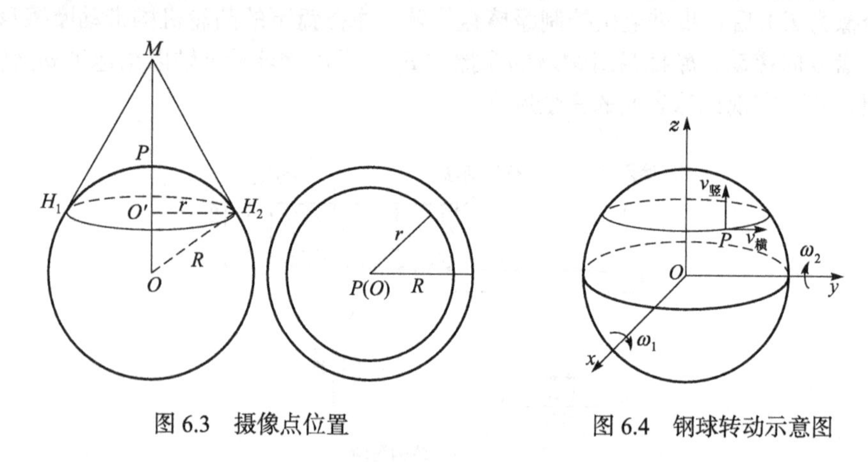

图 6.3　摄像点位置

图 6.4　钢球转动示意图

根据钢球展开机构，绕 x 轴转动的匀角速度为 ω_1，竖直速度为 $v_{竖}$，绕 y 轴转动变角速度为 ω_2，水平速度为 $v_{横}$，加速度为 a 的匀加速运动，得水平和竖直方向位移为

$$\begin{cases} S_{横}=v_{横}t \\ S_{竖}=v_{竖}t \end{cases} \tag{6.1}$$

$$\begin{cases} \overset{\frown}{CD}=S_{横}=\theta R=v_{横}t \\ \overset{\frown}{AB}=S_{竖}=\varphi R=v_{竖}t \end{cases} \tag{6.2}$$

所以有

$$\begin{cases} \theta=\dfrac{v_{横}t}{R} \\ \varphi=\dfrac{v_{竖}t}{R} \end{cases} \tag{6.3}$$

式中，t 是运动的时间。将 $S_{横}$和 $S_{竖}$分别转化为在球体表面沿纬度和经度方向的弧长，得到球冠中心在钢球表面沿水平方向和沿竖直方向运动的弧长，如图 6.5 所示。

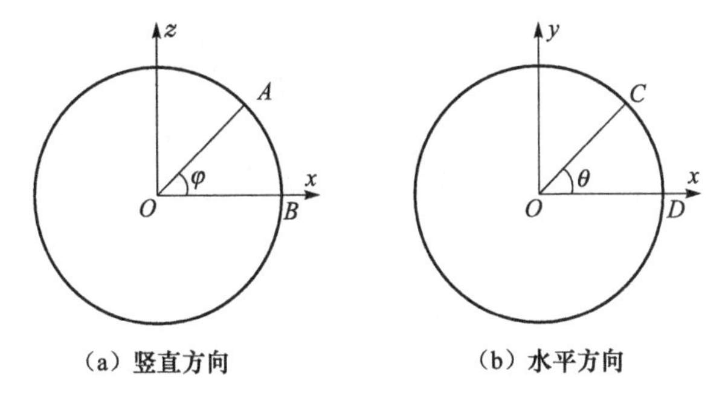

图 6.5　位移弧长转换

图 6.5 中钢球水平方向转角 θ 是 Oxy 平面上投影与 x 正半轴所成的角，钢球竖直方向转角 φ 是 Oxz 平面上投影与 x 正半轴所成的角，R 是球的半径。$P(\theta, \varphi)$ 就是要研究的动点在钢球表面的位置，如图 6.6 所示。

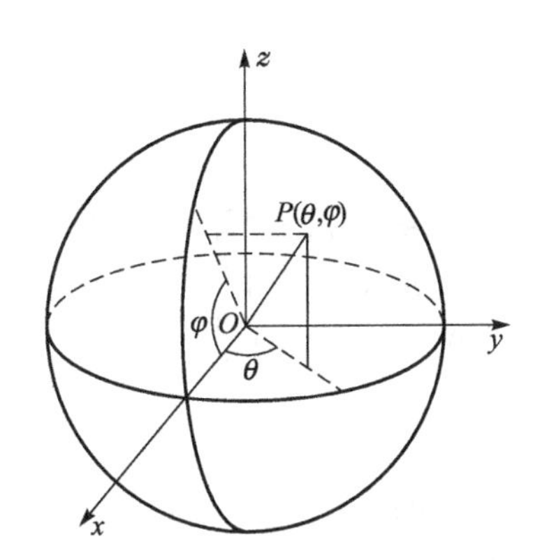

图 6.6　观察点在钢球表面的位置示意图

根据图 6.6 得球的表达式为

$$P(\alpha, \beta)=\begin{cases} x=R\cos\alpha\cos\beta \\ y=R\sin\alpha\cos\beta, \quad \alpha\in(0,2\pi),\ \beta\in\left(-\dfrac{\pi}{2},\dfrac{\pi}{2}\right) \\ z=R\sin\beta \end{cases} \tag{6.4}$$

当 R 为定值时，式（6.4）表示为球面，球面动点 $P(\theta, \varphi)$ 的方程为

$$P(\theta, \varphi)=\begin{cases} x=R\cos\theta\cos\varphi \\ y=R\sin\theta\cos\varphi \\ z=R\sin\varphi \end{cases} \tag{6.5}$$

将式（6.2）代入式（6.4），得球面动点 P 关于运动时间 t 的表达式为

$$P(t)=\begin{cases} x=R\cos\dfrac{v_{横}t}{R}\cos\dfrac{v_{竖}t}{R} \\ y=R\sin\dfrac{v_{横}t}{R}\cos\dfrac{v_{竖}t}{R} \\ z=R\sin\dfrac{v_{竖}t}{R} \end{cases} \tag{6.6}$$

绕 y 轴旋转：

$$\begin{bmatrix} x \\ y \\ z \end{bmatrix}=\begin{bmatrix} \cos\varphi & 0 & -\sin\varphi \\ 0 & 1 & 0 \\ \sin\varphi & 0 & \cos\varphi \end{bmatrix}\begin{bmatrix} R\cos\dfrac{v_{横}t}{R}\cos\dfrac{v_{竖}t}{R} \\ R\sin\dfrac{v_{横}t}{R}\cos\dfrac{v_{竖}t}{R} \\ R\sin\dfrac{v_{竖}t}{R} \end{bmatrix} \tag{6.7}$$

绕 z 轴旋转：

$$\begin{bmatrix} x \\ y \\ z \end{bmatrix}=\begin{bmatrix} \cos\theta & -\sin\varphi & 0 \\ \sin\theta & \cos\theta & 0 \\ 0 & 0 & 1 \end{bmatrix}\begin{bmatrix} R\cos\dfrac{v_{横}t}{R}\cos\dfrac{v_{竖}t}{R} \\ R\sin\dfrac{v_{横}t}{R}\cos\dfrac{v_{竖}t}{R} \\ R\sin\dfrac{v_{竖}t}{R} \end{bmatrix} \tag{6.8}$$

当式（6.7）和式（6.8）中的 $v_{竖}$、$v_{横}$、R 确定后，就可以确定观察点 P 在钢球表面形成的轨迹[9, 10]，从而得到不同时刻拍照时观察点在钢球表面的相应位置，这样也就确定了拍摄到的球冠在钢球表面的位置。

6.2.2　钢球最佳覆盖及观察点位置

由于采集图像时每次所拍摄的球冠是等大的，所以应知道一个钢球需要几个等大的球冠能将其表面全部覆盖，即拍摄的次数。这里讨论的是极限覆盖和最佳覆盖及观察点位置，为此进行了论证。

摄像机采集到的图像中球冠切面圆的半径称为有效半径。球面上两个或两个以上的圆相交的点称为重合点，在相同重合点数和相同面数的条件下，有效半径最小的球面上所有的点均能覆盖称为极限覆盖。在相同面数下所需要的有效半径最小的极限覆盖为最佳覆盖，即重叠面积最小。若把拍摄到的球面从球体上切割下来，可以得到一个多面体，且覆盖中重叠面积越小，多面体体积越大，而由逼近理论可知顶点数越多的多面体越逼近球体，所以最佳覆盖应为顶点数最多的。当采用四个摄像点时，球体分割为正四面体。而当采用五个摄像点时，球体分割为两种情况：五棱锥体（极限覆盖）和五棱柱体（最佳覆盖）。本节推导了四次和五次拍摄时有效半径 r 和钢球半径 R 的比例关系，建立被检测钢球需要拍摄次数的模型。确定不同覆盖下观察点的位置，即球心与切面外接圆心所形成射线与球面的交点。

1. 四次拍摄

四次拍摄采集图像时，如图 6.7 和图 6.8 所示，设采集的球冠有效半径 $r = CE$，球体半径 $R = OA = OC$，则 $AC = \sqrt{3}r$，因此有

$$AC^2 = CE^2 + (EO + OA)^2 \tag{6.9}$$

$$(\sqrt{3}r)^2 = r^2 + (\sqrt{R^2 - r^2} + R)^2 \tag{6.10}$$

$$\frac{r}{R} = \frac{2\sqrt{2}}{3} \tag{6.11}$$

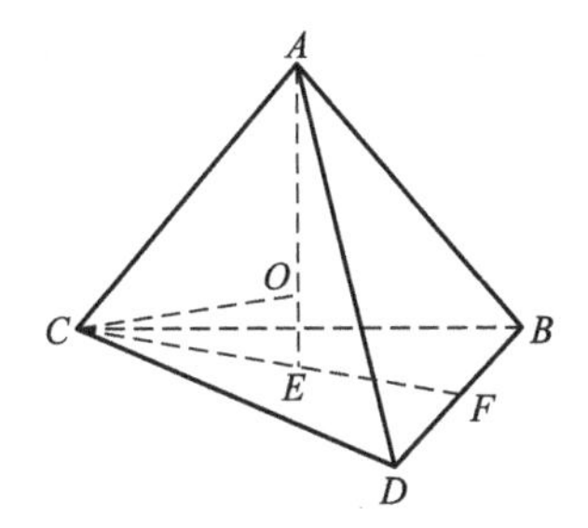

图 6.7　正四面体模型

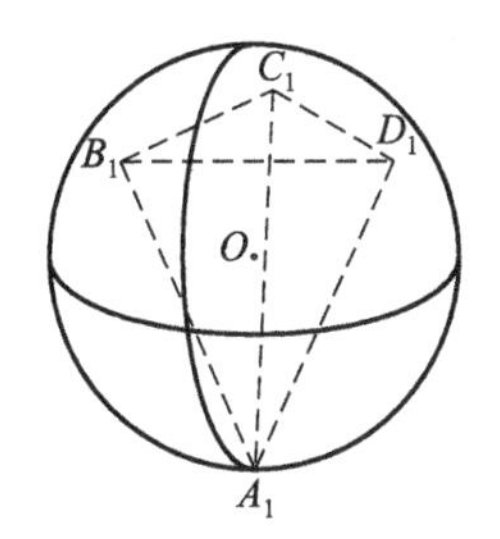

图 6.8　四点观察位置

由图 6.8 可知，给出了四次拍摄时四个观察点 A_1、B_1、C_1 和 D_1 位置，为保证每次采集图像时球冠等大，要求必须构成正四面体模型。

2. 五次拍摄

钢球表面检测采用五次拍摄采集图像时有两种情况，如图 6.9 所示。

（1）极限覆盖。由图 6.9（a）可知：$r = CF$，$R = OA = OC$，因此有

$$AC^2 = (2 + \sqrt{2})r^2 \tag{6.12}$$

$$AC^2 = CF^2 + (OF + OA)^2 \tag{6.13}$$

$$(2 + \sqrt{2})r^2 = r^2 + (R + \sqrt{R^2 - r^2})^2 \tag{6.14}$$

最后得

$$\frac{r}{R} = \frac{2\sqrt{1 + \sqrt{2}}}{2 + \sqrt{2}} \tag{6.15}$$

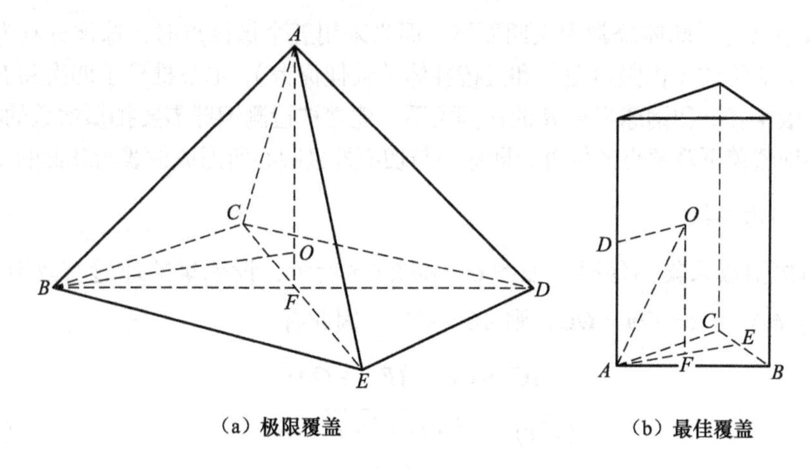

（a）极限覆盖　（b）最佳覆盖

图 6.9　五面体模型

（2）最佳覆盖。由图 6.9（b）可知：$OA=R, AF=r, OF=\frac{r}{2}$，因此有

$$OA^2=AF^2+OF^2 \tag{6.16}$$

$$R^2=r^2+\frac{r^2}{2} \tag{6.17}$$

可求得

$$\frac{r}{R}=\frac{2}{\sqrt{5}} \tag{6.18}$$

如图 6.10 所示，给出了五次拍摄时五个观察点 A_1、B_1、C_1、D_1 和 E_1 在球面所处的位置，其中图 6.10（a）为极限覆盖，图 6.10（b）为最佳覆盖。为保证拍

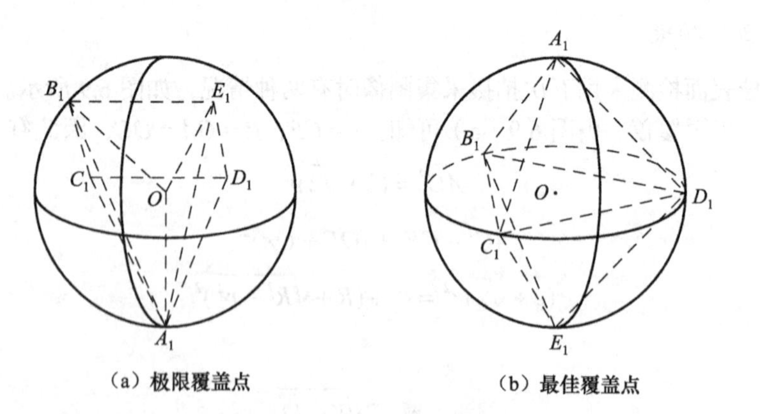

（a）极限覆盖点　（b）最佳覆盖点

图 6.10　五点观察位置

摄时球冠等大，前者观察点位置应满足：侧棱与底棱比值为 0.643，$\angle A_1OD_1$= 126.8°，$\angle B_1OE_1$=106.4°，$\angle D_1OE_1$=75.2°；后者 B_1、C_1 和 D_1 三点在同一圆周上且均布，A_1 和 E_1 连线过球心且垂直于平面 $B_1C_1D_1$。

6.3　钢球展开仿真分析

6.3.1　观察点轨迹仿真

根据实际采集图像时 r 和 R 满足式（6.10），对一粒钢球检测时采用五次采集图像。对于极限覆盖，需要两个方向同时给速度以螺旋方式展开[11]，才能完成全球拍摄，因此轨迹复杂且控制较难；而最佳覆盖的轨迹和控制都比较简单。

采用最佳覆盖方法进行轨迹设计和图像采集，检测系统中竖直和横向速度变化规律，由图 6.11 可知，用 Mathematica 仿真，取 $R = 1$，$v_1 = 10$ms/帧，$v_2 = 12$ms/帧，$t \in [0, 0.8]$ms，精度为 0.01 作球冠中心轨迹曲线以及球冠中心位置。

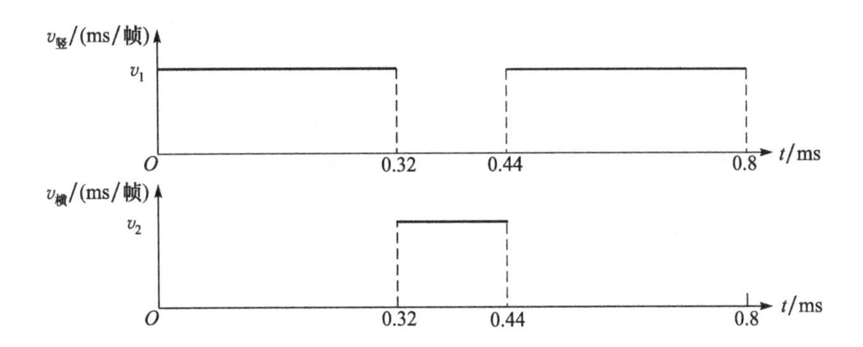

图 6.11　速度和时间的关系

绕 y 轴旋转矩阵：

$$\boldsymbol{P}_{yi} = \begin{bmatrix} \cos\varphi_i & 0 & -\sin\varphi_i \\ 0 & 1 & 0 \\ \sin\varphi_i & 0 & \cos\varphi_i \end{bmatrix}, \quad \begin{cases} i = 1, \varphi \in [0, 240°] \\ i = 2, \varphi \in [0, 270°] \end{cases} \tag{6.19}$$

绕 z 轴旋转矩阵：

$$\boldsymbol{P}_z = \begin{bmatrix} \cos\theta & -\sin\theta & 0 \\ \sin\theta & \cos\theta & 0 \\ 0 & 0 & 1 \end{bmatrix}, \quad \theta \in [0, 90°] \tag{6.20}$$

图 6.12 给出了观察点的轨迹和位置仿真过程，从图中可以看出，观察点所走的轨迹将球面的几个区域全部包络。根据相对运动原理，得到观察点在钢球表面的运动仿真轨迹和不同时刻拍照时观察点在钢球表面的位置。观察点的位置确定后，便可确定在此观察点拍摄到的钢球表面的区域图像。

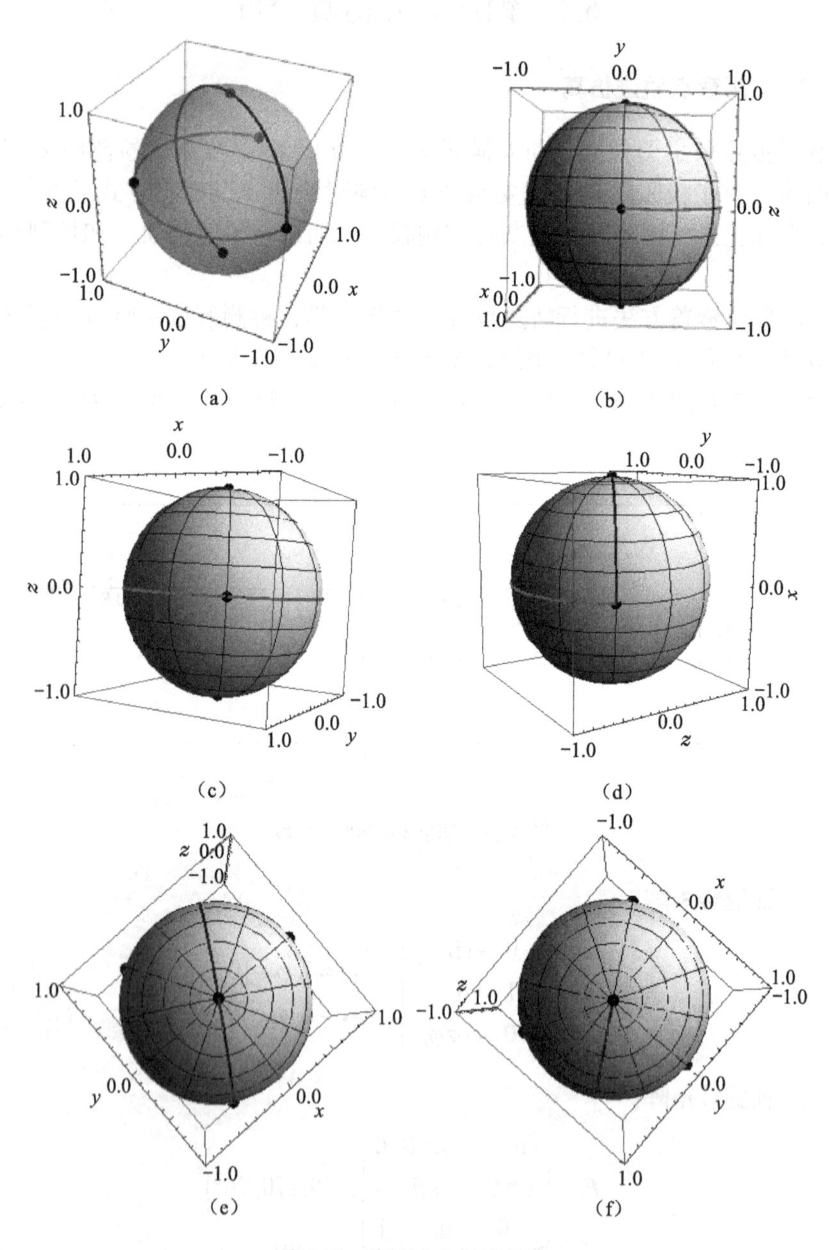

图 6.12　球冠中心轨迹仿真

6.3.2　钢球全表面覆盖仿真

1. 球体模型的生成

借鉴有限元方法的基本思想，把复杂的形体拆分为若干个形状简单的单元。利用地球经纬度的划分方法把球体划分成若干小区域，再由这些小区域集合来表示三维球体表面，将这些小区域称为网格，网格划分就是将形体结构离散成简单单元的组合。球面上每一网格上节点坐标标号可表示为球面坐标（r, x_i, y_j），r 表示钢球半径，x_i 和 y_j 分别为经线和纬线上的点，其范围覆盖整个钢球表面。由于球面上各点的半径 r 均相等，所划分的网格点的坐标可以用二维（x_i, y_j）来表示，由四个点组成了一个网格[12]。

网格划分时其网格数量多少是一个重要问题，网格数量越多，所能检测到的球面上的缺陷就越小，检测精度越高；反之，网格数量越少，检测精度越低。但当网格数量增加到一定程度时，精度提高很小，而计算时间却大幅增加，因此在进行网格划分时需要确定最佳网格数量。根据检测精度确定球面上网格划分数量为 $N = x_i \times y_j$，其中 $i = 1\sim1200$，$j = 1\sim600$，最大网格为 72 万个区域。该网格数量设置界面中，摄像区域半径为 90%，x 方向网格数量为 600，y 方向网格数量为 300，仿真速度为 10ms/帧，转动时间间隔为 1000s。如图 6.13（a）和（b）所示，分别为采用 150 × 75 块网格区域划分后的球面网格图和生成的球体。

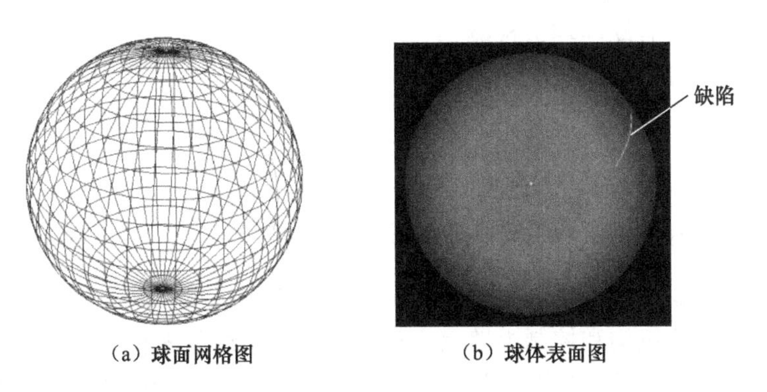

（a）球面网格图　　（b）球体表面图

图 6.13　球体表面模型图

2. 钢球展开仿真

钢球缺陷在检测过程中，要求摄像机能够把钢球表面全部拍摄到，避免漏检出现。为了反映钢球检测过程中球面是否全部被扫描到，对球面展开过程进行仿真，验证展开机构的合理性[13~16]，如图 6.14 所示。

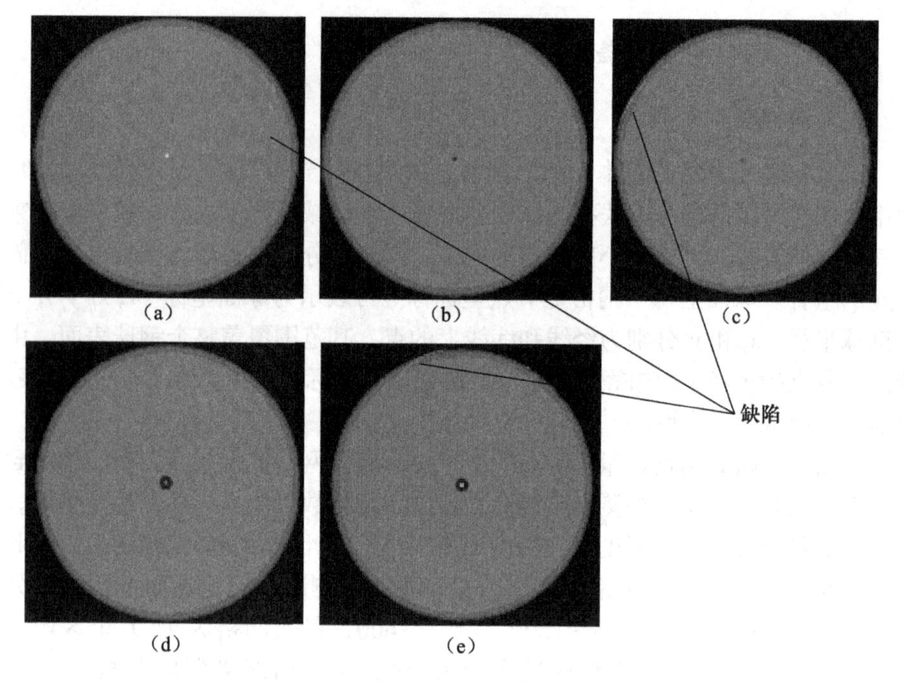

图 6.14　钢球展开仿真

根据摄像机的视场大小，以式（6.9）和式（6.11）为依据，由图 6.14 可知，采用五次采集图像的方式进行仿真，即检测一粒钢球需要采集五张照片，这样才能保证钢球上所有缺陷均被检测到，不出现漏检现象。图 6.14 给出了钢球展开仿真过程的不同的五个位置，图中球上线状代表缺陷。

6.4　盘式钢球缺陷检测系统设计

6.4.1　盘式检测机构组成及工作原理

钢球表面缺陷视觉检测系统由上料机构、展开机构、图像拍摄系统、图像处理系统、分选机构和控制电路六个部分组成。系统首先利用上料机构将钢球置入检测腔中，通过展开机构对钢球表面展开，由摄像机和 LED 光源组成的图像拍摄系统采集钢球表面动态图像，经过图像处理系统中自主开发的识别分析软件进行图像处理，实现对钢球表面缺陷的识别，最后通过分选装置实现自动分拣[17, 18]。基于图像技术的钢球表面缺陷自动检测系统结构示意图如图 6.15 所示。

钢球依次经上料系统落入展开盘中的检测腔，在摩擦盘和展开盘共同作用下，多个钢球在腔内做一定速度的运动，采用运动视觉技术获取多个运动钢球的

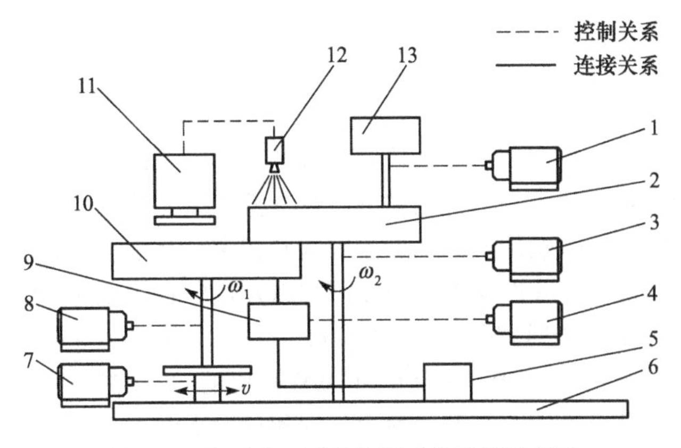

图 6.15　钢球表面质量检测系统结构示意图

1. 上球步进电机；2. 展开盘；3. 展开盘步进电机；4. 分选电机；5. 分离收集机构；6. 底座；
7. 摩擦盘横向步进电机；8. 摩擦盘驱动电机；9. 分选机构；10. 摩擦盘；
11. 计算机图像处理系统；12. 图像拍摄系统；13. 上料机构

图像序列[19]。因为钢球的好坏是随机的，所以必须依据每个钢球的不同运动信息，对每个钢球先进行跟踪再检测表面质量，利用轮廓自动提取技术将每个钢球从场景中提取出来，分割出其表面缺陷区域并判断好坏，同时进行分类。

6.4.2　钢球表面缺陷检测系统设计的基本要求

系统要实现自动检测和自动分选两个功能。通过对钢球的全面展开动作，实现对其全部表面采集数字图像，然后进行数字图像的处理，分析钢球的表面是否存在缺陷而实现自动检测，最后通过分选执行机构分拣出不合格的钢球而实现自动分选[20, 21]。

所设计的检测系统是一种机电一体化产品，同其他同类产品一样，除考虑系统的精确性、稳定性、实用性，还需要考虑系统的可扩展性、人机工程等问题，所以在设计时，要特别注意满足以下几项要求。

1. 使用范围

使用范围即检测系统的应用范围，这是需要考虑的第一个系统要求，也就是所设计的检测设备能够进行何种材料、规格、形状等参数的试件检测。通常系统的检测范围越广，则系统的功能也越强大，但系统的结构也就越复杂，要求也越高，制造也越困难，制作成本也相应提高，所以应设计经济合理的检测使用范围。所设计的钢球检测系统可以检测公称直径在 4～12mm 的轴承钢球的表面缺陷。实际检测时，公称直径分别为 4.366mm、6.35mm、8.731mm 的三种钢球都获得了比较理想的效果，所以该设备的使用范围是合理的，其中公称直径为

8.731mm 的钢球是轴承企业应用最多的一种。

2. 检测精度

检测系统应具备一定的精度，检测精度的大小除了取决于检测传感器的精度指标，还与检测系统的机械结构的精度、软件系统所用算法的精度和控制系统的控制精度密不可分。影响传感器精度的因素有很多，其中最主要的是传感器的零点误差、零点漂移、非线性误差、温度漂移以及供电直流稳压电源稳定度等。所设计检测系统的主要传感器是 CCD 摄像机，可以用分辨率或有效总像素数衡量其精度，本书所采用的是 200 万像素的 USB 接口的 CCD 摄像机。检测设备机械系统的精度指标可分为运动精度、静力精度和动力精度，它们取决于检测仪机械系统各零部件的设计、加工、装配和调整的精度。机械系统的精度要求越高，则对零件材料的性能和制造工艺的要求也越高，从而相应地提高了零部件的制造成本。控制系统的精度受控制系统的设计、所选用元器件的质量、控制系统的抗干扰能力的影响，其精度要求越高，设计制造成本也越高。因此，不应片面追求检测设备的高精度，应全面综合分析后再确定其精度要求。

3. 检测效率

检测效率又分为理论检测效率和实际检测效率，单位时间内所检测试件的数量称为检测系统的理论检测效率[22]。在实际检测中，用一台检测仪在一段时间内（一日一班）检测钢球的数量来衡量检测效率，称为实际检测效率。它考虑了检测前后的准备时间、装机调试、添加试件等辅助工作时间的影响，检测效率要求越高，则对设备的精度、自动化程度等指标的要求越高。盘式钢球表面缺陷自动检测仪设计时，一般预计检测效率在 20000 粒/h。

4. 自动化程度

检测系统的自动化程度越高，则其对检测人员的要求越低，劳动强度也越低，检测效率也越高，但是提高设备自动化程度的同时也增加了系统的结构复杂性，其制造加工更加困难，成本也相应提高，同时也增加了设备维护维修的难度。所以，应当综合考虑各方面因素，检测过程的各个环节，确定检测仪的自动化程度。

为了使检测设备真正投入实际生产应用之中，除了要考虑上述主要要求，还应当考虑其他一些技术要求，如“三化”程度，即产品的系列化、通用化和标准化，有利于降低生产成本，便于产品的维修和保养；产品的噪声控制，应使检测仪的噪声指标在标准要求范围之内，即不超过 80dB(A)；此外，还要考虑检测仪外观设计问题，要到达色调和谐、人机关系合理，即达到检测作业中人、机器及环境三者间的协调，为操作者创造出舒适和安全的工作环境，使检测作业在效率、安全、健康、舒适等几个方面的特性得以提高，从而使工效达到最优。

6.4.3　控制系统总体程序设计

图 6.16 为控制系统程序流程图。由 CCD 摄像机采集钢球图像，通常每个钢球最多拍摄六幅图像，同时图像处理模块开始处理采集完成的图像，系统会根据处理结果判断是否需要继续展开，如果没有检测到缺陷，那么需要继续展开，直到再次处理图像结束，反之，则控制展开盘转动，进行下一个钢球的检测。最终根据每一个钢球的检测结果控制驱动分选盘的步进电机，完成一次钢球检测周期[23~26]。

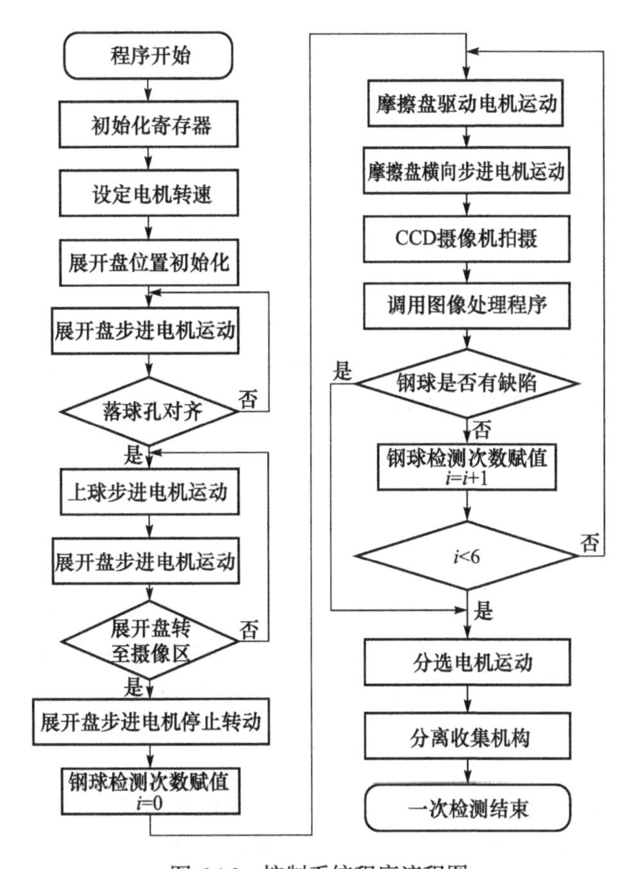

图 6.16　控制系统程序流程图

6.4.4　检测系统的整体结构

检测机构整体装配由四部分组成：载球机构、展开机构、检测机构和分离机构。图 6.17 为检测机构整体装配图。

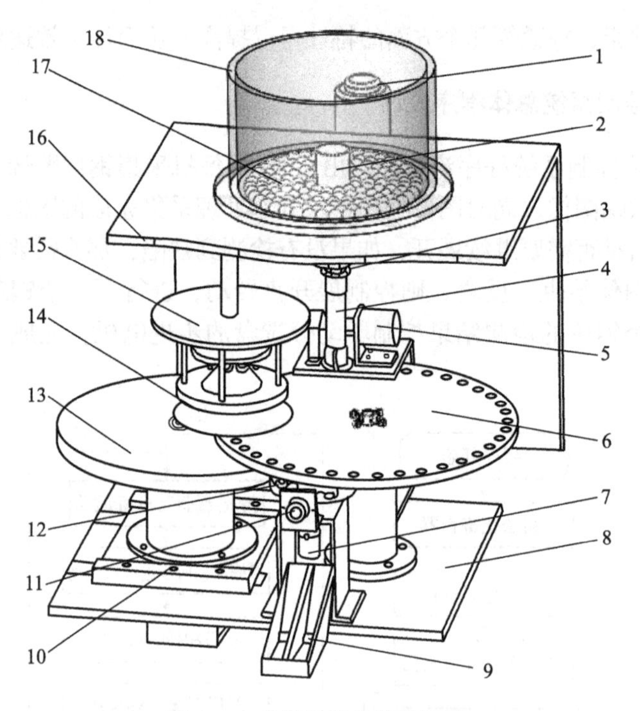

图 6.17　检测机构整体装配图

1. 电机；2. 进球装置；3. 皮带；4. 输送通道；5. 电机 2；6. 展开盘；7. 无缺陷钢球出口；8. 底座；9. 钢球容器；10. 摩擦盘运动装置；11. 缺陷钢球出口；12. 分选器；13. 摩擦盘；14. 光源控制模块；15. 图像采集模块；16. 机座；17. 待检钢球；18. 钢球进料箱

1. 载球机构

载球机构由电机（1）、进球装置（2）、皮带（3）、输送通道（4）、待检钢球（17）和钢球进料箱（18）组成。将待检钢球放入钢球进料箱中，在电机和驱动皮带的带动下，使钢球进料箱中的待检钢球进入进球装置的凸轮结构装置，将待检钢球通过输送通道送到展开盘中，从而进行展开操作。

2. 展开机构

展开机构由展开盘（6）、摩擦盘（13）和摩擦盘运动装置（10）组成。在展开盘的带动下，将钢球带入摩擦盘的上方，进行展开检测，在检测的过程中展开盘不动，摩擦盘运动装置做横向往复运动，与摩擦盘的旋转运动为叠加运动，从而使钢球的各个表面完全展开[26~28]。

3. 检测机构

检测机构由光源控制模块（14）和图像采集模块（15）组成。检测区的光源控制模块和图像采集模块分别对钢球检测提供光照和图像的采集，并将采集到的图像传送到图像比对仪器中进行比对，将合格钢球与缺陷钢球的信息传递给钢球分选器。

4. 分离机构

分离机构由分选器（12）、钢球容器（9）、缺陷钢球出口（11）和无缺陷钢球出口（7）组成。分选器对图像对比仪器传递来的信息进行检测，检测结束后，将展开盘检测完的钢球带到分选器，在此装置中，完成合格钢球与缺陷钢球的分离，并使合格钢球从无缺陷钢球出口中流出，缺陷钢球从缺陷钢球出口处流出。

参考文献

[1] 赵彦玲，车春雨，铉佳平，等. 钢球全表面螺旋线展开机构运动特性分析. 哈尔滨理工大学学报，2013，18（1）：37-40.

[2] Geng Z J. Rainbow three-dimensional camera: New concept of high-speed three dimensional vision systems. Optical Engineering, 1994, 35(2): 376-383.

[3] 王宏，徐长英. 钢球检测中表面经纬展开系统的研究. 电脑知识与技术，2009，5（13）：3505-3507.

[4] SOMET CZ Ltd. Technical description and instructions for attendance of automatic sorting machine for defect-metric inspection of bearing ball surfaces. Types AVIKO K-06140E and AVIKO-1418E. Czech: SOMET CZ Ltd., 1985.

[5] 龚凌云. 球体产品的运动展开方法及仿真研究. 机电产品开发与创新，2009，22（3）：126-127.

[6] 杨怀玉. 钢球检测中的运动分析. 中国水运（学术版），2006，6（10）：33-34.

[7] Yang Q M, Xie J Y, Wu Q Q. Analysis of parameters, unfolded mechanism of the micro-steel ball and simulation of unfolded movement selection. Proceedings of International Conference on Management Science and Intelligent Control, Bengbu, 2011: 394-397.

[8] 赵彦玲，王洪运，朱宪臣，等. 基于UG的钢球子午线展开轮参数化设计. 哈尔滨理工大学学报，2007，12（3）：141-143.

[9] 赵刚，马松轩. 钢球表面展开机构的运动学方程解析解. 轴承，1998，19（7）：25-32.

[10] Kurusawa Y. Subspace method obtained from Gaussian distribution on a hyper spherical surface. Journal of the Japan Society for Elint and Communications, 1998, 81: 1205-1212.

[11] Ravi D. A new active contour model for shape extraction. Mathematical Methods in the Applied Science, 2000, 223: 709-722

[12] Lin Y Z, Liu X L, Han H Y, et al. Detection and recognition of steel ball surface defect based

on MATLAB. Key Engineering Materials, 2009, 416: 603-608.

[13] 栗琳，王仲，裴芳莹，等．双图像传感器的球表面展开方法．仪器仪表学报，2012，33（7）：1641-1646.

[14] 蔺小军，李政辉，高春，等．回转曲面直纹面槽建模技术研究．制造业自动化，2012，34（12）：110-113.

[15] 赵刚，王保义，马松轩．Aviko K 型钢球外观检验机中子午线展开机构的理论分析．四川大学学报（自然科学版），1997，34（5）：73-77.

[16] 华宣积，曹沅，乐美龙，等．一类混合型共轭曲面问题．复旦大学学报（自然科学版），1989，28（3）：284-290.

[17] 赵彦玲，王弘博，铉佳平，等．钢球缺陷检测机构的逆向运动特性研究．哈尔滨理工大学学报，2014，19（5）：61-65.

[18] 潘洪平，谢水生．钢球表面质量评价系统用展开轮的理论研究．轴承，2001，22（12）：28-31.

[19] 王鹏，刘献礼，赵彦玲．基于机器视觉的钢球表面缺陷识别检测系统．第十二届全国图像图形学学术会议，北京，2005：268-272.

[20] Rong Q A. Research and manufacture of the instrument of bearing ball's nondestructive testing. Aviation Precision Manufacturing Technology, 2005, 4(41): 52-54.

[21] Ralph K. Extending homomorphisms of dense projective subplanes by continuity. Results in Mathematics, 1999, 35(3): 276-283.

[22] Ananchuen N, Caccetta L, Ananchuen W. A characterization of maximal non-*k*-factor-critical graphs. Discrete Mathematics, 2006, 307(1): 108-114.

[23] Mohammad M A. A model for compossible and extensible parallel architectural skeletons. Concordia: Concordia University, 2005.

[24] Christopher J, Walmsley M. An extensible system for the display of nested array data structures. Kingston: Queen's University, 1998.

[25] Rakovskchik L S. Certain properties of extendable subspaces. Siberian Mathematical Journal, 1974, 16(4): 620-627.

[26] Zhao Y L, Liu X L, Wang P. Application of artificial neural net in defect image recognizing of cutting chip. Key Engineering Materials, 2006, 1315-1316: 496-500.

[27] Wang P, Zhao Y L, Liu X L. The key technology research for vision inspecting instrument of steel ball surface defect. Key Engineering Materials, 2009, 760(392): 816-820.

[28] Zhao Y L, Che C Y, Xuan J P, et al. Kinematic analysis on spiral line unfolding mechanism of steel-ball whole surface. Journal of Harbin University of Science and Technology, 2013, 18(1): 37-40.

第 7 章　钢球表面反射特性分析与光源优选

钢球表面检测过程中，钢球表面具有反射特性，直接影响图像采集。光源作为检测机构的照明，与钢球表面的反射特性密不可分[1]。本章通过对钢球表面反射特性的分析，把钢球表面三个检测区域进行划分，总结出钢球光学检测中光源的评价参数，通过对大面积漫反射平板光源、漫反射扁平环形光源、漫反射球面光源和同轴光源的试验分析，得出由 FPR 光源、LDR 光源和检测机构相结合的照明方案，以及照明光源的形状、波长、光线入射角度、光强的大小和照射距离等，有效地解决了光晕现象和周围景物映入等问题[2]，极大提高了钢球图像的质量和检测的有效面积，为图像处理奠定了良好的基础。只有正确选取光源才能获取高质量的检测图像，对于视觉检测系统，选择一套适合的光源至关重要。

7.1　钢球图像采集

7.1.1　钢球表面镜面反射现象

基于图像技术对钢球表面缺陷进行检测时，所采集的图像质量至关重要。当对钢球进行图像采集时，由于金属球表面属于强反射球面，反射率很高，接近于镜面反射，容易使环境的倒影成像在钢球上，对图像缺陷识别造成干扰[3, 4]，无法分清缺陷和环境物体。图 7.1 为使用常规光源得到的图像。

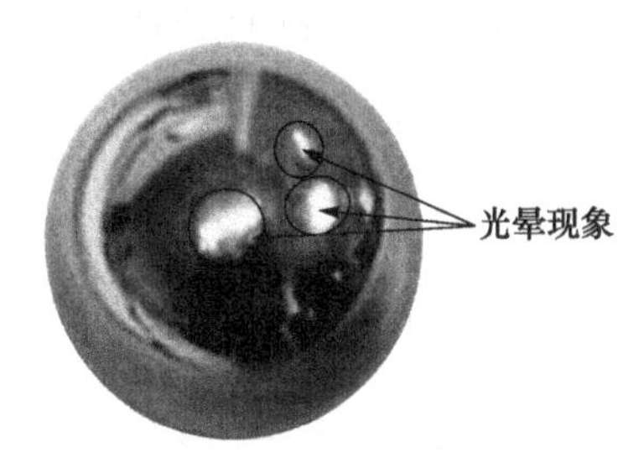

图 7.1　常规方式下拍摄的钢球表面图像

另外，由于钢球表面为球面，整个球面反射光强有很大差别，CCD 摄像时在物体上方，光源的入射方向便会影响图像质量。如图 7.2 所示，当一束光线射入时，漫反射的分布只是集中在镜面反射光线的附近，球的中间部分反射光被 CCD 完全接收[5]。如图 7.3 所示，在图像上形成高光点，表面很亮，湮没了要检测的缺陷信息；靠近球面边缘部分的反射光强较弱，不能被感应，周围很黑且采集图像边缘出现模糊不清现象。因此，由于 CCD 所接收到的来自钢球的反射光强不同，造成图像因光强而过亮，因光弱而未被 CCD 接收，得不到理想的图像，违背了光的强弱取决于钢球表面特性原理，所以无法进行后期图像分析和识别。因此，光源和照明系统的设计是图像检测系统成功的关键，直接影响采集图像的质量，进而影响图像缺陷特征提取的精度[6]。

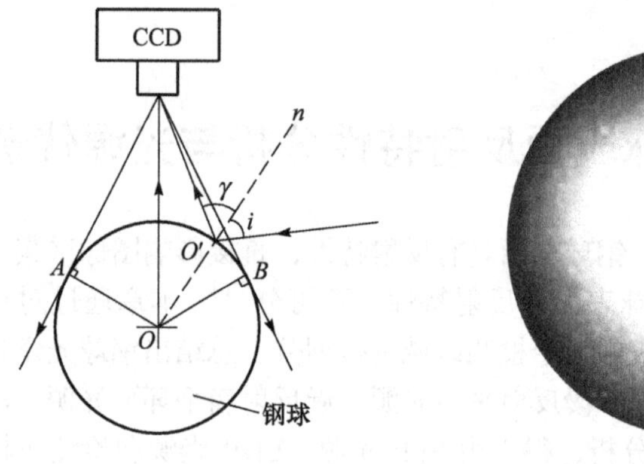

图 7.2 钢球反射特性

图 7.3 强反射钢球图像

7.1.2 常规光源存在的问题

1. 周围景物影响

金属表面的反射率很高，接近于镜面反射，因此当对钢球表面进行图像采集时，任何在钢球周围环境中的物体，都会被摄入，对图像造成干扰，加之摄像头本身的影像在拍摄时也会被摄入，从而会给后期的图像处理工作带来更大的困难[7]。

2. 光晕现象

图像中存在明显的亮斑，这是由于成像的CCD本身动态范围有限，当有垂直于CCD的强光直接射入时，会使该区域的亮度远远高于周围景物，从而大大提升图像局部的对比度，出现光晕现象。光晕现象不但湮没了在光晕当中的有效信息，而且使一些光照较暗区域中的信息无法在图像中体现出来。光晕实质上是一种能量集中的现象，由点光源发出的光经镜面反射后会直接射入成像CCD中，使CCD中的像敏元接收过量的光子，产生光晕现象，这主要是由CCD本身的性质决定的。

7.1.3 钢球图像影响因素

图7.4为CCD成像原理图，其中E为光强度，在钢球检测系统中每个光敏元件的输出大小由下列因素决定。

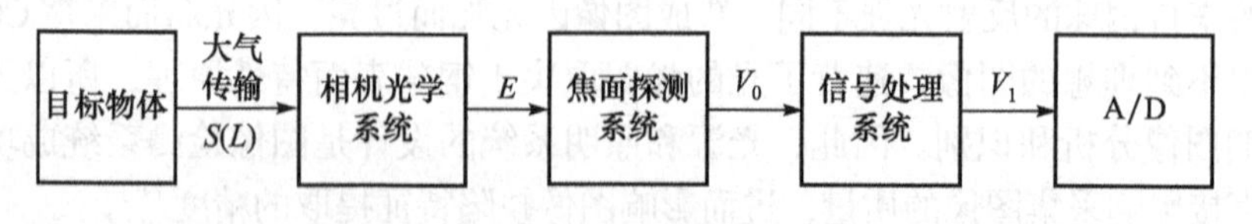

图 7.4 CCD 成像原理

（1）检测目标对应的输入像元所接收的等效亮度 $S(L)$ 为

$$S(L)=S(Q,w,a,R) \tag{7.1}$$

式中，Q 为检测物的光谱特性；w 为光源的照射角度；a 为观测角度；R 为环境参数。其中环境参数为描述拍摄环境的量，其大小与周围环境的光线射入有关。

（2）相机本身的参数有摄像头的感光器件的相应特性、光谱透过率以及积分时间 t，焦面电压输出信号为

$$V_0=\int\frac{\pi}{4}\left(\frac{D}{f}\right)^2 S(L)X(L)C(L)t\mathrm{d}L \tag{7.2}$$

式中，$C(L)$ 为光敏元件的光谱特性；$X(L)$ 为相机系统的光谱透过率；D/f 为相机系统的相对孔径；t 为积分时间。

（3）信号处理系统 $V_1=f(V_0)$。由于目前的 CCD 系统都为线性放大，所以可以对增益和偏置进行调整。

（4）A/D 量化分层，目前主要应用的是 8bit 和 10bit，量化位数与图像层次成正比。光晕现象是因为 V_1 的高低电压差过大，由于系统的量化范围有限，从而导致图像整体对比度过大，在亮度集中区域的图像层次不足，使该部分信息无法很好地体现出来，由于信号处理系统为线性，所以这主要是由 V_0 的影响造成的。由式（7.2）可以明显看出，除成像系统固有参数，积分时间 t 和等效亮度 $S(L)$ 是影响 V_0 的主要因素，积分时间 t 可以通过改变感光阶段的转移脉冲个数来实现调节，通过对 $S(L)$ 的调整来控制 V_0。

这两种现象都给钢球图像加入了大量的干扰信息，给后期处理带来了很大的困难，因此必须对钢球特殊的表面反射规律进行系统的研究[8]，在此基础上才可以根据其表面反射的特殊性选取与之相适应的光源和拍摄环境，来提高图像质量。

7.2　钢球表面光学反射特性及表面检测有效范围

7.2.1　钢球表面光学反射特性

1. Phong 混合反射模型

Phong 于 1975 年提出了一种混合反射模型的表示方法，该模型只考虑物体对直接光照的反射作用，把物体间的反射作用只用环境光来表示[9]。

基于 Phong 光照模型的凹凸纹理模拟认为，物体表面上一点的反射光强是环境光、漫反射光和镜面反射光三个分量的线性组合，其中镜面反射分量可用镜面反射分量与观察方向夹角的余弦的幂次函数来表示。Phong 模型用公式可表示为

$$I=K_\varepsilon I_\varepsilon+K_d I_d\cos i+K_m I_m\cos^n\theta \tag{7.3}$$

式中，I 为观察者接收到的反射光强；I_ε 为环境反射分量；I_d 为光源沿表面法向

入射时反射光的光强；I_m 为镜面反射方向上的镜面反射光强；θ 为镜面反射方向与观察方向的夹角；i 为光源入射角；n 为镜面反射光的会聚指数。

镜面反射光大小反映了物体表面的光滑程度，物体表面越光滑取值越大，反之则取值越小，其取值范围是［1，2000］，K_ε、K_d 和 K_m 分别为环境反射、漫反射和镜面反射分量的比例系数，且 $K_d+K_m=1$。

2. 钢球表面反射模型

在 Phong 反射模型的基础上把周围的环境光看做一种环境漫反射光源，对钢球表面进行照射；镜面反射光看做另一个直射光源对钢球表面的照射[10]，这种直射光源发出的光只有一个方向，不会向周围扩散。这样就把 Phong 反射模型中的环境光和镜面反射光等效成两种光源对钢球表面的照射，再加上采用的漫反射光源，就组成了检测系统中的钢球表面反射模型。因为钢球是镜面反射，所以可以不考虑漫反射的分量，如图 7.5 所示。

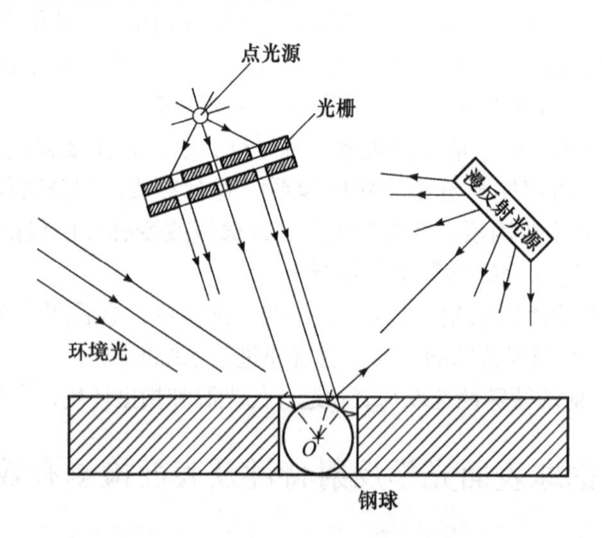

图 7.5　钢球混合反射模型示意图

这样 Phong 反射模型就转化为

$$I = K_s I_s + K_d I_d \cos^n\theta + K_r I_r \tag{7.4}$$

式中，K_s 为环境漫反射光源的比例系数；I_s 为环境漫反射照射分量；K_d 为直射光源的比例系数；I_d 为直射光源照射分量；K_r 为漫反射光源的比例系数；I_r 为漫反射照射分量；θ 为镜面反射方向与观察方向的夹角；n 为镜面反射光的会聚指数。

钢球的球形表面使得只要直射光源与摄像头在钢球同侧就会有部分强度接近于光源的强光直接射入镜头当中，致使目标区域明暗度加大，如图 7.6 所示。

因此，在选择光源时应尽量不选择小面积直射光源，而是选择能量较均匀即

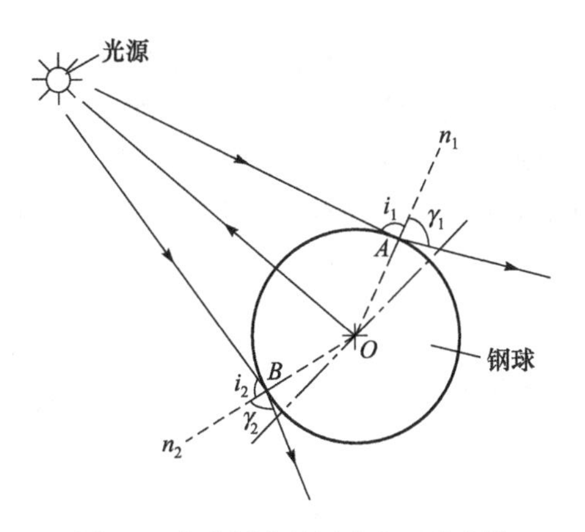

图 7.6　点光源直射钢球表面示意图

照明亮度分布较均匀的漫反射光源作为研究方向。这样可以使钢球表面的反射光强度不会有过大差异，避免产生光晕现象。

7.2.2　钢球表面全照射有效范围

在实际应用中，由于拍摄条件的限制，很难让拍到的钢球表面整幅图像上的缺陷都表现出来。检测的有效范围是指在获取的钢球表面图像中可以分辨出缺陷的区域[11]。在设计照明时应尽量扩大其检测的有效面积，这样不但可以使整个仪器检测效率提高，而且可以在一定程度上降低对展开机构的要求。

从一个方向对钢球表面进行拍摄，所能得到的最大有效面积为钢球轴平面以上的部分，如图 7.7 所示，根据光的可逆原理可以假设光从观察方向射入照亮四

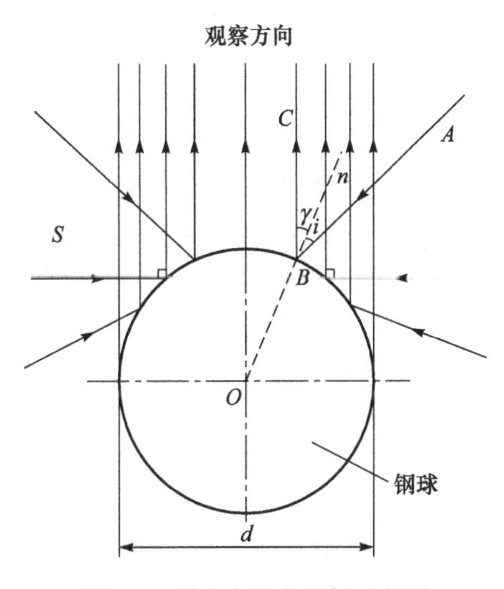

图 7.7　钢球表面全照射示意图

周。球面 S 表示钢球周围的空间，钢球的反射光将照明除钢球在光源下的投影面以外的所有 S 区域，把这部分面积称为“全照射面”，即只有当光源把此面积完全覆盖时，才可以实现钢球轴平面以上完全照射[12~14]。

在实际检测装置中需要留出上球和分选的空间，所以有效面积很难达到轴平面以上的所有部分，经过分析，把钢球表面分为三个区域，如图 7.8 所示。

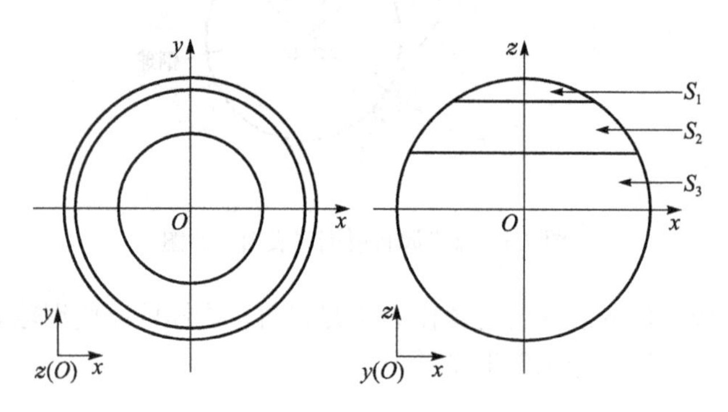

图 7.8　按不同反射特点划分区域

在常规方式下对钢球表面进行拍摄，摄像头的影像不可避免地会映射在钢球表面上 S_1 区域。设摄像头在钢球表面的垂直方向，其光线反射原理图如图 7.9 所示。该图为钢球的侧视图，钢球质心设为坐标原点，OF 为光线入射点的法线，AB 为入射光线，BE 为反射光线，AC 为摄像头直径。

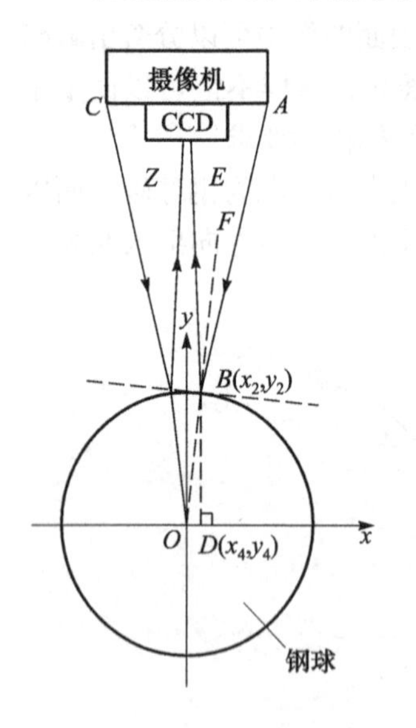

图 7.9　S_1 区域光线反射原理图

因为钢球的体积和成像 CCD 的面积都很小，并且摄像头与钢球距离较远，所以可以近似认为外界物体或光源照射到钢球表面的光线的反射光只有在垂直于水平面方向时才会被 CCD 接收。由图 7.9 可知，A 点光线经 B 点的反射光线 BE 被射入 CCD 当中，把反射平面绕 z 轴旋转角 360°，这样在所得图像中心位置就会存在摄像头影像。

另外，如果缺陷位置在 S_3 区域，也会给检测工作带来很大的困难，S_3 区域光线反射原理如图 7.10 所示。

如果要照明接近于 x 轴部分钢球表面，由于 $\angle FOA$ 逐渐减小，就需要光线入射角 $\angle FBA$ 无限接近于 90°，这是因为：

$$\angle FOA + \angle OBD = 90° \tag{7.5}$$

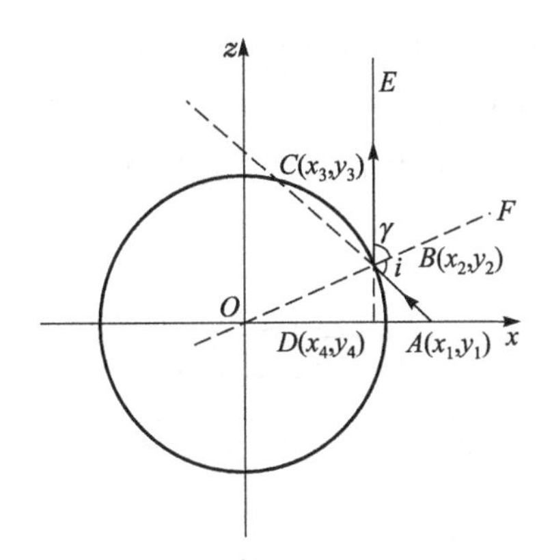

图 7.10 S_3 区域光线反射原理图

其中 $\angle EBF = \angle OBD$，$\angle EBF = \angle FBA$，所以 $\angle OBD = \angle FBA$，这样 $\angle FBA$ 随着 $\angle FOA$ 的减小而增大，但小于 90°。在实际的检测装置中因为钢球的上料与分选需要一定的操作空间，不可能达到如此高的入射角度，所以在 S_3 区域中会存在一部分光源无法照射到的区域，在该区域中的缺陷就无法识别出来。另外，由图 7.10 可知，因为 S_3 区域的坡度很大，所以缺陷的面积会急剧减小，这也给后期的图像处理工作带来很大的困难。

S_2 区域是检测中比较理想的区域，其中干扰比较少，坡度也比较平缓，缺陷变形量不大，其光线反射原理如图 7.11 所示。

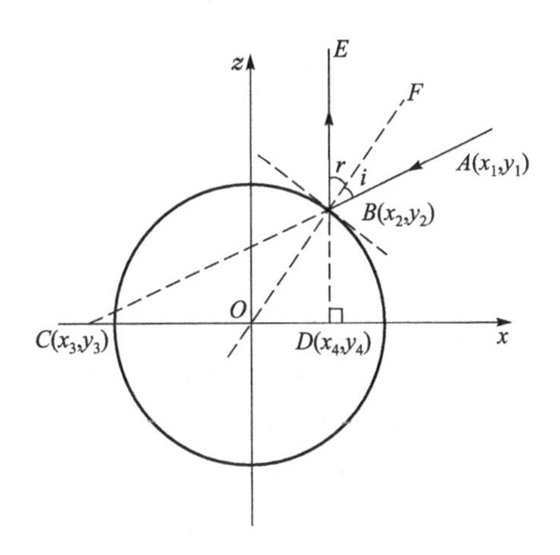

图 7.11 S_2 区域光线反射原理图

入射光线与反射光线根据两条直线间的夹角公式可得

$$x_1^2 y - 2x_1 y_2 (x_1 - d) - y_1 y_2^2 = 0 \tag{7.6}$$

再通过圆心 O，直线 DE、CA、OF 的方程可以由给定的钢球外点 A 的坐标计算出其在钢球上的成像反射点，从而确定在钢球图片中的位置，然后对 θ 进行积分，就可以求出物体在钢球表面所占的面积，评价光源好坏的关键因素就是看在光源照射的数学模型中 θ 和 β 的取值范围，如图 7.12 所示。

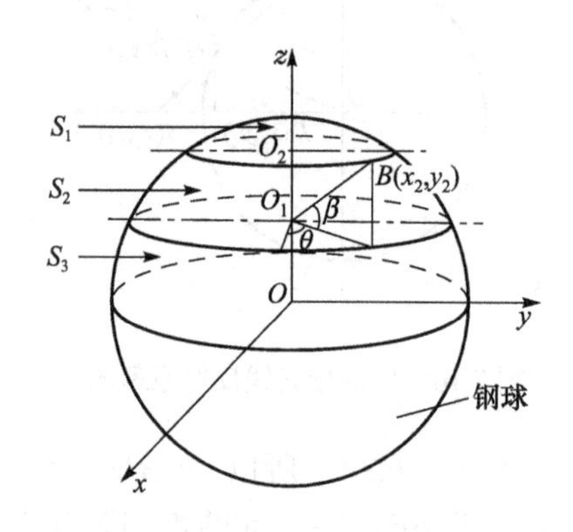

图 7.12　钢球反射面示意图

综上所述，针对钢球表面特殊的光学性质研究，本节分析了光晕产生的原因[15]，并结合检测系统的实际情况，根据钢球表面成像特点把钢球表面分为三个区域，即钢球中心区域 S_1、钢球检测理想区域 S_2 和钢球边缘区域 S_3，并对每个区域的成像特点进行了介绍，在此基础上总结出了评定光源优劣的特征参数，从而为光源的选择和光源位置的摆放提供了依据。

7.3　光源的分析与选择

光源的作用并不只是简单地照亮物体，它的性质会直接影响图像采集的质量。通过光源与照明环境的合理搭配可以实现尽可能地突出物体特征量，尽可能地使物体需要检测的部分与其他部分产生明显的区别，增加对比度。在机器视觉应用系统中一般使用透射光和反射光[16]，对于反射光的情况应充分考虑光源和光学镜头的相对位置、物体表面的纹理、物体的几何形状、背景等要素。选择光源必须仔细考虑所需光源的照明亮度、几何形状、均匀度以及发光的光谱特性等，同时还要考虑光源的使用寿命和发光效率。

针对钢球表面图像的拍摄，照明亮度、均匀度、光源照明的有效面积以及对各种钢球缺陷的识别特性都是选择光源的重要依据。

7.3.1　钢球表面拍摄的光学影响因素

光是一种能量状态，这种能量无需借助任何物质作为媒介都能从一个物体传播到另一个物体。能量从能量源出发沿直线向四周传播，这种能量的传递方式称为辐射，尽管实际上光在通过物质时方向会有所改变而并不总是沿直线传播[17]。有些类似于放射性物质引起的辐射是由粒子组成的，但是对于光，更加适合用波动理论来描述其特性，光线的辐射方向即波的传播方向[18]。

光主要有两种度量方法。第一种方法是不考虑人的视觉效果，用纯客观的辐射度学的物理量，即辐射度量来度量光。第二种方法是考虑人的视觉效果，用光度学的物理量（生理物理量），即光度量来度量光。这两个物理量之间有着紧密的联系，而辐射度量为光度量的基础，光度量可由辐射度量导出。由于照明的目的是达到人的视觉能够观察到目标，所以通常在光的照明度量中不采用辐射度量，而采用的是光度量。

1. 光通量

通常用光功率来表示光源在单位时间内发射的光能量大小。由于人眼只能分辨出波长为 380～780nm 的可见光，所以将光源发出的能引起人眼视觉的能量称为光通量。

2. 光强度

点光源向各个方向发出光能，在某一个方向上画出一个微小的立体角 dω，如图 7.13 所示，则在此立体角限定的照明范围内光源发出的光通量为 dφ，该点光源在该方向上的发光强度，即

$$I=\frac{\mathrm{d}\varphi}{\mathrm{d}\omega} \tag{7.7}$$

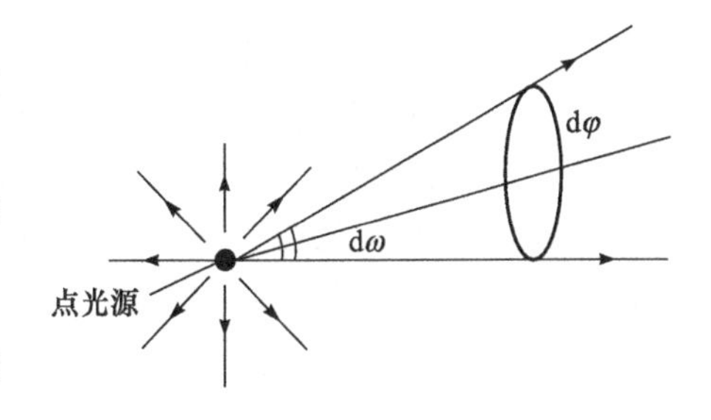

图 7.13　光强度示意图

对于均匀发光的光源，其 $I=I_0$ 为常数，此时有

$$I_0=\frac{\varphi}{\omega} \tag{7.8}$$

3. 光照度

光照度是以被照场所光通量的面积密度来表示的，可以用来表示被照面上光的强弱。在某一微小面积 dS 上投影的光通量 dφ 与该面积的比值 E，称为该小面积上的光照度，即

$$E=\frac{\mathrm{d}\varphi}{\mathrm{d}S} \tag{7.9}$$

显然，光照度表征了受照面被照明的明暗程度。如果光通量是均匀入射受照

面的，则有

$$E=\frac{\varphi}{S} \tag{7.10}$$

其中光照度的单位是勒克斯，国际代号为 lx。

4. 光亮度

引入亮度的概念以表征发光面在不同方向上的光学特性。光源在某一方向上的单位投影面在单位立体角中发射的光通量称为光源在该方向上的光亮度。

5. 光效

光效的全称为发光效率。光源所发出的总光通量与该光源所消耗的电功率的比值称为该光源的光效，其单位为亮度 / 瓦或流明 / 瓦 (lm/W)。

7.3.2　工业领域常用光源的特性

光源就是能够产生光辐射的辐射源。目标物在光源的照射下，其表面的反射光经过镜头在各种图像传感器的像面上成像，形成图像信号，再将其由显示装置输出，这就是目标物的图像[19]。图像传感器输出的图像信号随着光源光谱和光强度的分布强弱的变化而变化，所以选择合适的光源，将直接影响所获得图像信号的好坏。光源通常分为人工光源和自然光源，人工光源是人为将化学能、电能和热能等各种形式的能量转化成光辐射能的器件；而自然光源则是自然界中存在的辐射源，只能对其利用和研究，而不能改变其发光特性。

在工业领域中常用的光源按其产生原理可分为热辐射光源，典型代表如白炽灯、黑体辐射器等；气体放电光源，如汞灯、钠灯、氙灯、荧光灯和金属汞化物灯等；固体发光光源，如发光二极管（LED）、场致发光二极管和空心阴极灯等；激光器，如气体激光器、固体激光器、燃料激光器和半导体激光器等。

其中机器视觉中常用的光源有卤素灯、LED、氙灯和荧光灯等，每种光源都适合于不同的使用情况，有着不同的特点，实际应用时应当根据具体需要选择。

主要光源的相关特性如表 7.1 所示。

表 7.1　几种主要光源的特性

种类	光波	亮度	寿命/h	特点
LED	多种	亮到很亮	100000	寿命长，输出稳定，可做成多种形状
荧光灯	白、蓝、绿、黄光	亮	5000～7000	便宜，需要高频，发热低
氙灯	白蓝光	很亮	3000～7000	昂贵，稳定

续表

种类	光波	亮度	寿命/h	特点
卤素灯	白黄光	很亮	200～3000	便宜，发热高
电镀灯	绿光	较暗	2000～5000	光很微弱，发热低

根据 7.3.1 节中讨论的钢球表面的反射特性，本节对各种光源的特性进行阐述。为了消除直射光源，用漫反射光源对钢球表面进行照射，可选择 LED 光源。LED 光源是由很多单个 LED 组成的，单个 LED 发光管的体积很小，这样 LED 光源就可以做成各种形状，就可能实现光谱功率和空间光强的均匀分布。LED 光源有很高的辐射效率和发光效率，并且有很高的使用寿命和稳定性。

7.4　光源系统的优化

7.4.1　光源的评价指标

一个稳定可靠的处理系统，提高照明光源的品质是至关重要的。一个光源质量的好坏，可以从以下几个方面进行评价。

1. 对比度

目标缺陷若要从背景中被区分出来，其最重要的因素就是对比度。一幅图像中明暗区域最亮的白和最暗的黑之间不同亮度层级的测量称为对比度。好的照明光源应保证被检测对象呈现较大的对比度，以使需要检测的特征突出于其他背景。

2. 亮度

针对目标物体上不同的缺陷，不同的亮度对拉大缺陷与背景的对比度有着很大的影响。当选择两种光源时，最佳的选择是选择更亮的那个。当光源亮度不够时，可能有三种不好的情况会出现。第一，相机的信噪比不够，由于光源的亮度不够，图像的对比度必然不够，在图像上出现噪声的可能性也随即增大。第二，光源的亮度不够，必然要加大光圈，从而减小景深。第三，当光源的亮度不够时，自然光等随机光对系统的影响增大。

3. 鲁棒性

鲁棒性就是对环境有好的适应性。当光源放置在摄像头视野的不同区域或不同角度时，所得图像不应随之变化。方向性很强的光源，增大了对高亮区域发生镜面反射的可能性，不利于后面的特征提取。在很多情况下，好的光源需要在实际工作中与其在实验室中有相同的效果。

4. 可维护性及均匀性

可维护性主要是指光源在可靠的处理系统中可以实时调整，易于安装和更换。不均匀的光会造成不均匀的反射，会使视野范围内部分区域的光比其他区域多，造成物体表面反射不均匀，不能生成稳定的图像。

5. 寿命及发热量

光源的亮度应长期保持稳定，不应过快衰减，这样会影响系统的稳定性，同时增加维护成本，大发热量的光源亮度衰减快，其寿命也会受到很大的影响。

7.4.2 光源优化设计试验

在光源选择的过程中除了要考虑上述提到的光晕、摄像头倒影和周围景物映射的问题，在钢球表面缺陷检测系统中所选用的光源必须对钢球常见的缺陷都有比较好的照射效果[20]。

根据前面的讨论，首先考虑的问题是如何消除直射光源，所以首先对大面积漫反射光源进行相关的试验。

1. 大面积漫反射平板光源

大面积漫反射平板光源是以 LED 芯片高密度排列来产生高亮度的光，LED 芯片的使用使其厚度很小，便于安装，具有高亮度、高均匀度的特点。其试验装置如图 7.14 所示。

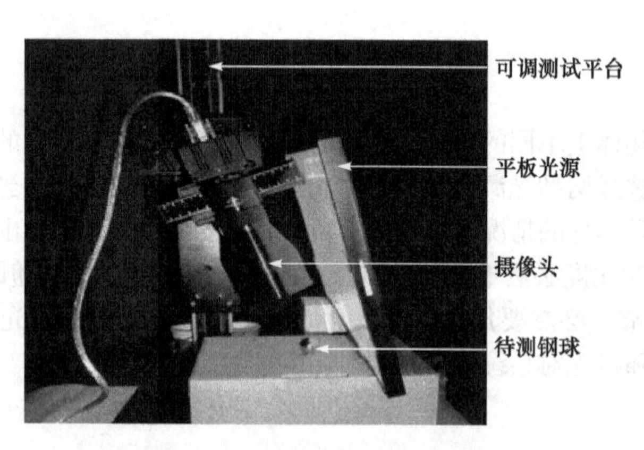

图 7.14 大面积漫反射平板光源试验装置

如图 7.15 所示，随着照度的增加，缺陷与背景的对比度逐渐提高，但其 θ 的范围在 180°以内，虽然具有较大的 β，但有效检测面积依然相对较小，这样降低了检测效率。针对大面积平板光源反射存在的问题，为了增大 θ 的取值范围，提高检测效率，下面选择漫反射环形光源进行试验，从而使 θ 的取值范围提高为 360°。

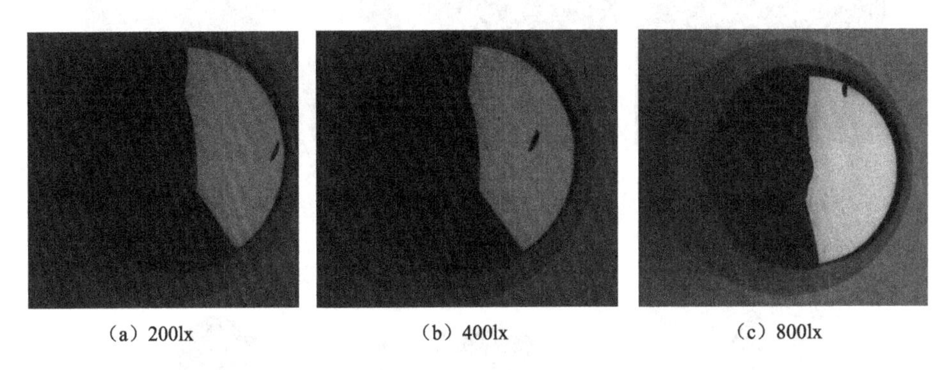

（a）200lx　（b）400lx　（c）800lx

图 7.15　大面积漫反射平板光源拍摄结果

2. 漫反射扁平环形光源

漫反射扁平环形光源是 LED 直线排列在柔性底板上，该底板环绕在漫反射光板的周围并被固定，这样 LED 的直射光线被有效地引导在漫反射光板上。光线借此分散遍及整个漫反射光板，产生非常均匀的光线发射。其试验装置和照射原理如图 7.16 所示。

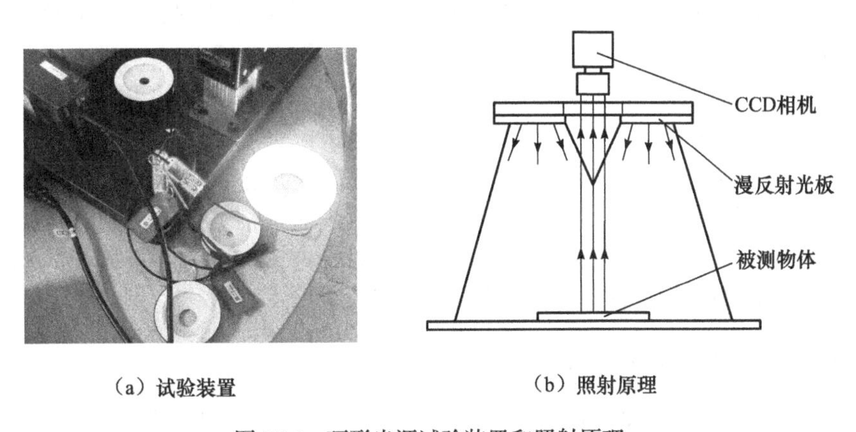

（a）试验装置　（b）照射原理

图 7.16　环形光源试验装置和照射原理

如图 7.17 所示，漫反射环形光源有效地提高了钢球检测的有效区域，而且通过调节光源亮度可以使缺陷与背景产生一个很大的灰度差。但其 S_1 和 S_3 区域的面积较大，在 S_2 区域边缘的较亮边界是由光源本身的结构造成的[21]。外边界处较亮，使图像局部的对比度增加，造成了一定的图像亮度不均匀。

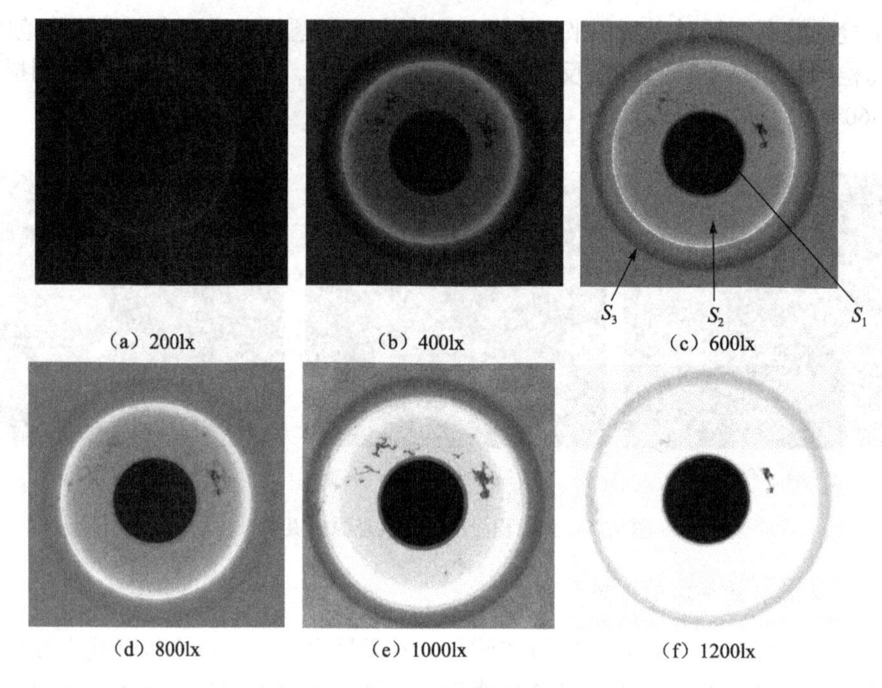

图 7.17　环形光源拍摄结果

由图 7.17 可知，中间存在很大的区域黑斑，这主要是由光源照亮范围的亮度远高于钢球中心没有光照的区域，且成像 CCD 的动态范围有限，对比度过大而造成的，其中也包含了摄像头的倒影。另外，在图 7.17（c）上存在一个较亮的光环，光环区域随着照射亮度的增加而逐渐增大，在观察角度 α 不变的情况下，钢球外侧光线经过球面反射更多的光进入摄像头之中，使得这部分 $S(L)$ 增大，提高了图像对比度。由图 7.12 可以分析出，β 的范围与漫反射环形光源的宽度成正比，但单纯地加大漫反射环形光源的宽度对入射光线的入射角度改变很小，要提高检测面积就要增加照明光线的入射角度。考虑到平板光源的形状局限，下面采用漫反射球面光源来增加入射角度。

3. 漫反射球面光源

针对漫反射环形光源存在的 S_1、S_3 区域较大，图像对比度不均匀等问题，所选用的漫反射球面光源外形和拍摄方法如图 7.18 所示，其照射原理如图 7.19 所示。

LED 发出的光通过拱形碗状的反射形成了散射照明光，它可以对弯曲的金属表面实现均匀照明。主要应用在曲面形状的缺陷检测、不平坦的光滑表面字符检测、金属或镜面的表面检测等领域。

一个好的光源需要对各种钢球中的常见缺陷都有很好的分辨效果，这里分别

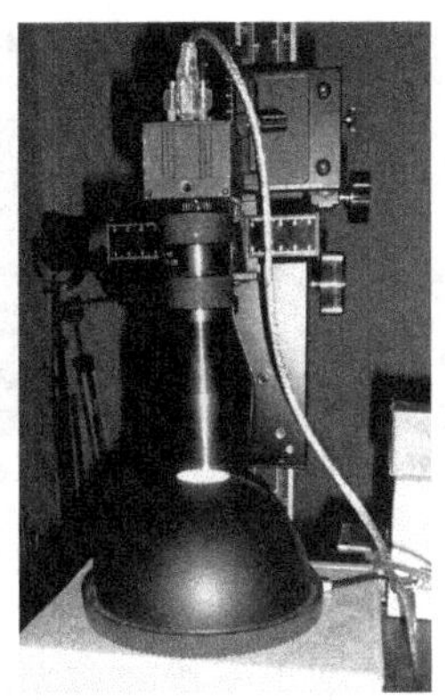

图 7.18　漫反射球面光源试验装置

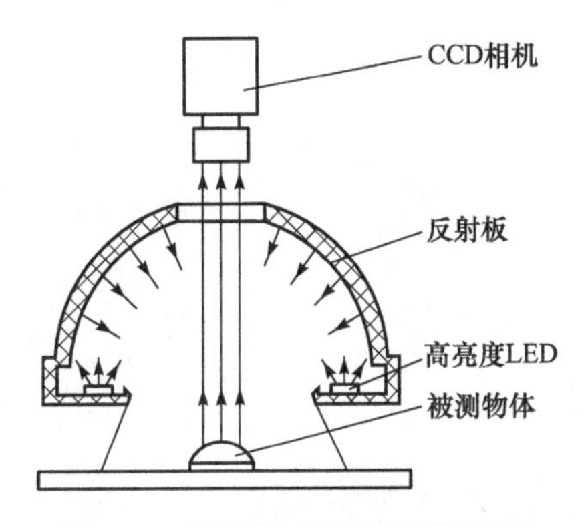

图 7.19　漫反射球面光源照射原理

对钢球中的五种常见典型缺陷进行测试，在测试过程中调节不同的光照强度，确定最能提高缺陷与背景对比度的照明亮度。

1）凹坑缺陷

凹坑缺陷是钢球生产中最为常见的缺陷之一，其体积较大，并有一定的深度。凹坑缺陷如图 7.20 所示，可以明显地看出缺陷位置，缺陷与背景分离得很

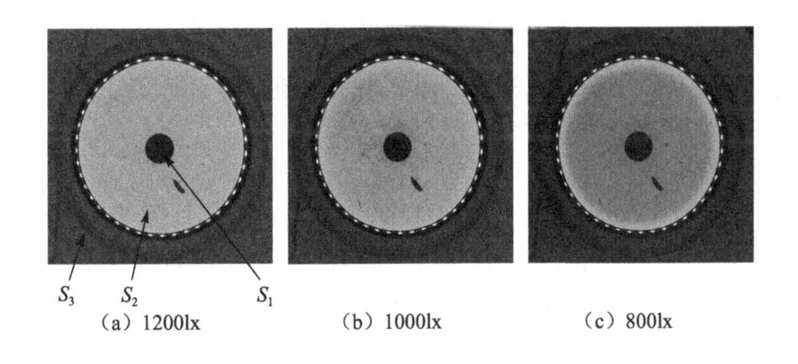

（a）1200lx　（b）1000lx　（c）800lx

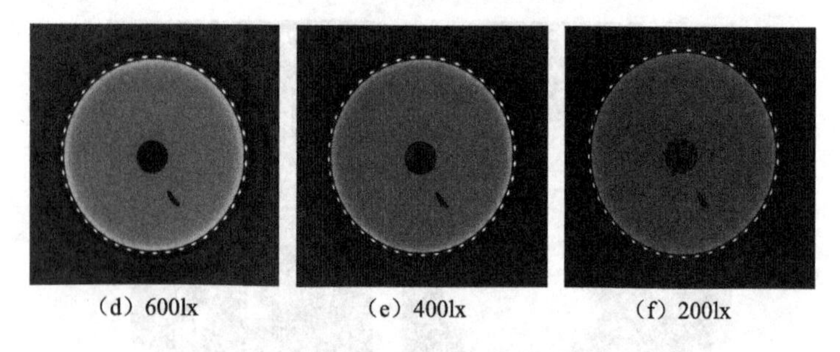

图 7.20　凹坑缺陷拍摄结果

好。在钢球上存在的细小干扰随着光源亮度的减弱其灰度值逐渐接近于背景。

2）群点缺陷

群点缺陷是由体积较小的缺陷连接在一起组成的，其体积较大，形状不规则，且缺陷形状不易完全提取。群点缺陷如图 7.21 所示。

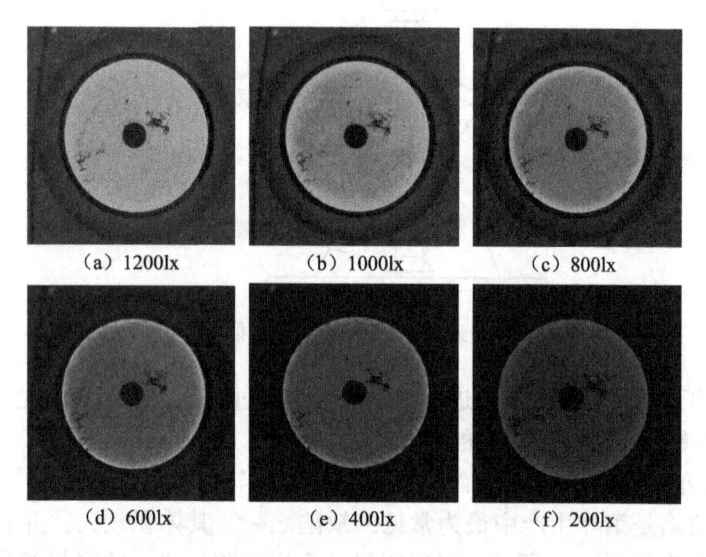

图 7.21　群点缺陷拍摄结果

3）划条缺陷

划条缺陷在光照较亮时比较容易凸显出来，随着照明亮度的减弱逐渐接近背景。划条缺陷如图 7.22 所示。

4）擦伤缺陷

如图 7.23 所示，此处选择的擦伤缺陷非常轻微，在日光下用人眼几乎观察不到，如果采用人工检测的方法很可能造成漏检，容易给后续产品的质量带来隐患，而用球面光源进行照射可以较清晰地将缺陷凸显出来。

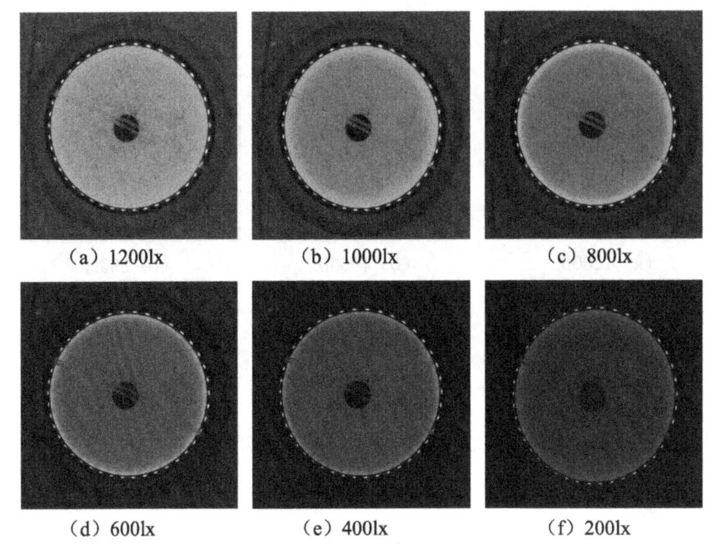

图 7.22　划条缺陷拍摄结果

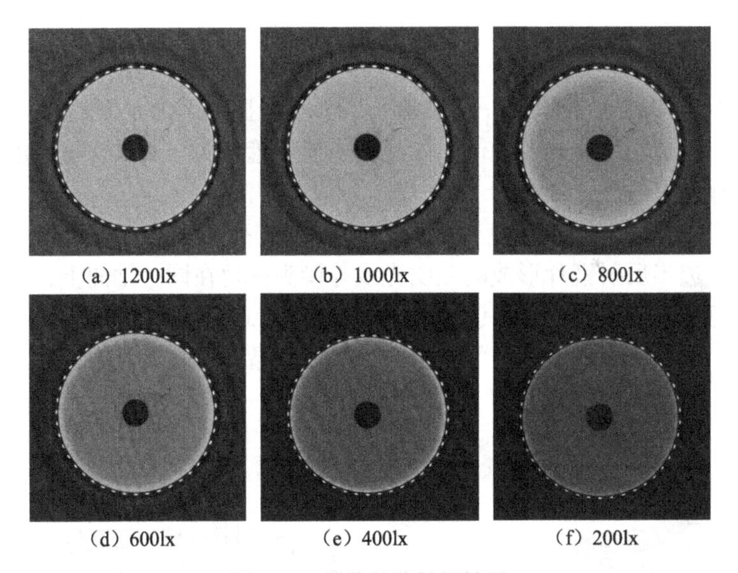

图 7.23　擦伤缺陷拍摄结果

5）点子缺陷

如图 7.24 所示，点子缺陷较容易与背景区分，但有些点子缺陷体积很小，这就需要在后期的图像处理中设计合理的图像增强算法以减小误检率。

从试验的结果可以看出，球面光源对于凹坑缺陷、擦伤缺陷、群点缺陷和点子缺陷都有比较好的效果，碗状光源的球形表面，使得钢球有效检测区域的面积大大增加，而且解决了漫反射环状光源的边缘亮度过高问题[22]。

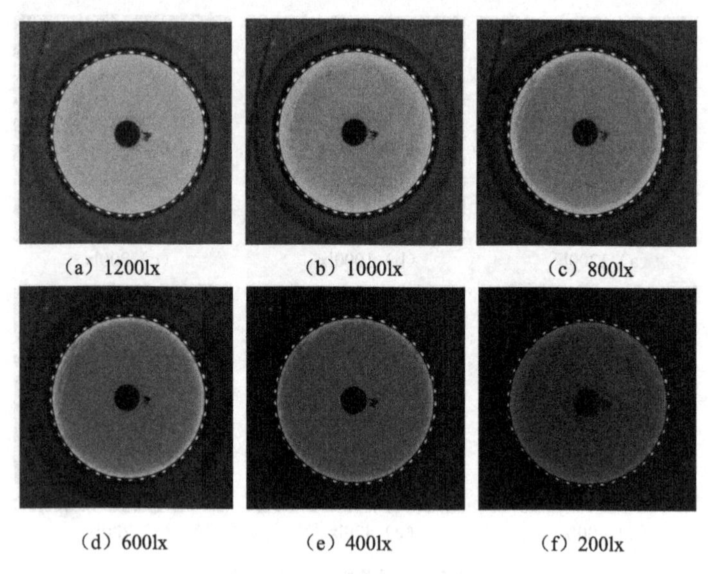

图 7.24　点子缺陷拍摄结果

4. 同轴光源

以上所选用的光源对于 S_1 区域的效果都不明显，因为 S_1 的位置是摄像头的拍摄位置，不能用不透光的物体（如漫反射板）遮挡住，所以这里考虑用同轴光源进行处理[23]。

同轴光源是由高亮度、高密度的 LED 阵列排列在线路板上形成的一个面光源，使用半透半反射镜片形成的照明光线与镜头视角在同一轴向上，其试验装置和照射原理如图 7.25 所示，其主要应用在金属、玻璃等具有光泽的物体表面的缺陷检测，线路板焊点、符号的检测，芯片和硅晶片的破损检测等领域。

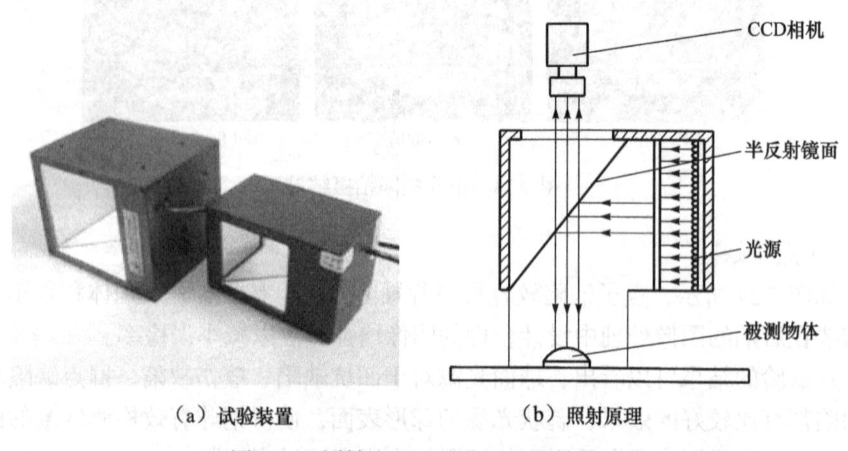

图 7.25　同轴光源试验装置和照射原理

图 7.26 为不同光线强度拍摄下的缺陷检测图片，可以看出同轴光源可以很好地消除摄像头倒影。通过调整照射光线的强弱可以使缺陷与背景较好地分离出来，解决了以上光源无法解决的 S_1 区域的问题，但同轴光源只能反映出 S_1 区域的信息。如果能用漫反射球面光源配合同轴光源进行拍摄，可以得到较好的效果，但因为同轴光源体积很大，很难应用在实际检测设备中。

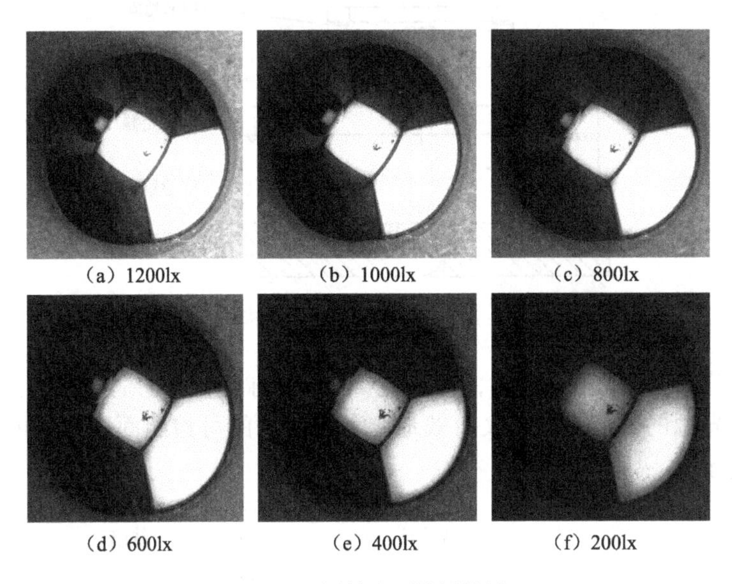

（a）1200lx　（b）1000lx　（c）800lx

（d）600lx　（e）400lx　（f）200lx

图 7.26　同轴光源拍摄结果

经过以上的试验分析，结合各个光源的优点，可设计由 FPR 光源和 LDR 光源配合检测腔隔离周围景物的方案，其结构装置如图 7.27 所示。

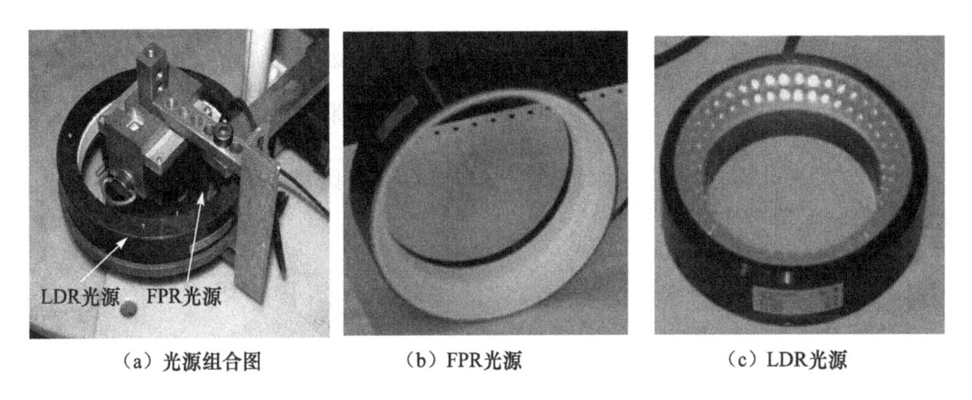

（a）光源组合图　（b）FPR光源　（c）LDR光源

图 7.27　采集系统光源

其中，LDR 漫反射光源采用低角度照射，并结合载物盘的孔壁形成低角度照射光源，可以较好地检测出划伤、群点、凹坑等钢球表面缺陷[24, 25]；FPR 光源排列在摄像头周围，采用沐浴方式照射钢球表面，可以模拟球形光源表面，使钢球位于光源照明的焦点位置。整体光源照射原理结构如图 7.28 所示。

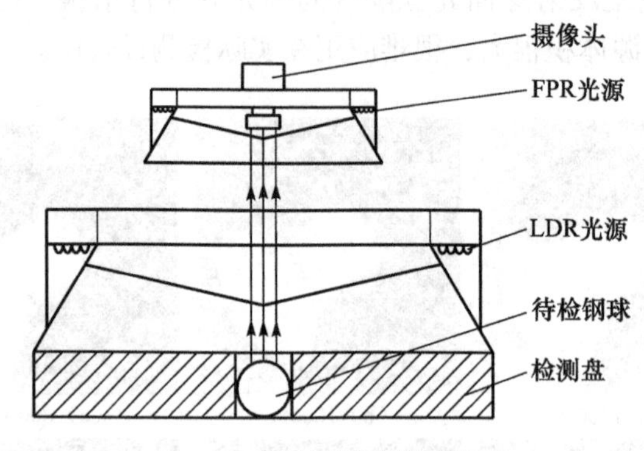

图 7.28 采集系统光源结构图

这套设计有较强的灵活性，对不同尺寸的钢球有较好的适应能力，克服了漫反射球面光源的缺点，同时又有效地增大了钢球的可检测面积，其拍摄结果如图 7.29 所示。

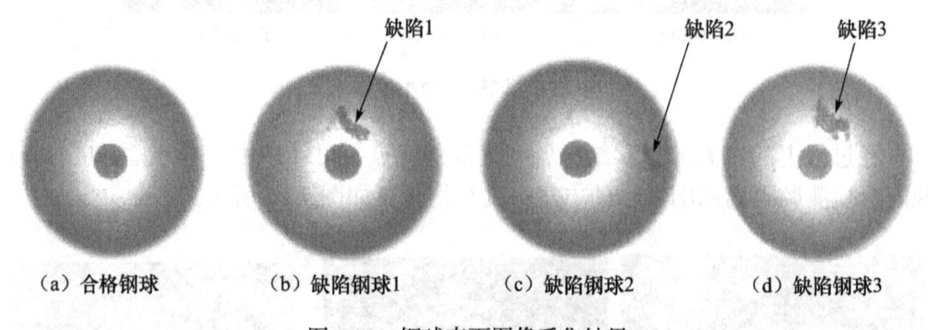

图 7.29 钢球表面图像采集结果

由图 7.29 可知，该照明系统有较大的检测有效区域，缺陷和背景的对比度较高，符合设计要求。

7.5 光照系统选择及设计

为了减少“光晕”现象，许多算法采用各向异性的低通滤波算子来估计光照中的图像成分，但各向异性的函数参数（如高斯核函数）和滤波器窗口的大小选择极其困难。中国科学技术大学的庄连生等在分析辐照度 - 反射模型和 Retinex 思想的基础上，提出基于全变分模型的光照估计算法。该算法不需要训练集，具有模型简单、需要设置的参数少等特点[26~29]，可以有效减少提取反射图中的“光晕”现象，但是全变分模型会导致图像平滑。

目前掌握的照明方法中有两种可以弱化反光的问题。这里描述的两种照明方法中，第一种是尽量使反射光少进入镜头，第二种是控制反射光，使反射进入镜头成像的光线分布均匀。

如图 7.30 所示，在沿轴向使用平行光照明，适当控制光线的入射角度，使反射光不能直接进入镜头，而是被柱面反射到其他方向。一般情况下，入射角不应小于 45°，此时需要使用两个光源，右边的光源照明右半部分，左边的光源照明左半部分，中间有一定重叠，这样可同时保证照明的均匀性。

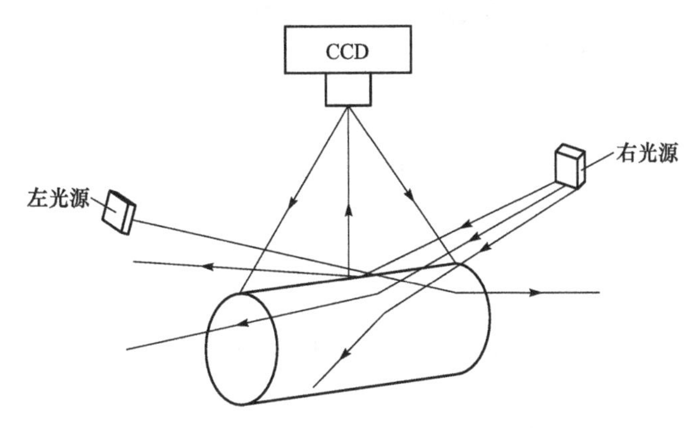

图 7.30　反射光不进入镜头照明方案

第二种方法是使用漫散光照明，其基本原理是如果能够使各个方向进入镜头的反射光均匀，那么反射光引起的反射斑就被消除，这类似于积分球的工作原理。如果一个表面从任意角度观察，亮度都是一样的，这个表面称为 Lambertian 表面，用一束平行光照明，无论从哪个方向或角度入射或从哪个角度观察，该表面都是被均匀照明的。当表面是镜面时，反射光的方向是非常确定的。如果此时照明光线以球状分布从各个方向均匀入射，那么无论从哪个方向观察，接收到的光线是一样多的，即亮度是均匀的，这种情况下不产生反光斑。

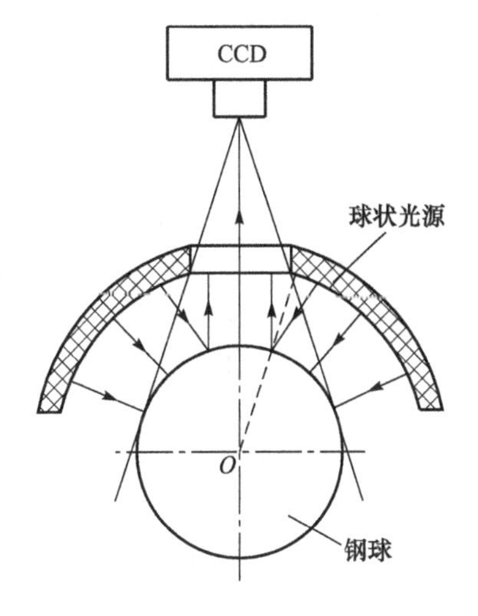

图 7.31　漫散光照明设计

如图 7.31 所示，对于球状物体，要求光源的发光面同样是球面的，发出均匀的漫散光，而且和被测物体共轴。显然，这种光源的设计和制造都是比较复杂的。

需要指出的是，第二种照明方法产生的图像对比度较第一种方法低，因为有光线直接经表面反射进入镜头成像，尽管这些反射光的分布是均匀的[30~33]。考虑展开盘的弧度即钢球圆周的均匀分布，综合两种方法的优点，采用以 FPR 型 LED 为主照明，辅以双 LDL-TP 型 LED 的光照设计组合，如图 7.32 所示。

（a）LDL-TP 型

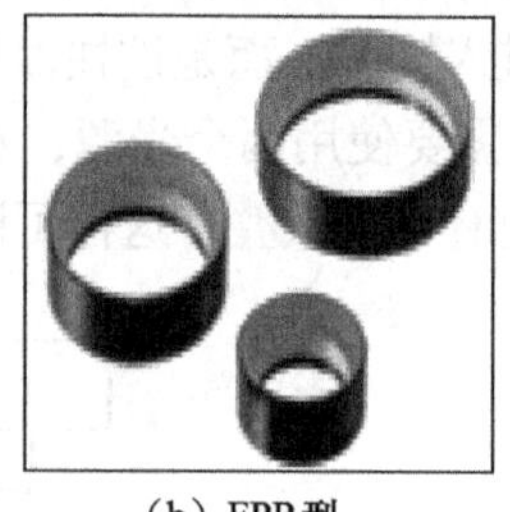

（b）FPR型

图 7.32　照明设计选择的光源

参考文献

［1］王义文．钢球表面缺陷检测关键技术研究及样机研制．哈尔滨：哈尔滨理工大学博士学位论文，2010.

［2］全燕鸣，陈佳佳，柯志勇．成批抛光钢球表面缺陷自动检测的图像预处理方法．测试技术学报，2010，24（6）：518-521.

［3］Wang P, Zhao Y L, Liu X L. The key technology research for vision inspecting instrument of steel ball surface defect. Key Engineering Materials, 2009, 760(392): 816-820.

［4］Zhao Y L, Che C Y, Xuan J P, et al. Kinematic analysis on spiral line unfolding mechanism of steel-ball whole surface. Journal of Harbin University of Science and Technology, 2013, 18(1): 37-40.

［5］王义文，张中然，青克尔，等．摩擦式钢球表面缺陷检测仪的控制系统设计．机械工程师，2010，3：26-28.

［6］栗琳，王仲，裴芳莹，等．双图像传感器的球表面展开方法．仪器仪表学报，2012，33（7）：1641-1646.

［7］乔闹生，叶玉堂，莫春华，等．PCB 光电图像光照不均蜕化的校正及阈值分割方法．光子学报，2009，38（11）：2999-3003.

［8］潘洪平．钢球表面质量自动评价体系建立及其应用的研究．哈尔滨：哈尔滨工业大学博士学位论文，2000.

［9］侯志强．视觉跟踪技术综述．自动化学报，2006，32（4）：603-617.

［10］Jorge B, Jose M S, Filiberto P. Motion-based segmentation and region tracking in image sequence. Pattern Recognition, 2001, 34(3): 661-670.

[11] 丰艳，王明辉，陈一民．利用图像像素灰度值变化速度的相似性进行图像分割．计算机应用与软件，2007，22（1）：96-97.

[12] Pakorn K T P, Richard B. A real time adaptive visual surveillance system for tracking low-resolution colour targets in dynamically changing scenes. Image and Vision Computing, 2003, 21: 913-929.

[13] Tsai D M, Huang T Y. Automated surface inspection for statistical textures. Image and Vision Computing, 2003, 21(4): 307-323.

[14] 张玲，韩建．基于自适应模板的匹配算法在跟踪系统中的应用．重庆大学学报（自然科学版），2005，28（6）：74-76.

[15] 王义文，蔺勇智，贾冬开，等．空气与油液介质下钢球表面缺陷检测效果对比分析．轴承，2010，5：37-39，42.

[16] 王鹏，刘献礼，赵彦玲．基于机器视觉的钢球表面缺陷识别检测系统．第十二届全国图像图形学学术会议，北京，2005：268-272.

[17] 梅豪，梅杰．光电开关原理及应用．电子技术，1994，（6）：35-42.

[18] Zhang J, Cai L. Profilometry using an optical stylus with interferometric readout. Measurement Science & Technology, 1997, 8: 546-549.

[19] 王鹏，刘献礼，赵彦玲，等．钢球表面缺陷视觉检测仪：中国，ZL200920099075.4. 2010.8.18.

[20] Kass M, Witkin A, Rives P. A new approach to visual servoing in robotics. IEEE Transactions on Robotics and Automation, 1993, 8(3): 13-320.

[21] 杨莉．图像特征检测与运动目标分割算法的研究和实现．西安：西安电子科技大学博士学位论文，2007.

[22] Zeng L J, Hirokazu M. Two-directional scanning method for reducing the shadow effects in laser triangulation. Measurement Science & Technology, 1997, 8: 262-266.

[23] Wei Z Q, Ji X P, Wang P. Real-time moving object detection for video monitoring systems. Journal of Systems Engineering and Electronics, 2006, 17(4): 731-736.

[24] Micheloni C, Foresti G L. Real-time image processing for active monitoring of wide areas. Journal of Visual Communication and Image Representation, 2006, 17(3): 589-604.

[25] Sezgin M, Sankur B. Survey over image thresholding techniques and quantitative performance evaluation. Journal of Electronic Imaging, 2004, 13(1): 146-165.

[26] 庄连生，龙飞，庄镇泉．基于全变分模型的光照处理．电路与系统学报，2008，13（5）：104-107.

[27] Land E, McCann J. Lightness and Retinex theory. Journal of the Optical Society of America, 1971, 61(1): 1-3.

[28] Shashua A, Riklin-Raviv T. The quotient image: Class-based re-rendering and recognition with varying illuminations. IEEE Transactions on Pattern Analysis & Machine Intelligence, 2001, 23(2): 129-139.

[29] Georghiades A, Kriegman D, Belhumeur P. From few to many: Generative models for recognition under variable pose and illumination. Proceedings of the 4th IEEE International Conference on Automatic Face and Gesture Recognition, Washington, 2000: 277.

[30] Jens W. Ceranics—A milestone on the way to the high-performance rolling bearing. Ceramic Forum International, 2002, 79(4): 21-24.

[31] Tian J W, Huang Y X. A variable-step detecting algorithm for interested boundary. Proceedings of the World Congress on Intelligent Control and Automation, Dalian, 2006, 2: 10166-10170.

[32] 李为民. 大尺度范围内视觉测量技术研究. 合肥：中国科学技术大学博士学位论文，2006.

[33] Zhao Y L, Liu X L, Wang P. Application of artificial neural net in defect image recognizing of cutting chip. Key Engineering Materials, 2006, 315-316: 496-500.

第 8 章　钢球图像处理方法及缺陷分类识别

所采集的钢球图像由于受到各种噪声源的干扰，如成像设备、光源以及周围环境所造成的图像失真，光电转换过程中敏感元件灵敏度不均匀性，球体投影到平面上产生的虚像以及人为因素等，均会导致图像退化变质或产生噪声，钢球图像的信噪比降低，清晰度不足，使图像质量下降。准确地从钢球图像中提取出各种缺陷信息，是保证图像处理系统可靠工作的关键。因此，为了避免影响后续的缺陷特征的提取和识别效果，应事先将钢球图像进行处理，本章采用平滑滤波和图像增强两种处理方法，使图像尽量恢复到原始图像状态。

计算机对钢球缺陷图像的处理，其最终目的是对图像中缺陷部分进行正确识别，因此图像分割是完成这一过程的关键一步。其作用是：一方面，它是目标表达的基础，对特征参数测量有重要的影响；另一方面，分割后的目标将原始图像转化，使下一步对图像的识别成为可能[1]。针对钢球图像，分割就是在一幅图像中，因钢球背景与目标物体的交界处灰度表现出很大的差异，通过分割算法把缺陷从背景中分离出来。

8.1　钢球图像平滑滤波方法

带有噪声的图像，一般在对图像进行分割、特征提取之前都会进行平滑处理。图像平滑是指用于突出图像的宽大区域、低频成分、主干部分或抑制图像噪声和干扰高频成分，使图像亮度平缓渐变，减小突变梯度，改善图像质量的图像处理方法[2]。“平滑处理”也成为模糊处理中一项使用频率很高的图像处理方法。

8.1.1　图像的频域滤波及分析

频域滤波技术是在图像的频率域空间对图像进行滤波，因此需要将图像从空间域变换到频率域，针对采集到的钢球图像，通过快速傅里叶变换对图像进行空域到频域的转换。图像在频域增强时不考虑图像降质的原因，只是突出图像中所感兴趣的部分。钢球图像在强化图像高频分量时，可使图像中钢球轮廓清晰，细节明显；而强化低频分量时可减少图像中噪声的影响。

傅里叶变换是线性系统分析的一个有力工具，图像的频域增强就是利用傅里叶变换的卷积理论，其原理过程如图 8.1 所示。

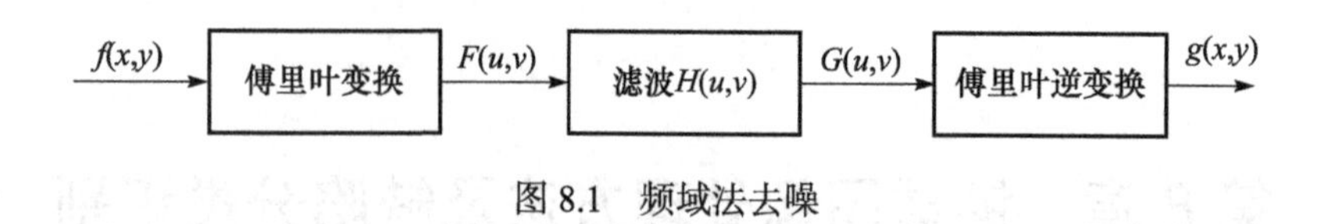

图 8.1　频域法去噪

其中，$F(u, v)$、$G(u, v)$ 分别为处理前后图像 $f(x, y)$、$g(x, y)$ 的傅里叶变换；$H(u, v)$ 为对应的滤波器传递函数[3]。钢球图像的数据是二维离散数据，因此选择快速二维离散傅里叶变换。由二维采样定理可知，如果二维信号 $f(x, y)$ 傅里叶变换满足公式：

$$F(u,v)=\begin{cases}F(u,v), & |u|\leqslant u_c, |v|\leqslant v_c\\ 0, & |u|>u_c, |v|>v_c\end{cases} \tag{8.1}$$

式中，u_c 和 v_c 为对应于空间位移变量 x 和 y 的最高截止频率。

则当采样周期 Δx、Δy 满足：

$$u_s=1/\Delta x>2u_c,\quad v_s=1/\Delta y>2v_c \tag{8.2}$$

可得

$$F(u,v)=\sum_{x=0}^{M-1}\sum_{y=0}^{N-1}f(x,y)\mathrm{e}^{-\mathrm{j}2\pi\left(\frac{xu}{M}+\frac{yv}{N}\right)} \tag{8.3}$$

式中，u 和 v 为频域坐标；x 和 y 为空域坐标。

离散傅里叶逆变换为

$$f(x,y)=\frac{1}{MN}\sum_{u=0}^{M-1}\sum_{v=0}^{N-1}F(u,v)\mathrm{e}^{\mathrm{j}2\pi\left(\frac{xu}{M}+\frac{yv}{N}\right)} \tag{8.4}$$

钢球图像经过傅里叶变换之后，频域上的低频信号对应空域上变换比较缓慢的信号，而高频信号对应空域上变化比较强烈的信号，所以钢球图像中的边缘和噪声都对应频谱中的高频区段，而图像的概貌部分集中在低频区段。再经过傅里叶逆变换，将频域转换到空域得到最终去掉噪声的图像，经过低通滤波之后，图像中的噪声被处理[4]。

频域法滤波一方面需要对图像进行域的转换，对于数据量较大的钢球图像，运算时间较长，且对于具有实时性要求的钢球图像处理不太适合；另一方面平滑增强效果并不理想[5~7]。

8.1.2　图像的空域滤波及分析

在空间域去除噪声，是对整个图像进行平均运算，不依赖于噪声点的识别和去除，是直接对图像像素灰度极值进行运算。因此，空域法相对计算量小，处理速度快[8]。

1. 高斯法平滑滤波

设一幅有噪声的图像 $g(x, y)$ 包括原始图像 $f(x, y)$ 和噪声 $n(x, y)$，即 $g(x, y) = f(x, y) + n(x, y)$，经过邻域平均处理后得到的平滑图像为

$$\overline{g}(x, y) = \frac{1}{M}\sum_{(i,j)\in S} g(i, j) = \frac{1}{M}\sum_{(i,j)\in S} f(i, j) + \frac{1}{M}\sum_{(i,j)\in S} n(i, j) \tag{8.5}$$

式中，S 为所取像素 (x, y) 的邻域像素点集；M 为该邻域内所包含像素的数目。

高斯滤波是邻域平均法的一种改进。邻域平均法在滤波时，仅考虑邻域点的作用，并未考虑各点位置的影响。而高斯滤波引入了加权系数，用像素邻域的加权值来代替该点的像素值，表明距离某点越近的点，对该点的灰度值影响越大，每一邻域像素点权值随该点与中心点的距离单调递减，这样在平滑运算时不会使图像边缘受到影响[9]。权值的大小是根据高斯函数形状来选择的。通常高斯滤波器的频带越宽，清除噪声的能力越强。但由于是线性滤波器，去噪的同时使图像边缘产生模糊效应，因此应选用合理的值进行平滑运算。选用如表 8.1 所示模板算子对不同缺陷钢球图像进行去噪。

表 8.1　高斯滤波窗口模板设置

自定义模板［Max[5 × 5]］	自定义模板元素				
模板系数（1/20）	1	−1	1	−1	1
模板高度（5）	−1	1	3	1	−1
模板宽度（5）	1	2	4	3	1
中心元素 x 坐标（4）	−1	1	3	1	−1
中心元素 y 坐标（4）	1	−1	1	−1	1

2. 中值法平滑滤波

采用中值模板如表 8.2 所示。中值滤波是最常用的非线性滤波技术，它是一种邻域运算，类似于卷积，但计算的不是加权求和，而是把邻域中的像素按灰度级进行排序，然后选择该组的中间值作为输出像素值。这样邻域中灰度的中值不受个别噪声毛刺的影响，对于消除孤立点和线段的干扰十分有用，而且并无明显的模糊边缘，因此可以迭代使用，但对高斯噪声无能为力。中值滤波在每个像素位置上都对一个（可能很大的）矩形内部的所有像素进行排序，运算量会很大。

表 8.2　中值滤波窗口模板设置

中值滤波设置	滤波器高度	滤波器宽度	中心元素 x 坐标	中心元素 y 坐标
参数值	2	2	2	1

但是注意到，当窗口沿着行移一列时，窗口的内容变化只是丢掉了最左侧的列而取代为一个新的右侧列，对于 m 行 n 列的中值窗口，$mn-2m$ 个像素没有发生变化，并不需要重新排序，因此采用如下高效的中值滤波算法[10]。

（1）设置 $\mathrm{th}=\dfrac{mn}{2}$。

（2）将窗口移至一个新行的开始，对其内容排序。建立窗口像素的直方图H，确定其中值 med，记下亮度小于或等于 med 的像素数目 lt_med。

（3）对于最左侧列亮度是 p_g 的每个像素 p，做 $H[p_g]=H[p_g]-1$。

（4）将窗口右移一列，对于最右侧列亮度是 p_g 的每个像素 p，做 $H[p_g]=H[p_g]+1$，如果 p_g < med，置 lt_med = lt_med + 1。

（5）如果 lt_med > th，则转至步骤（6）；

否则，重复 lt_med = lt_med + H[med]

med = med+1

直到 lt_med ⩾ th，则转至步骤（7）。

（6）重复 med = med − 1

lt_med = lt_med − H[med]

直到 lt_med ⩽ th。

（7）如果窗口的右侧列不是图像的右边界，则转至步骤（3）。

（8）如果窗口的底行不是图像的下边界，则转至步骤（2）。

一般来说，小于滤波器面积一半的亮或暗的物体基本上会被滤除，而较大的物体几乎会原封不动地保存下来，因此中值滤波器的空间尺寸必须根据现有的问题进行调整。

图 8.2 为高斯滤波前后缺陷提取，点子、凹坑和群点缺陷采用高斯滤波比采用中值滤波处理效果好，既消除了噪声，又保留了边界，处理速度快。从图 8.2（b）和（d）可以看出，经过高斯滤波的二值化图像其缺陷提取的效果很好，噪声已经完全去除，所以高斯方法适合对以上三种缺陷钢球图像进行去噪。

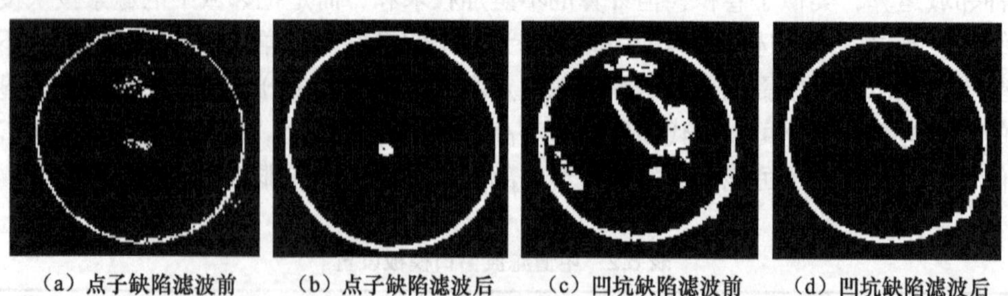

（a）点子缺陷滤波前　（b）点子缺陷滤波后　（c）凹坑缺陷滤波前　（d）凹坑缺陷滤波后

图 8.2　高斯滤波前后缺陷比较

采用中值法滤波时窗口大小非常关键，直接影响处理速度和效果。通常情况下窗口取得越大，滤波处理的速度也越慢。本节选取窗口为 2×2 的中值滤波函数来对图像进行滤波。图 8.3 给出了擦伤和划条缺陷中值滤波二值化图像缺陷提取结果的对比，从图 8.3（b）和（d）中可以看出，经滤波后的图像其缺陷提取的效果好于滤波前，因此中值滤波更适合对擦伤和划条缺陷钢球图像进行去噪。

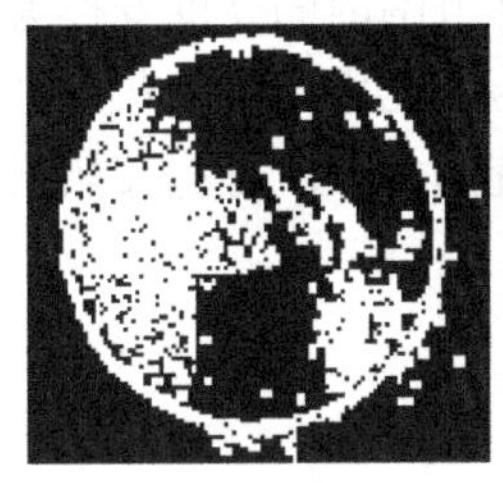
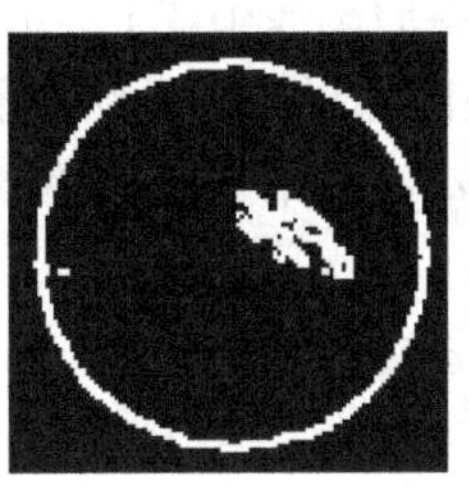
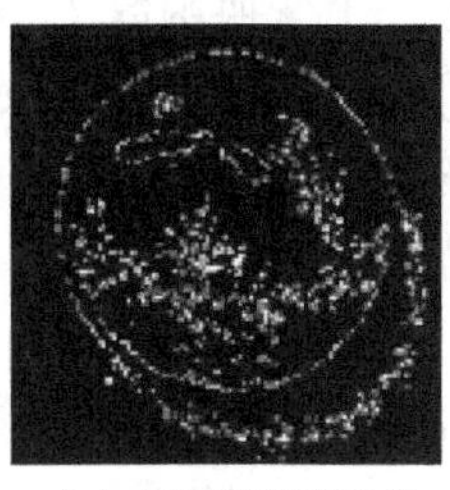
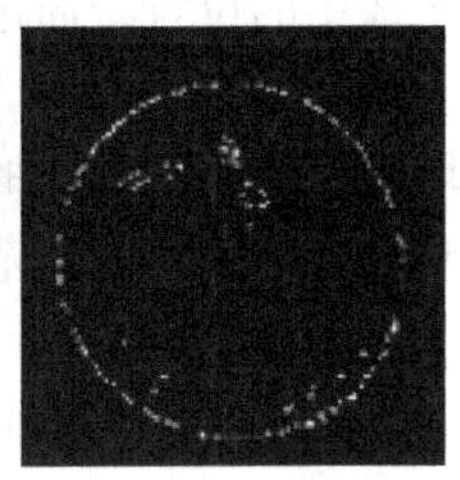

（a）擦伤缺陷滤波前　（b）擦伤缺陷滤波后　（c）划条缺陷滤波前　（d）划条缺陷滤波后

图 8.3　中值滤波前后缺陷比较

8.2　钢球图像的局部增强方法

8.2.1　图像的灰度修正

通过摄像系统从被观测的对象中取得图像，它们都是二维图像或图像序列，可表示为实函数：

$$f(x_i, y_j, t_k, \lambda_l),\ i, j = 0, 1, \cdots, N-1;\ k=0, 1, \cdots, n-1;\ l=1, 2, \cdots, m \tag{8.6}$$

式中，(x_i, y_j) 为位置坐标；t_k 为摄像时刻；λ_l 为波段；$(n, m, N)\in \mathbf{Z}^+$；$f$ 的取值范围一般为［0, 255］。

对于单幅图像，式（8.6）可写成矩阵形式：

$$\begin{bmatrix} f_{0,0} & f_{0,1} & \cdots & f_{0,n-1} \\ f_{1,0} & f_{1,1} & \cdots & f_{1,n-1} \\ \vdots & \vdots & & \vdots \\ f_{n-1,0} & f_{n-1,1} & \cdots & f_{n-1,n-1} \end{bmatrix} \tag{8.7}$$

式中，$f_{i,j} \overset{\text{def}}{=} f(x_i, y_j, t_k, \lambda_l)$，$f_{i,j}$ 取离散值 $0, 1, \cdots, 255$。

将图像用式（8.7）的矩阵表示，便于利用矩阵的各种运算操作实现图像增强。图像增强的目的是根据用户的特定要求对原图像进行某种处理，使图像在逼真度和可辨识度两个方面得到改善，以获得其中的重要信息。

所采集的钢球图像，由于各种条件限制和随机干扰，图像往往比实际景物失真，图像灰度修正就是对（原始）图像灰度进行修正，以使图像的灰度与实际景物尽可能地一致，并采用灰度变换方法增强缺陷特征[11, 12]。

8.2.2　图像灰度变换算法研究

灰度变换法是钢球图像处理中增强图像对比度简单、高效的一种方法。其变换原理是改变钢球原图像中某两个灰度值的动态范围，灰度变换不依赖于像素在图像中的位置，通过一个变换函数 T，将原图像中在 $[a_1, a_2]$ 范围内的亮度变换为一个新图像在 $[z_1, z_k]$ 范围内的亮度，突出感兴趣的目标，压缩无用信息的灰度区域。设所得到图像的灰度值范围为 $[a_1, a_2]$，并根据处理系统的条件，可将其拓展到允许的整个灰度范围 $[z_1, z_k]$，即

$$[a_1, a_2] \subset [z_1, z_k] \tag{8.8}$$

对灰度值范围 $[a_1, a_2]$ 作变换得

$$Z = T(a),\quad a \in [a_1, a_2],\quad z \in [z_1, z_k] \tag{8.9}$$

根据图像特征和降质原因，灰度变换函数 T 常采用线性变换法和非线性变换法。当 T 为线性变换式时，式（8.9）表示为

$$\begin{aligned} Z &= (z_k - z_1)/(a_2 - a_1)a + [z_1 \cdot (a_2 - z_k) \cdot a_1](a_2 - a_1) \\ &= (z_k - z_1)/(a_2 - a_1)(a - a_1) + z_1 \end{aligned} \tag{8.10}$$

线性灰度变换时，图像所具有的信息是不变的。若所得图像的灰度范围仅占整个允许灰度范围的一部分，往往是由图像记录设备仅有窄的动态范围，或图像曝光不足，或数字化时灰度范围设定不当等造成的。

但在非线性变换中，有时会丢失部分信息，而图像所具有的细微灰度变化的图案却被加强，从而可以得到整体上更容易判读的图像。经过式（8.10）的灰度变换，往往可达到各种意义下的图像增强目的，如使图像在某灰度界值下的灰度值更低，而其他部分的灰度值更高，或以某灰度界值进行图像的二值化，或对所感兴趣的灰度范围内的灰度值展宽等。

非线性灰度变换往往与线性灰度变换结合使用，得到分布范围很广的图像场合，可表示为

$$Z' = (z_k - z_1)/(\lg a_2 - \lg a_1)(\lg a_2 - \lg a_1 + z_1) \tag{8.11}$$

8.3　基于遗传转基因 OTSU 钢球图像分割算法

8.3.1　传统 OTSU 计算阈值

所选取钢球表面的图像，都是有背景存在的。有时背景中的灰度与钢球图像灰度很相近，这对钢球表面缺陷的分割造成很大的干扰，所以为了能够很好地计算出缺陷的阈值，使缺陷能够很好地被分割出来，需要把钢球二维图像中的背景去掉。这样就必须设两个阈值 T_1 和 T_2 将目标、钢球和背景分开。经大量的试验

证明，采用 OTSU 提出的动态阈值法可求出双阈值。

OTSU 算法是建立在一幅图像的灰度直方图上的，即图像的灰度分布特征上。以目标和背景之间的方差最大而自适应确定图像分割阈值[13~16]。设图像的灰度范围为 $\{0, 1, 2, \cdots, n-1\}$，n_i 为灰度为 i 的像素数，$S=\sum_{i=0}^{n-1} n_i$ 为图像的总像素数。

对于双阈值分割的类间方差公式为

$$\sigma^2 = p_1(\delta_1-\delta)^2 + p_2(\delta_2-\delta)^2 + p_3(\delta_3-\delta)^2 \tag{8.12}$$

式中，p_1、p_2、p_3 分别表示其灰度小于 T_1、介于 T_1 和 T_2 之间、大于 T_2 的概率；δ_1、δ_2、δ_3 分别表示上述三个区间的灰度统计平均灰度值；δ 表示整幅图像的平均灰度值。此时最佳双阈值的选取应保证三类间方差最大，即 σ^2 的值越大，则表示阈值选择得越好。

采用 OSTU 算法进行钢球图像的双阈值分割，虽然效果可以，但该方法属于穷举算法，对于每个阈值可选范围为 0～255 的整数值，需要进行 255×255 次的类间方差计算，计算量大，速度较慢。因此，在此基础上提出了在遗传算法中引入转基因算子和局部穷举的方法较好地解决了以上问题[17~19]。

8.3.2　基于转基因算子的双阈值选取方法

1. 转基因算子的引入

遗传算法减少了双阈值的计算工作量，提高了运算速度。但同时带来选择压力过大导致早熟收敛，以及种群的多样性遭到破坏，收敛于局部最优解的问题。转基因算子是以生物学中转基因技术理论为基础，在不同种类的个体之间注入新基因片段，加快优良个体的产生，对每一代群体中适应度最差个体进行转基因操作，使每一代的群体很好地保持了多样性，更好地防止了未成熟收敛现象的发生，又很好地保护了最优个体。将转基因算子引入遗传算法中，保证了一个优良个体良好的性状模式不被遗传操作破坏，且通过遗传操作可获得适应度更好的结构个体。所以，优良基因块的引入是在遗传操作的中后期，引入多种模式，使群体在尽量保留原有搜索成果的基础上实现模式多样化，它可以是含有优良基因块的个体或单独的基因块，由它们与原群体中个体交叉或转基因得到更好的子代，从而提高精度。

2. 引入转基因算子的遗传算法中 OTSU 理论的实现

在图像处理中应用转基因算子实现 OTSU 算法的双阈值选取流程如图 8.4 所示。

1）标准遗传操作过程

（1）编码方法确定。将双阈值作为一个染色体，灰度等级范围为 0～255。采

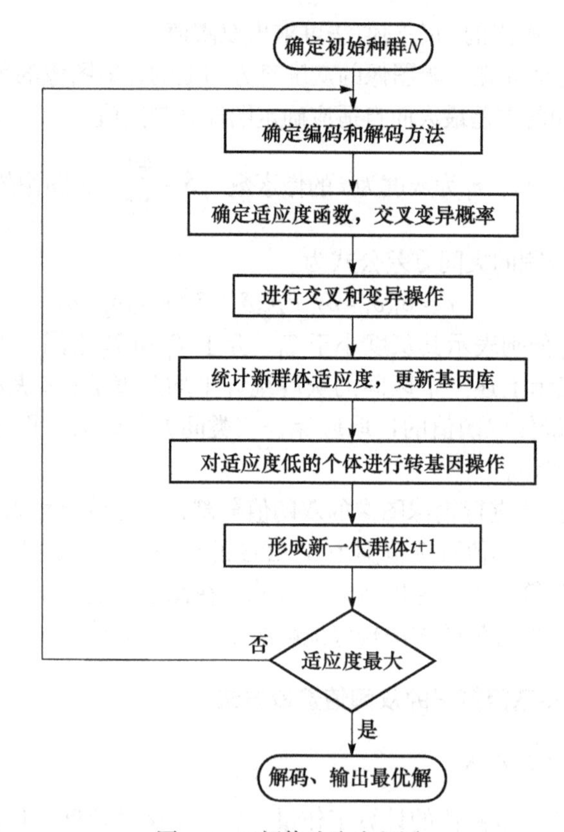

图 8.4　双阈值选取流程图

用 16 位二进制编码，每个编码代表一组双阈值，其中前八位代表低位阈值，后八位代表高位阈值。

（2）初始个体设定。个体如果选得过多，会导致计算量增加，因此设置初始个体 $M=20$。

（3）适应度函数确定。适应度函数采用 OTSU 类间方差公式，即 $F=\sigma^2$。

（4）遗传操作参数确定。按适应度成比例的概率选择，每个个体的选择概率为 $P_i=F_i/\sum F_i$，去掉概率值最小的个体，复制概率值较高的个体。选用单点交叉，交叉概率 $P_c=0.26$，采用基本位变异，变异概率 $P_m=0.26$，终止迭代次数 $T=40$。

（5）解码方法确定。将最优染色体 16 位二进制转换成十进制整数，其中前八位十进制整数作为低位阈值，后八位十进制整数作为高位阈值。

2）引入转基因算子的具体步骤

（1）按照一定操作概率，在父代个体中找出需要进行转基因操作的个体。

（2）任选父代个体起始点以外的点作为操作点，删除以该点为端点的子项。

（3）从基因库中移出好的基因片段，按位补充到操作点，形成新的子体。

将适应度好的个体引入进化进程中，转移优良型个体的完整模式，避免在进化中被破坏；同时参与遗传操作，获得改进。

3）基因库的建立

引入转基因算子（图 8.5）前，首先要建立基因库。基因库是用于存放具有良好性状的基因片段，其中每个基因片段均可解码为一个完整的个体模型。初始基因库由先验模型组成，随后在进化过程中从每一代群体内选择适应度最优的个体，与适应度最差的个体比较，找出二者第一个出现二进制编码中 1 的位置，再向低位取两位，组成 3 位基因片段植入基因库中，在获得性状更好的基因片段时，取代基因库中适应能力最差的基因片段，维持一个动态自组织集合。

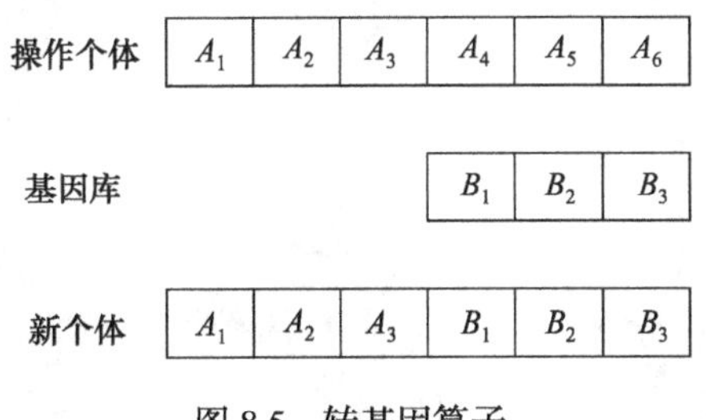

图 8.5　转基因算子

对所采集的缺陷图像进行阈值分析[20～24]，得到表 8.3 所示各类缺陷的两个阈值，将其转换成二进制 16 位编码，其中前八位为低阈值，后八位为高阈值。经过多个个体间的比较，在前后八位中各找到三位作为优良的基因片段存入基因库中，共有 12 个基因片段，如表 8.4 所示。

表 8.3　不同缺陷双阈值

缺陷 / 阈值	点子缺陷		划条缺陷		凹坑缺陷		擦伤缺陷		群点缺陷	
1	159	180	163	192	143	176	140	165	153	174
2	161	181	162	195	145	179	142	166	152	173
3	160	179	162	193	147	176	144	163	151	174
4	160	182	164	191	149	178	141	165	150	172
5	158	182	161	191	150	187	142	163	149	175
6	160	183	160	192	146	188	141	164	151	174

表 8.4　基因库

001	010	1010	100	010
001	110	010	111	101
001	100	101	1010	110

4）最优阈值局部穷举验证

通过转基因操作后解码最优染色体，获得优化的高低阈值分别以 X_d 和 X_g 表示。按照高低阈值的 10% 引入变动阈值 A 和 B。对于高低阈值在各自的变动范围内，即［X_d-A, X_d+A］和［X_g-B, X_g+B］，穷举计算适应度，二次优选规划高低阈值。

钢球图像是在特定的密闭柔光布箱内采集，系统电源和光源都经过严格控制，因此图像的背景灰度值基本恒定。采用本节方法对五种缺陷图像进行分割，得到各种缺陷的分割效果如图 8.6 所示。

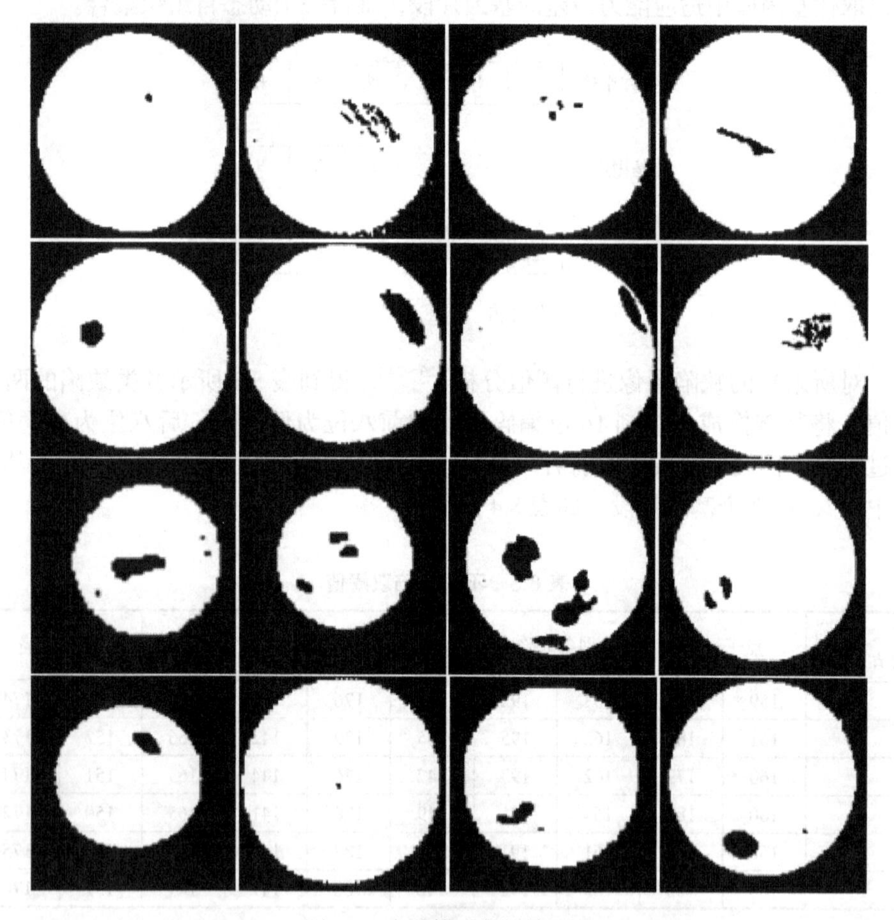

图 8.6　本节算法分割效果图

8.4　运动钢球图像模糊分析与复原

在实际获取钢球图像序列的过程中，存在两个问题：①随机噪声影响；②尽管控制了极短的摄像机曝光时间，但是在此时间间隔中，摄像机和运动钢球之间有相对运动，形成模糊的运动图像，这样的图像信息是无法进行运动钢球追踪和检测的。因此，在对运动钢球追踪之前，要对所获取的钢球图像滤掉各种噪声的影响及进行图像复原[25~28]。

研究人员通常把去噪和模糊复原分为两个阶段[29]，先平滑消噪再进行图像复原。常规的图像去噪滤波算法主要包括邻域平均法和中值滤波法。邻域平均法是简单的空域处理方法，其基本思想是用几个像素灰度的平均值代替每个像素的灰度。处理结果表明，邻域平均法对抑制噪声特别是高斯噪声是有效的。但是，随着邻域的增大，图像的计算量和模糊程度也愈加严重，而且在突出钢球划条等缺陷的边缘特征上并没有帮助。

8.4.1　运动钢球图像的模糊分析

在检测现场摄像机获取图像的曝光过程中，由于相对运动的存在，会形成模糊的运动图像序列[30]。对钢球的运动分解，可以看做沿 x 轴和 y 轴分别运动的。由此，钢球图像函数可以表示为 $f(x-x_0(t), y-y_0(t))$，其中 $x_0(t)$ 是沿 x 轴正方向运动的距离，$y_0(t)$ 是沿 y 轴正方向运动的距离。设曝光时间为 $0<t\leqslant T$，在此瞬间移动的位移分别是 α 和 β（是与感光灵敏度有关的系数），因此有 $x_0(t)=\alpha t/T$，$y_0(t)=\beta t/T$。形成的模糊图像为

$$g(x,y)=\alpha\beta\int_0^T f\left(x-\frac{\alpha t}{T},\ y-\frac{\beta t}{T}\right)\mathrm{d}t \tag{8.13}$$

由于模糊只与运动方向有关，所以可以逐行逐列地复原。对式（8.13）中 $g(x,y)$ 求导得

$$f(x,y)=\alpha\beta g'(x,y)+f(x-\alpha)+f(y-\beta) \tag{8.14}$$

这样就获得了运动模糊的钢球图像的导数。下一步需要计算出总面积为 $\alpha\times\beta$ 区域上的像素值，进而得到整幅图像[31]。

设研究区域为 $0<x\leqslant P$，$P=k_1\alpha$，$0<y\leqslant Q$，$Q=k_2\alpha$。其中，$P\times Q$ 为所研究的区域面积；k_1、k_2 为正整数。在 P 上以 α 为尺度分为 m 段，在 Q 上以 β 为尺度分为 n 段，所以有

$$f(x+m\alpha,y+n\beta)=\alpha\beta\sum_{k_1=0}^{m}\sum_{k_2=0}^{n}g'(x+k_1\alpha,\ y+k_2\beta) \tag{8.15}$$

由于 k_1、k_2 项相对于 α 和 β 数值很大，得

$$f(x,y)=\frac{1}{K_1}\sum_{m=0}^{K_1-1}f(x+m\alpha)+\frac{1}{K_2}\sum_{n=0}^{K_2-1}f(y+n\beta)+\alpha\beta\sum_{k_1=0}^{m}\sum_{k_2=0}^{n}g'(x+k_1\alpha,\ y+k_2\beta) \tag{8.16}$$

式中，$\frac{1}{K_1}\sum_{m=0}^{K_1-1} f(x+m\alpha)$ 和 $\frac{1}{K_2}\sum_{n=0}^{K_2-1} f(y+n\beta)$ 趋向稳定。

8.4.2　钢球图像退化模型

在实际应用中，通常假定传输系统是线性系统，原始钢球图像 $f(x, y)$ 通过系统 $h(x, y)$。$h(x, y)$ 是综合所有退化因素得到的系统函数，称为成像系统的冲激响应或者点扩展函数（PSF）。经过对钢球检测系统噪声的分析，得到如图 8.7 所示钢球图像退化模型的框图。图中，$g(x, y)$ 为实际采集得到的退化图像；$n(x, y)$ 为噪声模型。

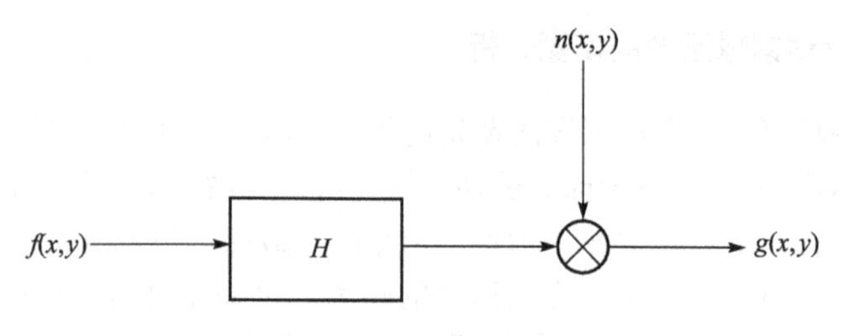

图 8.7　钢球图像退化模型

根据图 8.7，退化模型可以表示为

$$g(x, y) = H(f(x, y)) + n(x, y) \tag{8.17}$$

由于对图像函数是均匀采样，将 h、f、n 放到尺寸为 A、B、C 三个数组中，则采样周期 M 应为 $M \geqslant A + B + C - 1$。式（8.17）的卷积为

$$g_e(x) = \sum_{m=1}^{M-1} f_e(m)h_e(x-m) + n_e(m),\ x = 0, 1, \cdots, M-1 \tag{8.18}$$

将式（8.18）转化成矩阵形式为

$$\boldsymbol{g} = \boldsymbol{Hf} + \boldsymbol{n} = \begin{bmatrix} g_e(0) \\ g_e(1) \\ \vdots \\ g_e(M-1) \end{bmatrix}$$

$$= \begin{bmatrix} h_e(0) & h_e(-1) & \cdots & h_e(1) \\ h_e(1) & h_e(0) & \cdots & h_e(2) \\ \vdots & \vdots & & \vdots \\ h_e(M-1) & h_e(M-2) & \cdots & h_e(0) \end{bmatrix} \begin{bmatrix} f_e(0) \\ f_e(1) \\ \vdots \\ f_e(M-1) \end{bmatrix} + \begin{bmatrix} n_e(0) \\ n_e(1) \\ \vdots \\ n_e(M-1) \end{bmatrix} \tag{8.19}$$

式中，$\boldsymbol{H}$ 为一个轮换矩阵。$\boldsymbol{g}$ 和 $\boldsymbol{H}$ 在二维空间可表示为

$$g = Hf + n = \begin{bmatrix} H_0 & H_{M-1} & H_{M-2} & \cdots & H_1 \\ H_1 & H_0 & H_{M-1} & \cdots & H_2 \\ H_2 & H_1 & H_0 & \cdots & H_3 \\ \vdots & \vdots & \vdots & & \vdots \\ H_{M-2} & H_{M-3} & H_{M-4} & \cdots & H_{M-1} \\ H_{M-1} & H_{M-2} & H_{M-3} & \cdots & H_0 \end{bmatrix} \begin{bmatrix} f_e(0) \\ f_e(1) \\ f_e(2) \\ \vdots \\ f_e(MN-2) \\ f_e(MN-1) \end{bmatrix} + \begin{bmatrix} n_e(0) \\ n_e(1) \\ n_e(2) \\ \vdots \\ n_e(MN-2) \\ n_e(MN-1) \end{bmatrix} \tag{8.20}$$

钢球的采集窗口设置为 SXGA（1280×1024），实际采样 $M=1280$、$N=1024$，导致直接对式（8.20）求解 $\boldsymbol{f}$ 的计算量非常大，因此采用块轮换矩阵（其中 $\boldsymbol{H}_0 \sim \boldsymbol{H}_{M-1}$ 为 $N\times N$ 的矩阵）对角化来实现 $\boldsymbol{H}$ 的简化。

定义一个尺寸为 $MN\times MN$ 的矩阵 $\boldsymbol{Z}$，其每个元素为 $\boldsymbol{Z}(i,m)=\exp\left(\mathrm{j}\dfrac{2\pi}{M}im\right)\boldsymbol{Z}_N$，其中 $\boldsymbol{Z}_N$ 为一个 $N\times N$ 的矩阵，其每个元素为 $\boldsymbol{Z}_N(k,n)=\exp\left(\mathrm{j}\dfrac{2\pi}{N}kn\right)$，根据轮换矩阵的性质有 $\boldsymbol{H}=\boldsymbol{Z}\boldsymbol{D}\boldsymbol{Z}^{-1}$。

$\boldsymbol{D}$ 为对角矩阵，其元素为 $\boldsymbol{H}$ 的本征值。将此性质和式（8.13）代入式（8.16）得

$$\boldsymbol{H}(x,y)=\alpha \mathrm{e}^{\mathrm{j}\pi(\alpha k_1 x+\beta k_2 y)}\sin\{[\cos(\pi(\alpha x+\beta y))T]/[\pi(\alpha x+\beta y)]\} \tag{8.21}$$

这样可以利用维纳滤波器对混入噪声的运动模糊的钢球进行恢复。

8.4.3　基于参数估计的维纳滤波方法

维纳滤波器（Wiener filter）是经典的降噪滤波器。设待处理的信号由有用的信号 $f(t)$ 和加性噪声信号 $n(t)$ 构成，维纳滤波器的传递函数是 $h(t)$，滤波器输出是 $y(t)$。最理想的情况是使 $y(t)$ 等于 $f(t)$。但是在钢球视觉检测系统中，维纳滤波器的能力还不可以极精确地恢复被噪声和运动模糊污染的信号，所能做的是设计 $h(t)$ 使得 $y(t)$ 尽可能地逼近 $f(t)$。

图像的退化模型可以写为

$$g(x,y)=h(x,y)\times f(x,y)+n(x,y) \tag{8.22}$$

经傅里叶变换在频域可表示为

$$G(x,y)=H(x,y)\times F(x,y)+N(x,y) \tag{8.23}$$

在 8.4.2 节中已经得到了退化模型的传递函数 $H(x,y)$。噪声 $N(x,y)$ 是独立于图像且为零均值的，它的功率谱密度为 $P_N(x,y)$。选用最小化均方误差作为最优准则。这是由于经过滤波器后，信号的均方误差最小，即 $\varepsilon=E\{[F_I(x,y)-\bar{F}_I(x,y)]^2\}\to\min$ 有正有负，而对正的和负的误差 ε^2 都是正值，对误差进行平方运算使得大误差的分量比小误差重得多，均方误差 $\mathrm{MSE}=\int_{-\infty}^{+\infty}\varepsilon^2\mathrm{d}t$。

可以按以下的方式来设计维纳滤波器：

（1）对输入信号 $f(t)$ 的样本进行数字化；

（2）求输入样本的自相关得到 $R_x(\tau)$ 的一个估值，$R_x(\tau)$ 是输入信号的自相关函数，其表达式为

$$R_x(\tau)=\int_{-\infty}^{+\infty} f(t)f(t+\tau)\mathrm{d}t \tag{8.24}$$

（3）计算 $R_x(\tau)$ 的傅里叶变换得到 $P_x(f)$，$P_x(f)$ 为输入信号的功率谱；

（4）在无噪声的情况下对输入信号的一个样本进行数字化；

（5）求信号样本（即无噪声情况下的）与输入样本的互相关来估计 $R_{xf}(\tau)$，即

$$R_{xf}(\tau)=\int_{-\infty}^{+\infty} h_0(u)R_x(u-\tau)\mathrm{d}u \tag{8.25}$$

式中，$h_0(u)$ 是最优的冲激函数；

（6）对 $P_x(f)$ 进行傅里叶变换求出 $R_{xf}(\tau)$，计算最优滤波器的传递函数，其表达式为

$$H_0(f)=\frac{R_{xf}(f)}{P_x(f)} \tag{8.26}$$

代入其频域表达式（8.23）得维纳滤波器的传递函数为

$$H_R(x,y)=\frac{H(x,y)}{|H(x,y)|^2+P_N(x,y)} \tag{8.27}$$

采用维纳滤波估计图像恢复时，本书提出基于参数估计的恢复矩阵 $\boldsymbol{W}$ 来简化实现。待恢复的图像表示为

$$\hat{\boldsymbol{f}}(x,y)=\boldsymbol{W}\boldsymbol{g}(x,y) \tag{8.28}$$

利用正交投影定理，可以得到 $\boldsymbol{W}$ 的表示式为

$$\boldsymbol{W}=\boldsymbol{C}_{fg}(\boldsymbol{C}_{gg})^{-1} \tag{8.29}$$

式中，$\boldsymbol{C}_{gg}$ 为非奇异的协方差矩阵；$\boldsymbol{C}_{fg}$ 为互协方差矩阵。

将式（8.29）代入式（8.22）求得

$$\boldsymbol{C}_{gg}=\boldsymbol{H}_R\boldsymbol{C}_f\boldsymbol{H}_R'+\boldsymbol{C}_n \tag{8.30}$$

$$\boldsymbol{C}_{fg}=\boldsymbol{C}_f\boldsymbol{H}_R' \tag{8.31}$$

式中，$\boldsymbol{C}_f$ 是过渡矩阵；$\boldsymbol{C}_n$ 是噪声矩阵。

由此恢复矩阵 $\boldsymbol{W}$ 可以写为

$$\boldsymbol{W}=\boldsymbol{C}_f\boldsymbol{H}_R'(\boldsymbol{H}_R\boldsymbol{C}_f\boldsymbol{H}_R'+\boldsymbol{X}_n)^{-1} \tag{8.32}$$

根据矩阵求逆的辅助定理得

$$\boldsymbol{W}=(\boldsymbol{H}_R'\boldsymbol{H}_R+\boldsymbol{C}_n)\boldsymbol{H}_R' \tag{8.33}$$

$\boldsymbol{H}_R$ 可由式（8.27）求出，$\boldsymbol{C}_n$ 是包含三种噪声作用的矩阵。则有

$$\boldsymbol{C}_n=\boldsymbol{C}_P+\boldsymbol{C}_G+\boldsymbol{C}_S \tag{8.34}$$

至此，利用维纳参数估计法得到了恢复的图像序列。

8.5 钢球表面缺陷特征提取及分类

钢球缺陷图像经分割后，缺陷边缘是由无数个线段组成的，可以看成是由无数直线连接的封闭区间。由于存在若干奇异点和孤岛区域，也有断线未连接现象，从而导致钢球缺陷边缘的不连续以及空间到图像映射不一致。钢球缺陷是一类特殊图像[32]，图像中所反映的对象往往是细小的区域。观测者要注意的部分是这些区域的大小、面积、周长等参量。要提取这些参量，前提是精确地进行边缘检测，这不仅仅要求处理后得到的图像有着比较细的边界，而且要求边界总是闭合的。对钢球图像进行分析，是从图像到数值的过程。主要是对钢球图像中缺陷目标进行特征提取和特征参数计算，建立球体面积修正模型，把原来以像素构成的图像转变成比较简单的非图像形式的定量描述，为下一步识别缺陷分类提供准确数据，以便通过计算机进行处理。

8.5.1 基于小波变换钢球图像边缘检测算法

1. 小波变换边缘检测原理

对于钢球缺陷这样的复杂图像，不可避免地含有噪声、边缘不清晰等特点。从空域看，图像的边缘和噪声在灰度上都表现为有较大的变化，而在频域上表现为高频分量，因此实现边缘检测比较困难。与经典边缘提取算法不同的是，提出在小波域内利用小波变换多尺度分析和模局部极大值来对图像边缘进行提取。图像边缘存在于不同的尺度空间中，在一组尺度上做边缘检测，可以得到各个通道上相应的边缘。小波理论采用不同的尺度进行滤波，在小尺度上得到精细变化的边缘，但易受噪声影响；在大尺度上检测出变化剧烈的边缘，但定位精度低。本节综合多尺度检测到的边缘，力求符合人类视觉习惯，并通过试验证明了该方案的可行性和有效性[33~35]。

首先介绍连续图像边缘点的概念。设 $f(u,v)$ 表示一幅连续图像，它的梯度矢量定义为 $\nabla f(\partial f/\partial u, \partial f/\partial v)$，该梯度矢量表示 $f(u,v)$ 在点 (u,v) 的最大变化方向。设点 (u_1,v_1) 是图像上一点，如果 f 的梯度矢量的模 $|\nabla f|=\sqrt{|\partial f/\partial u|^2+|\partial f/\partial v|^2}$ 在点 (u_1,v_1) 沿着最大变化方向的一维邻域 $(u,v)=(u_1,v_1)+\lambda\nabla f(u_1,v_1)$ 中变化，当 $|\lambda|$ 充分小时在该点取到局部极大值，则称点 (u_1,v_1) 是 f 的一个边缘点。

下面将一维信号的多尺度边界提取方法推广到二维，建立二维小波变换模极大值与图像边缘点之间的对应关系。

设二维平滑函数 $\theta(u,v)$ 满足：

$$\theta(u,v)\geqslant 0,\ \iint_{\mathbf{R}^2}\theta(u,v)\mathrm{d}u\mathrm{d}v=1 \tag{8.35}$$

$$\lim_{u,v\to\infty}\theta(u,v)=0,\quad \theta_s(u,v)=\frac{1}{s^2}\theta\left(\frac{u}{s},\frac{v}{s}\right) \tag{8.36}$$

则对任意的 $f(u,v)\in L^2(\mathbf{R}^2)$, $(f*\theta_s)(u,v)$ 表示 $f(u,v)$ 经 $\theta_s(u,v)$ 平滑后的图像，其中 $s>0$ 为平滑的尺度。

由 $\theta(u,v)$ 定义两个二维小波为 $\psi^1(u,v)=\dfrac{\partial\theta(u,v)}{\partial u}$， $\psi^2(u,v)=\dfrac{\partial\theta(u,v)}{\partial v}$，记

$$\psi_s^1(u,v)=\frac{1}{s^2}\psi^1\left(\frac{u}{s},\frac{v}{s}\right) \tag{8.37}$$

$$\psi_s^2(u,v)=\frac{1}{s^2}\psi^2\left(\frac{u}{s},\frac{v}{s}\right) \tag{8.38}$$

则 $f(u,v)$ 在尺度 s 上的二维小波变换包括两个分量，即

$$W_f^1(s,u,v)=\iint_{\mathbf{R}^2}f(x,y)\frac{1}{s}\psi^1\left(\frac{x-u}{s},\frac{y-v}{s}\right)\mathrm{d}x\mathrm{d}y=(f*\overline{\psi}_s^1)(u,v) \tag{8.39}$$

$$W_f^2(s,u,v)=\iint_{\mathbf{R}^2}f(x,y)\frac{1}{s}\psi^2\left(\frac{x-u}{s},\frac{y-v}{s}\right)\mathrm{d}x\mathrm{d}y=(f*\overline{\psi}_s^2)(u,v) \tag{8.40}$$

式中，$\overline{\psi}_s^k(u,v)=\dfrac{1}{s^2}\psi_s^k(-u,-v),\quad k=1,2$。

容易证明：

$$\begin{bmatrix}W_f^1(s,u,v)\\W_f^2(s,u,v)\end{bmatrix}=s\begin{bmatrix}(f*\overline{\psi}_s^1)(u,v)\\(f*\overline{\psi}_s^2)(u,v)\end{bmatrix}=s\begin{bmatrix}\dfrac{\partial}{\partial u}(f*\overline{\theta}_s)(u,v)\\\dfrac{\partial}{\partial v}(f*\overline{\theta}_s)(u,v)\end{bmatrix}=s\nabla(f*\overline{\theta}_s)(u,v) \tag{8.41}$$

$(f*\overline{\theta}_s)(u,v)$ 的梯度矢量 $\nabla(f*\overline{\theta}_s)(u,v)$ 的模与如下小波变换的模成比例：

$$M_f(s,u,v)=\sqrt{|W_f^1(s,u,v)|^2+|W_f^2(s,u,v)|^2} \tag{8.42}$$

梯度方向与水平方向 u 的夹角（相角或幅角）为

$$A_f(s,u,v)=\arctan\left(\frac{|W_f^1(s,u,v)|}{|W_f^2(s,u,v)|}\right) \tag{8.43}$$

则计算一个光滑函数 $(f*\bar{\theta}_s)(u,v)$ 沿着梯度方向的模极大值等价于计算小波变换的模极大值，记为

$$\bar{n}_j(u,v)=(\cos(A_f(2^j,u,v)),\ \sin(A_f(2^j,u,v))) \tag{8.44}$$

则单位矢量 $\bar{n}_j(u,v)$ 与梯度矢量 $\nabla(f*\bar{\theta}_s)(u,v)$ 是平行的。因此，在尺度 s 下，若模 $M_f(s,u,v)$ 在点 (u_1,v_1) 沿着 $(u,v)=(u_1,v_1)+\lambda\nabla f(u_1,v_1)$ 变化，当 $|\lambda|$ 充分小时取到局部极大值，则点 (u_1,v_1) 就是 $(f*\bar{\theta}_s)(u,v)$ 的一个边缘点，从而是 $f(u,v)$ 的一个突变点。而边界的方向与 $\bar{n}_j(u,v)$ 垂直。这表明，通过检测二维小波变换的模极大点可以确定图像的边缘点。由于小波变换在各尺度上都提供了图像的边缘信息，所以称为多尺度边缘。沿着边界方向将任意尺度下的边缘点连接起来可形成该尺度下沿着边界的模极大曲线。

在实际应用中，为能够快速计算，通常取 $s=2^j$，使用的小波函数为双正交小波，称为对偶的两个小波，分别用于信号的分解和重构，双正交小波解决了线性相位和正交性要求的矛盾。

2. 基于小波变换多尺度分析的图像边缘检测算法

根据小波变换原理，针对钢球缺陷的特点，提出边缘检测算法步骤如下：

（1）在尺度 2^j 下对数字图像 $f(x,y)$ 进行三层小波变换，得到 $W_f^1(2^j,m,n)$，$W_f^2(2^j,m,n)$，$n,m=0,1,\cdots,N-1$，其中 $1\leqslant j\leqslant J=\log_2 N$，本书取 $j=3$。

（2）计算各层小波变换后每一点的模值 $M_f(2^j,n,m)$ 和相角 $A_f(2^j,n,m)$。

（3）对各层的模值沿相角方向求局部模极大值点，得到所有可能的边缘像素集合。由于噪声和精细纹理的存在，边缘像素集合中有许多非边缘点，而这些点的模值普遍较小。因此，采用阈值法剔除模值小于一定阈值的点，以减小非边缘像素点对后续步骤的影响。

（4）对极值点矩阵归一化，把各尺度得到的结果按由粗到细的规则合并。

（5）复合多尺度边缘链，形成沿着边界的极大曲线，该曲线是通过将图像离散采样各点中两个相邻的边界点 (n,m) 与 $(n,m)+\bar{r}(n,m)$ 连接起来形成的，其中 $\bar{r}(n,m)$ 垂直于扇形区 Code $A_f(2^j,n,m)$ 对应的梯度方向[8]。算法流程如图 8.8 所示。

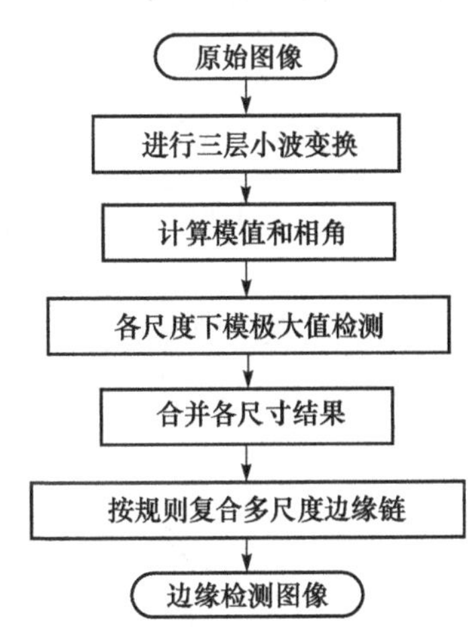

图 8.8　基于小波变换的边缘检测过程

图 8.9 给出了对各种缺陷二值图采用小波变换的边缘检测结果。由图可知，在小波域内利用小波变换多尺度分析和模局部极大值来提取图像边缘的方法，能有效地提出图像的边缘，且对于

含有噪声的图像，仍能提取较为丰富的边缘细节，具有较强的抗噪能力。

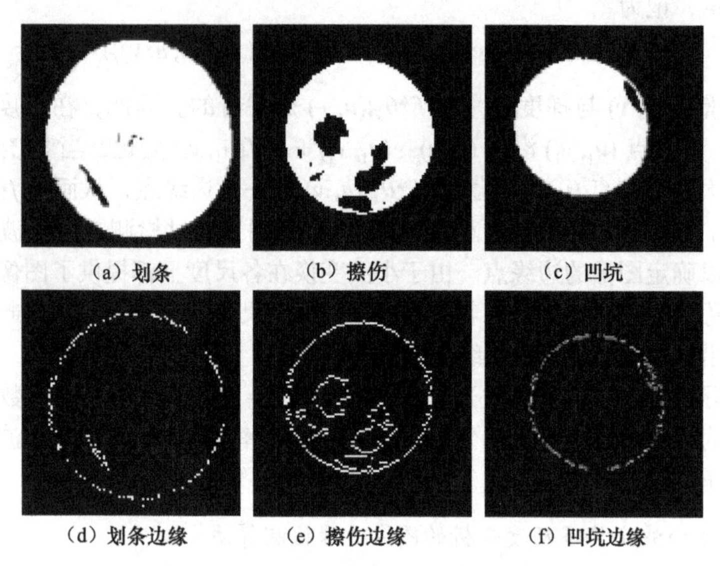

（a）划条　（b）擦伤　（c）凹坑

（d）划条边缘　（e）擦伤边缘　（f）凹坑边缘

图 8.9　划条、擦伤及凹坑缺陷边缘检测结果

8.5.2　钢球表面缺陷特征参数及计算

1. 钢球表面形状缺陷特征参数

缺陷特征提取是在利用图像分割和边缘检测技术将缺陷分割出来的基础上，从缺陷中提取一些能反映缺陷性质而且相对比较稳定的特征，并赋予特征一些参数，通过计算特征参数使其特征简单定量化表示，为下一步分类、识别和理解缺陷提供依据。钢球表面缺陷虽然是随机出现的[36~38]，但主要有点子、群点、凹坑、划条、擦伤等缺陷。从缺陷图中可看出，各种缺陷形状特征非常明显，点子和凹坑缺陷近似于圆形，但大小有很大区别；划条则为细长型；群点由多个点子组成；擦伤由多个划条组成。因此，根据缺陷的形状特征能将缺陷的类别识别出来，其流程如图 8.10 所示，采用面积、长短径比及欧拉数来识别缺陷目标的形状特征[39]。其中，采用欧拉数区分群点和单个缺陷，采

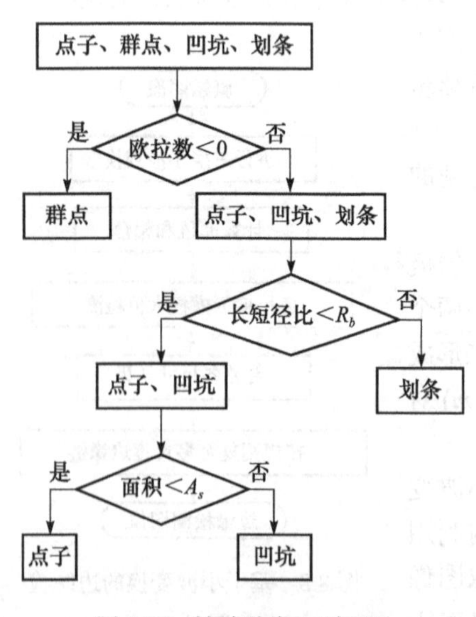

图 8.10　缺陷种类识别流程

用面积的大小区分点子和凹坑，采用长短径比区分凹坑和划条以及点子和划条。通过分类决策树验算了以上特征分类方法的可行性，为下一步利用神经网络识别缺陷提供了准确的输入层特征量[40]。

图 8.10 中，R_b、A_s 及欧拉数是检测多个钢球缺陷并通过计算特征参数而设定的值。

2. 缺陷特征参数计算

1）缺陷目标的面积

面积是一个缺陷区域中所包含的像素点个数，即

$$S=\sum_{x=1}^{m}\sum_{y=1}^{n}g(x,y) \tag{8.45}$$

式中

$$g(x,y)=\begin{cases}1, & (x,y)\in\text{缺陷区域}\\ 0, & (x,y)\notin\text{缺陷区域}\end{cases} \tag{8.46}$$

对分割后的图像进行扫描，计算缺陷检测区域内像素值为 1 的像素点总数，即所采集的钢球图像缺陷的面积[41～45]。图 8.11 为缺陷面积投影示意图，图像上的缺陷面积 S 是随着角 θ 而变化的，且当 $\theta=90°$ 时，S 已经很小，若以此面积为缺陷分类识别依据，势必导致误判，因此需要建立钢球球体面积投射的校正模型，恢复缺陷面积为钢球表面上的对应面积。

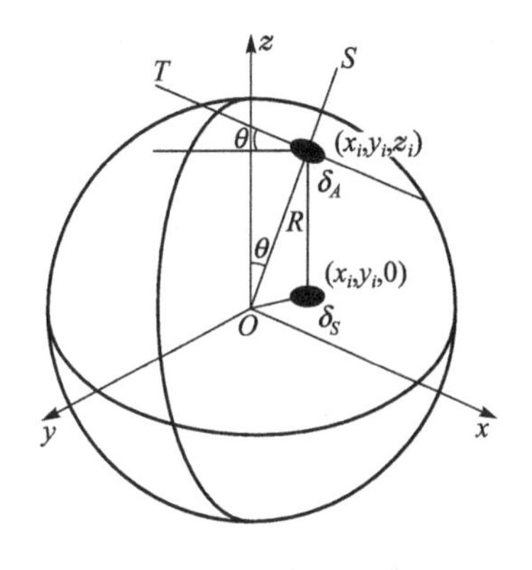

图 8.11　面积投影示意图

钢球每当转动一定角度时，摄像头所采集的图像表面的缺陷实际上是正面时采集的投影面积，而角 θ 就是投影面的夹角，所以在每次求取缺陷面积时需要将原先的面积乘以夹角的余弦函数。分别对凹坑缺陷和划条缺陷进行试验验证，考虑到数据拟合的准确性，采用步长 $h=18°$，每次的结果乘以步长的余弦函数就是新得到的缺陷面积，试验结果如表 8.5 和表 8.6 所示。

表 8.5　凹坑缺陷面积变化对照表

凹坑缺陷	0°	18°	36°	54°	72°	90°
一组	4962	4539	3471	2563	1591	436
差值	423	1068	908	972	1555	

续表

凹坑缺陷	0°	18°	36°	54°	72°	90°
二组	4751	4127	3756	2793	1469	301
差值	624	371	963	1324	1168	
三组	4779	4307	3476	2468	1621	363
差值	472	831	1008	847	1258	
四组	4810	4752	4599	3311	1874	423
差值	58	153	1288	1437	1451	
五组	4776	4484	3421	2008	1573	438
差值	292	1063	1413	435	1535	
均值	395.7	755	1048	1047.7	1292.3	

表 8.6 划条缺陷面积变化对照表

划条缺陷	0°	18°	36°	54°	72°	90°
一组	7124	6784	6076	4687	3085	2070
差值	340	708	1389	1602	1015	
二组	8381	7597	7109	6663	4992	3417
差值	784	488	446	1671	1575	
三组	8479	8126	6884	6061	5109	3289
差值	353	1242	823	952	1820	
四组	8273	8228	7732	5855	4786	3418
差值	45	496	1877	1069	1368	
五组	8645	8097	6731	4838	3026	2972
差值	548	1366	1893	1812	1076	
六组	8615	7756	7235	6002	4228	1256
差值	859	521	1233	1774	2972	
均值	506.25	741.75	1442	1529	2952	

从数据上可以看出，初始时面积减少的速率较低，中间阶段面积减少的速率加大，最后阶段越接近转动极限，面积减少的速率越低，呈下降趋势。

若每个像素点的面积 S 为

$$S=\frac{R}{\sqrt{R^2-[(x-x_0)^2+(y-y_0)^2]}} \tag{8.47}$$

则球体面积投射的校正模型为

$$S_i = S\prod_{j=1}^{i}\cos\theta_j \tag{8.48}$$

拟合时采用余弦的乘积保证了拟合数据曲线的平滑性，由于 $\cos\theta$ 的泰勒展开式为

$$\cos\theta = 1 - \frac{x^2}{2} + \frac{x^4}{4} + \theta(x) \tag{8.49}$$

所以从式（8.49）中可以看出，缺陷面积减少的趋势是满足开口向下的抛物线公式的，由此可以推断试验数据点图表是满足理论依据的。凹坑缺陷的五组试验采集数据点如图 8.12 所示，划条缺陷的六组试验采集数据点如图 8.13 所示，据此验证了校正模型的正确。

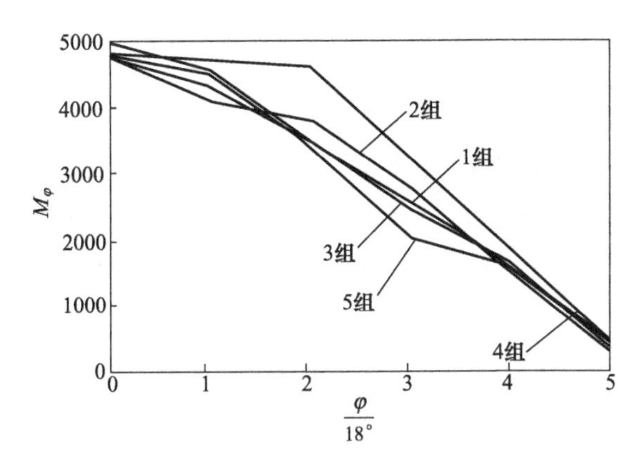

图 8.12　凹坑缺陷面积变化曲线

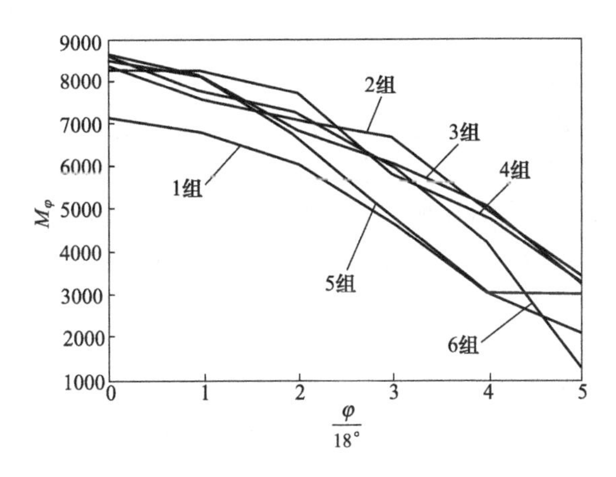

图 8.13　划条缺陷面积变化曲线

图 8.14 为面积减少量变化曲线，可以看出，由于缺陷形状不同，其面积减少程度和范围也不相同。图中，$\varphi=(0°, 18°, 36°, 54°, 72°, 90°)$；$M_\varphi$ 为像素个数表示的缺陷面积；$\overline{M}$ 为面积差值的均值，$\overline{M}=M_{(\varphi+18°)}-M_\varphi$。

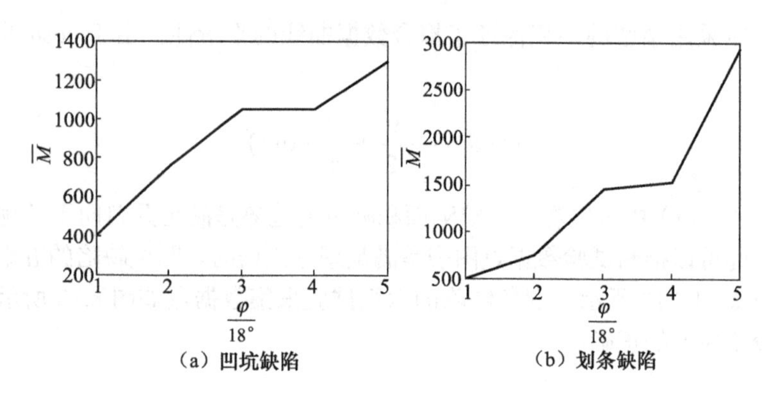

（a）凹坑缺陷　　（b）划条缺陷

图 8.14　缺陷面积均值减少曲线

2）缺陷目标的长短径比

设 $l(x_1, y_1)$、$r(x_2, y_2)$、$b(x_3, y_3)$ 和 $t(x_4, y_4)$ 分别表示缺陷边界上的最左点、最右点、最下点和最上点。缺陷长径 L_1 为边界上任意两个点之间的最大距离，短径 L_2 为与之垂直方向上的最短距离，$R_b=L_1/L_2$，则缺陷区域的长径 L_1 和短径 L_2 分别为（设沿 x 方向距离大）

$$\begin{cases}L_1=x_2-x_1\\L_2=y_4-y_3\end{cases}\tag{8.50}$$

长短径比 R_b 一定程度上反映了缺陷的形状特征，是对缺陷形状做出的一种简便度量。当 R_b 较大时缺陷为细长条形；反之近似于圆形，缺陷最有可能是点子或凹坑缺陷。

3）缺陷目标的欧拉数

在钢球表面缺陷检测中，为了区分缺陷的类型，如擦伤与划条缺陷的区分以及点子和群点缺陷的区别，引入了欧拉数。在几何理论中，欧拉数是图像的一种拓扑度量。欧拉数等于图像中所有对象的总数减去对象中的空洞数目。所以，如果是擦伤缺陷，欧拉数为负；而群点缺陷，欧拉数多于单个点子缺陷，由此可以有效地区分缺陷的类型[46]。

4）特征值的确定

综上所述，对哈尔滨轴承厂提供的带有各种缺陷的样球进行了图像采集，并进行了试验分析和特征量的计算，表 8.7 给出了三种类型缺陷的面积 S、长短径比 R_b 的缺陷分类值。

表 8.7　各种缺陷的特征值

缺陷	点子缺陷		划条缺陷		凹坑缺陷	
特征值	S	R_b	S	R_b	S	R_b
1	38	1.187	460	4.264	1773	1.025
2	24	1.230	242	4.688	443	1.080
3	61	1.306	158	4.938	2357	1.081
4	39	1.311	447	5.039	338	1.180
5	26	1.321	348	5.747	460	1.192
6	45	1.332	465	5.816	1717	1.392
7	29	1.590	193	8.367	116	1.912
8	50	1.701	161	8.611	107	2.149
9	43	1.761	159	9.719	1380	2.320
10	65	1.789	533	9.746	768	2.986
平均值	42	1.159	494	9.254	1745	1.1175

由表 8.7 可以看出，点子和凹坑缺陷的长短径比要比划条缺陷小得多，而凹坑缺陷的面积比点子缺陷大得多。因此，基于面积和长短径比可以将以上三种缺陷区别开。根据试验结果，本测量系统初步选定点子缺陷的面积 $S \in [0, 100]$，凹坑缺陷的面积 $S > 100$，划条缺陷的长短径比 $R_b > 3.5$。根据欧拉数正负可区别擦伤缺陷和群点缺陷。

8.5.3　钢球表面缺陷分类识别

1. 动静结合算法的隐含层设计

确定隐含层是 RBF 神经网络分类器构造过程中的一个重要步骤。若隐含层结构设计合理，则可以有效地提高网络性能，反之会使网络性能大打折扣或者增加学习代价。当训练模式的类别是已知时，可以采用一种简单的方式来确定，即每一类对应一个隐含层单元[47]。一般而言，基于此方法构造的 RBF 神经网络规模相对较小，但是这种方法构造的网络又显得相对粗糙，其性能也很大程度上受制于数据分布的良好与否。若重新采用自适应聚类算法来确定聚类中心数及中心点位置，则没有充分利用已知的类别信息。基于这样的一个问题，本节提出一种动静结合的设计算法，既能充分利用已知类别信息，又能够设计出较合理的隐含层结构[48]。这种算法可以简单地描述为：对于类别信息已知的训练数据集，首先采用简单的方式选出一批中心点，然后在第一批中心点位置的基础上运用自适应聚类算法动态确定其他一些中心点。

假设考虑一个含有 n 个类别的训练样本集 $[\{s_1^1, \cdots, s_{k_1}^1\}, \cdots, \{s_1^n, \cdots, s_{k_n}^n\}]$，其中每个类别 i 对应的样本数为 $k_i(1 \leqslant i \leqslant n)$。对于这样一个训练集，采用动静结合的隐含层确定算法的具体过程如下：

（1）对于含有 n 个类别的训练样本集，按照每个类别对应一个隐含层单元的原则建立 n 个隐含层单元，每个单元的中心位置分别取各类的中间位置，分别记为 $c_1^1, c_1^2, \cdots, c_1^n$；

（2）动态自适应增加一些聚类中心点。

Input：训练模式 s_j^i，$1 \leqslant i \leqslant n$，$1 \leqslant j \leqslant k_i$。

Output：聚类中心。

符号说明：A^i 表示各类的辅助中心点集合；s^k 泛指属于 k 类的某个样本；d 表示样本 s^k 的期望输出值；c 和 $\bar{c}$ 表示辅助中心点集合中的元素；r 表示聚类半径。

Initial: $A^i=\Phi$;

Begin

For i:=1 to n do

Compute $\|s^k - c_1^i\|$

$r = \min(\|s^k - c_1^i\|)$;

$p = \{i|\min(\|s^k - c_1^i\|)\}$;

If $p \neq k$ and $A^k \neq \Phi$ then

$\forall c \in A^k$, compute $\min(\| s^k - c \|)$

If $\min(\|s^k - c\|) \geqslant r$ then

$\forall \bar{c} \in A^i, i \neq k$ if $\min(\| s^k - c \|) \geqslant \| s^k - \bar{c} \|$ then

Add a new assistant node to RBF, let the center be s^k, the weight be d and $s^k \cup A^k$.

Else if $p \neq k$ and $A^k \neq \Phi$ then

Add a new assistant node to RBF directly, let the center be s^k, the weight be d and $s^k \cup A^k$.

Else

Need not to add a new centroid.

End

在以前分类试验中发现某个类的边缘数据距离本类中心的距离可能大于与其他类中心的距离。对于这种数据，网络的输出通常会产生较大的偏差。因此，就这些数据形成新的类中心[49~51]。图 8.15 为该算法的聚类效果示意图，加号表示类中心点，不同颜色表示不同的类。

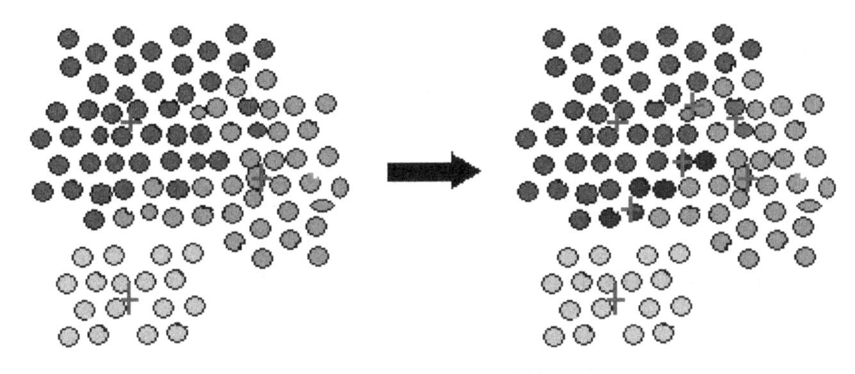

图 8.15　动静结合算法的聚类效果示意图

2. 两阶段学习策略

为了清晰一致地描述改进算法，仍然只选择高斯函数作为 RBF 神经网络的基函数，即

$$\varphi^{(i)}(x)=\exp[-\|x-c^{(i)}\|^2/(2\sigma^{(i)2})] \tag{8.51}$$

式中，$\sigma^{(i)}>0$；参数 $c^{(i)}$、$\sigma^{(i)}$ 分别为第 i 个隐含层单元的中心和宽度，网络的输出为

$$y(x)=\sum_{i=1}^{k}w^{(i)}\varphi^{(i)}(x)=\sum_{i=1}^{k}w^{(i)}\exp[-\|x-c^{(i)}\|^2/(2\sigma^{(i)2})] \tag{8.52}$$

式中，k 为 RBF 神经网络隐含层单元的个数。确定隐含层单元数目后，可以通过使平方和误差（SSE）或均方误差（MSE）最小化来训练整个网络[52]，对于参数 $w^{(i)}$、$c^{(i)}$、$\sigma^{(i)}$，相应的 SSE 和 MSE 为

$$\mathrm{SSE}=l(w^{(i)},c^{(i)},\sigma^{(i)})=\sum_{j=1}^{n}(y(x^{(j)})-d(x^{(j)}))^2 \tag{8.53}$$

$$\mathrm{MSE}=\frac{1}{n}\mathrm{SSE}=\frac{1}{n}\sum_{j=1}^{n}(y(x^{(j)})-d(x^{(j)}))^2 \tag{8.54}$$

两步优化策略的思想是：首先优化 RBF 神经网格的权重 $w^{(i)}$，然后优化基函数的中心 $c^{(i)}$ 和宽度 $\sigma^{(i)}$，具体作法如下。

（1）固定 $c^{(i)}$、$\sigma^{(i)}$，通过对 $w^{(i)}$ 求偏导数，找到使平方和误差最小的点，以此来找到较优 $w^{(i)}$，公式为

$$w_t^{(i)}=w_{t-1}^{(i)}-\eta_{t-1}\frac{\partial l(w_{t-1}^{(i)},c_{t-1}^{(i)},\sigma_{t-1}^{(i)})}{\partial w_{t-1}^{(i)}} \tag{8.55}$$

（2）固定 $w_t^{(i)}$，分别对 $c^{(i)}$、$\sigma^{(i)}$ 求偏导数，找到使 SSE 最小的点，以此来找

到较优的 $c^{(i)}$、$\sigma^{(i)}$，公式为

$$c_t^{(i)} = c_{t-1}^{(i)} - \beta_{t-1} \frac{\partial l(w_t^{(i)}, c_{t-1}^{(i)}, \sigma_{t-1}^{(i)})}{\partial c_{t-1}^{(i)}} \tag{8.56}$$

$$\sigma_t^{(i)} = \sigma_{t-1}^{(i)} - \alpha_{t-1} \frac{\partial l(w_t^{(i)}, c_t^{(i)}, \sigma_{t-1}^{(i)})}{\partial \sigma_{t-1}^{(i)}} \tag{8.57}$$

其中，η_{t-1}、β_{t-1}、α_{t-1} 分别为 $t-1$ 时刻的学习率，迭代执行上述两步，直到满足规定的精度为止。

3. 分类器初始参数设定

对于不同的分类器参数，网络训练情况以及训练后的网络性能也会有所差异，较好的初始参数往往可以有效地减少学习迭代次数[53]，因此选择合适的初始参数也是比较重要的。设定的分类器参数如表 8.8 所示。

表 8.8　分类器参数

学习因子	神经元数目			核函数参数		容许误差
μ_w,μ_c,μ_σ	输入层	隐含层	输出层	初始中心 c_j	初始宽度 σ_j	
0.25,0.25,0.25	5	4	1	各类数据均值	各类距离均值	0.01

输入层单元个数等于每个样本的维数，即样本的特征量个数。从钢球表面图像中提取了 5 个特征量，每个特征量对应一个输入层节点，因此输入层神经元个数为 5。

隐含层单元的数目为模式的类别个数，即每个类别对应一个隐含层节点，因此设定的隐含层单元个数为 4。各节点的中心分别取各类别中数据的均值，核函数宽度根据各类别的距离均值分别取一个经验参数。

输出层节点只设计为 1 个。将各类别标识进行编码，如凹坑缺陷编码为 1；划条缺陷编码为 2；点子缺陷编码为 3。然后通过训练网络逼近这几个数来识别输入模式属于哪一类。

每个隐含层单元的初始中心取值为各类别中数据的均值，其中核函数的初始宽度取值为各类别中数据与该类中心点距离的均值，隐含层到输出层的权值初始化为各类别标识的编码值，容许误差设定为 0.01，各隐含层单元的学习因子设定为 0.25。

4. 训练及测试样本

神经网络的训练方式（又称学习方式）分为两种，即有监督的训练和没有监督的训练。采用有监督的训练方式，即训练数据本身，不但包括输入数据，还包

括在一定输入条件下的输出数据。网络训练过程如图 8.16 所示。

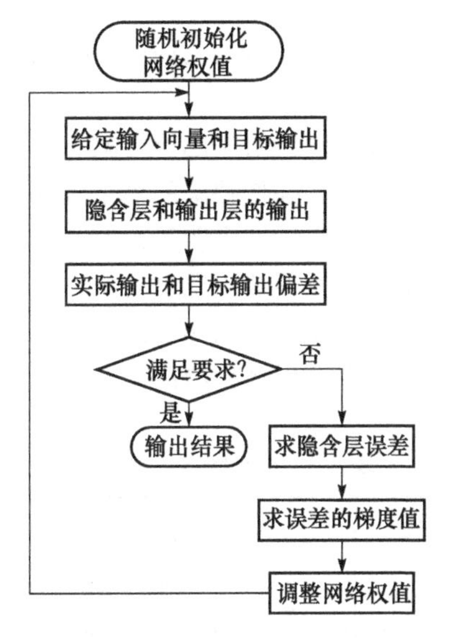

图 8.16　神经网络的训练过程流程图

网络训练启动获取样本数据首先需要对存在缺陷的钢球图片进行图像处理，这些图片都必须在相同条件下拍摄，并保持图片大小一致。通过对图像进行处理把 256 级灰度图像转换为二值图像，使图像中存在的缺陷突显出来，便于程序自动提取缺陷特征[54]。

5. 缺陷识别结果

构造的神经网络分类器能有效地识别出缺陷的类型，特别是采用了误差校正算法的神经网络分类器性能有了明显的提升，网络输出误差（MSE）明显降低，在对钢球缺陷进行识别时，其逼近情况如图 8.17 所示，其逼近精度平稳[55, 56]。

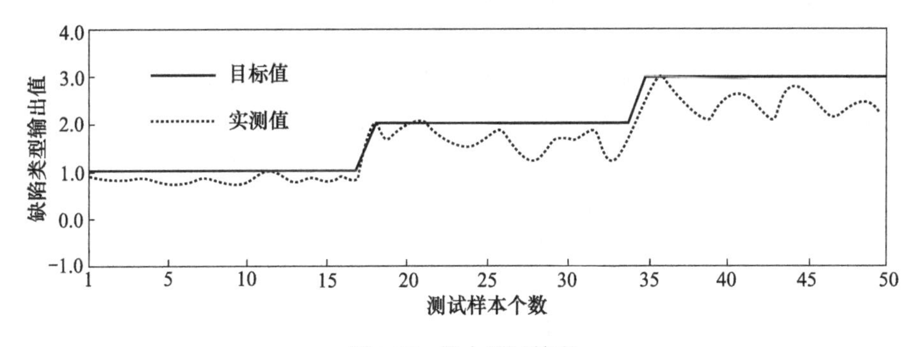

图 8.17　样本测试精度

由表 8.9 可知，误差校正前后单项和整体识别率提高了 20% 以上，可以满足实际需要，并得出如下结论：

（1）对于钢球的所有四种缺陷样本，选择 5 个特征输入的识别结果是较好的，可以满足需要。

（2）对于测试样本，本神经网络对于凹坑缺陷有着极高的识别率，对于点子缺陷的识别率较高。而对于划条、擦伤缺陷的极个别样本存在混判情况。这是因为输入的 5 个图像特征，二者的整体区别明显，但某些钢球表面是划条、擦伤混合缺陷，在识别分类时，出现归属不统一现象。

（3）点子缺陷在测试中，会发生归属凹坑缺陷的问题。这是因为两者在形状信息的分布上具有共性，所以在选用多种特征输入后，情况得到改善。

表 8.9　神经网络识别结果

识别为 缺陷	凹坑	划条	点子	擦伤	总计	误差校正前识别率	误差校正后识别率
凹坑	15	0	0	0	15	80%	100%
划条	0	13	0	2	15	70%	92%
点子	1	0	14	0	15	84%	96%
擦伤	0	1	0	14	15	82%	96%
总计	60					79%	96%

参考文献

[1] 王晓红．矩技术及其在图像处理与识别中的应用研究．西安：西北工业大学博士学位论文，2001.

[2] 李春颖．基于图像处理的钢球外观检测系统．轴承，2005，9：36-38.

[3] 吴晓波，安文斗，杨钢．图像测量系统中的误差分析及提高测量精度的途径．光学精密工程，1997，5（1）：133-141.

[4] 彭仪普．傅里叶变换原理及其在数字图像处理中的应用．铁路航测，2000，3：4-6

[5] 夏振良．数字图像处理技术．北京：科学出版社，1999.

[6] 李粥程，彭天强，彭波．智能图像处理技术．北京：电子工业出版社，2004.

[7] 陈欣，楼玉萍．基于 PDE's 的图像平滑方法．计算机与现代化，2004，121（5）：8-10.

[8] 宋永江，夏良正，杨世周．多直线全局运动估计及其在图像稳定中的应用．东南大学学报（自然科学版），2002，32（2）：211-217.

[9] Lee D S, Hull J, Erol B. A Bayesian framework for gaussian mixture background modeling. Proceedings of IEEE International Conference on Image Processing, Beijing, 2003, 3: 973-976.

[10] 叶晓东，朱兆达. 中值滤波的快速算法. 信号处理，1997，13（3）：227-230.

[11] 雷小丽，党群. 一种新的非线性变换法实现图像增强的方法. 光子学报，2007，36（6）：346-348.

[12] 付忠良. 图像阈值选取方法——OTSU 方法的推广. 计算机应用，2000，20（5）：37-39.

[13] 杨莉. 图像特征检测与运动目标分割算法的研究和实现. 西安：西安电子科技大学博士学位论文，2004.

[14] 魏志成，周激流，吕航，等. 一种新的图像分割的自适应算法的研究. 中国图像图形学报，2000，5（3）：216-220.

[15] 高永英，张利，吴国威. 一种基于灰度期望值的图像二值化算法. 中国图像图形学报，1999，4（6）：524-527.

[16] Sezgin M, Sankur B. Survey over image thresholding techniques and quantitative performance evaluation. Journal of Electronic Imaging, 2004, 13(1): 146-165.

[17] 杨世达，李庆华，阮幼林. 改进遗传算法全局收敛性分析. 计算机工程与设计，2005，26（7）：1695-1697.

[18] Zhou X, He X R, Chen B, et al. Convergence enhanced genetic algorithm with successive zoom in method for solving continuous optimization problems. Computers and Structures, 2003, 81(1): 1715-1725.

[19] Su C T, Chiang C L. Nonconvex power economic dispatch by improved genetic algorithm with multiplier updating method. Electric Power Components and Systems, 2004, 32(3): 257-273.

[20] Wang P, Liu J, Wu C Y, et al. Adaptive model based on voting probabilistic models for image tracking algorithm. Proceedings of the World Congress on Intelligent Control and Automation, Dalian, 2006, 2: 9822-9826.

[21] Wang P, Wu C Y, Liu D L, et al. Image texture analysis and detection of steel ball surface defect based on LabVIEW. Chinese Journal of Scientific Instrument, 2007, 28(S): 208-211.

[22] Blayvas I, Bruckstein A, Kimmel R. Efficient computation of adaptive threshold surfaces for image binarization. Pattern Recognition, 2006, 39: 89-101.

[23] Ramar K, Arumugam S, Sivanandam S N, et al. Quantitative fuzzy measures for threshold selection. Pattern Recognition Letters, 2000, 21(1): 1-7.

[24] Polesel A, Ramponi G, Mathews V. Image enhancement via adaptive unsharp masking. IEEE Transactions on Image Processing, 2000, 9(3): 505-510.

[25] 李仕，孙辉，张葆. 运动模糊图像的实时恢复算法. 光学精密工程，2007，15（5）：767-772.

[26] 孟昕，张燕平. 运动模糊图像恢复的算法研究与分析. 计算机技术与发展，2007，17（8）：73-76.

[27] 张德丰. 维纳滤波图像恢复的理论分析与实现. 中山大学学报（自然科学版），2006，45（6）：44-47.

[28] 王鹏. 基于运动视觉技术的钢球表面缺陷检测. 哈尔滨：哈尔滨理工大学博士学位论文，2008.

[29] 赵军芳. 傅里叶变换在数字图像处理中的应用. 国外电子测量技术，2004，6：17-20.

[30] Jorge B, Jose M S, Filiberto P. Motion-based segmentation and region tracking in image sequence. Pattern Recognition, 2001, 34(3): 661-670.

[31] Vittorio M. Noise texture classification: A higher-order statistics approach. Pattern Recognition, 1998, 31(4): 383-393.

[32] 王鹏，吴春亚，刘德利. 基于 LabVIEW 的钢球表面缺陷图像纹理分析与检测. 仪器仪表学报，2007，28（4）：208-211.

[33] Rong Q A. Research and manufacture of the instrument of bearing ball's nondestructive testing. Aviation Precision Manufacturing Technology, 2005, 4(41): 52-54.

[34] Kakimoto A. Detection of surface defects on steel ball bearing in production process using a capacitive sensor. Measurement, 1996, 17(1): 51-57.

[35] Sudeep S, Kim L B.On optimal infinite impulse response edge detection filter. IEEE Transactions on Pattern Analysis and Machine Intelligence, 1991, 11(13): 1154-1170.

[36] 徐科，徐金梧. 基于图像处理的冷轧带钢表面缺陷在线检测. 钢铁，2002，12：66-73.

[37] 张艳萍. 钢球表面缺陷涡流探伤仪分析. 哈尔滨轴承，2007，28（2）：32-33.

[38] 潘洪平，董申，梁迎春. 一种基于图像纹理特征的钢球振动值检测新方法. 中国机械工程，2001，12（5）：174-176.

[39] 赵彦玲. 基于图像技术的钢球表面缺陷分析与识别. 哈尔滨：哈尔滨理工大学博士学位论文，2008.

[40] Zhao Y L, Liu X L, Wang P. Application of artificial neural net in defect image recognizing of cutting chip. Key Engineering Materials, 2006, 315-316: 496-500.

[41] Denis A L, Fred M, Christophe D, et al. Vision system for defect imaging detection and characterization on a specular surface of a 3D object. Image and Vision Computing, 2002, 20: 569-580.

[42] Le J, Guo J J. A fast defect-detecting method for smooth hemispherical shell surface. Opto-Electronic Engineering, 2004, 31(10): 32-35.

[43] Wang Y, Hadfield M. Failure modes of ceramic rolling elements with surface crack defects. Wear, 2004, 256(1): 208-219.

[44] 王鹏，刘献礼，赵彦玲，等. 钢球表面缺陷视觉检测仪：中国，ZL200920099075.4. 2010.8.18.

[45] Wang P, Zhao Y L, Liu X L. The key technology research for vision inspecting instrument of

steel ball surface defect. Key Engineering Materials, 2009, 760(392): 816-820.

[46] 徐长英，高春法，翁康静．钢球表面检测系统的研究．测控技术，2007，26（9）：85-87.

[47] 段录平，周丽娟．RBF 神经网络的数据挖掘研究．哈尔滨：哈尔滨理工大学硕士学位论文，2007.

[48] 王旭东，邵惠鹤．RBF 神经网络理论及在控制中的应用．信息与控制，1997，26（4）：272-284.

[49] Chen T P, Chen H. Approximation capability to functions of several variables nonlinear functionals and operators by radial basis function neural networks. IEEE Transactions on Neural Networks, 1995, 6(4): 904-910.

[50] 周俊武，孙传尧．径向基函数（RBF）网络的研究及实现．矿冶，2001，10（4）：78-88.

[51] 阎平凡，张长水．人工神经网络与模拟进化计算．2 版．北京：清华大学出版社，2005.

[52] 赵汉卿，戚金清，王兢，等．基于小波变换的双并联神经网络在混合气体浓度预测中的应用．传感技术学报，2010，23（5）：744-747.

[53] 孙延风，梁艳春，孟庆福．改进的神经网络最近邻聚类学习算法及其应用．吉林大学学报（信息科学版），2002，1：63-66.

[54] Osawa S. Profile measurement using multi-gray scale patterns projection. Journal of Japan Precision Engineering, 1995, 61(8): 1101-1125.

[55] Jacquin A, Eleftheriadis A. Automatic location tracking of faces and facial features in video sequences. IEEE Proceeding of International Workshop on Automatic Face and Gesture Recognition, 1995: 142-147.

[56] Liu X L. The measuration of raster wear of cutting tools based on image. Proceedings of the 5th International Conference on Electronic Measurement & Instruments, Guilin, 2001, 18: 622-625.

steel ball surface defects. Key Engineering Materials, 2008, [illegible]: 816-820.

[4?] [illegible]

[4?] [illegible]

[4?] [illegible] RBF [illegible]

[49] Chen T P, Chen H. Approximation capability to function of several variables, nonlinear functional and operators by radial basis function neural networks. IEEE Transactions on Neural Networks, 1995, 6(4): 904-9[illegible].

[50] [illegible] (RBF) [illegible]

[illegible]

[illegible]

[illegible] Dewa S. Profile measurement using multi-gray scale pattern projection. Journal of Japan Precision Engineering, [illegible]

[illegible] Lanitis A. [illegible] IEEE Proceedings of International Workshop on Automatic Face and Gesture Recognition, 1995, [illegible]

[56] Liu X L. The measurement of tool wear of cutting tools based on image. Proceedings of the 5th International Conference on Electronic Measurement & Instruments, Guilin, 2001, 18: 632-635.